气田数字化系统维护培训教材

《气田数字化系统维护培训教材》编写组　编

石 油 工 业 出 版 社

内 容 提 要

本书主要包括数字化基础知识、数字化仪器仪表、气井数据远传系统、SCADA 系统、视频监控系统、数字化维护工具等内容，介绍了长庆油田最新的数字化理念、技术和装备。

本书可作为气田数字化技术人员和运维人员的培训教材，其他相关人员也可参考使用。

图书在版编目（CIP）数据

气田数字化系统维护培训教材/《气田数字化系统维护培训教材》编写组编. —北京：石油工业出版社，2019. 12

ISBN 978 - 7 - 5183 - 3717 - 0

Ⅰ. ①气… Ⅱ. ①气… Ⅲ. ①气田开发-自动控制系统-维修-技术培训-教材 Ⅳ. ①TE3-39

中国版本图书馆 CIP 数据核字（2019）第 290612 号

出版发行：石油工业出版社
（北京安定门外安华里 2 区 1 号 100011）
网 址：www. petropub. com
编辑部：（010）64269289
图书营销中心：（010）64523633

经 销：全国新华书店

印 刷：北京中石油彩色印刷有限责任公司

2019 年 12 月第 1 版 2019 年 12 月第 1 次印刷

710×1000 毫米 开本：1/16 印张：20

字数：390 千字

定价：45. 00 元

（如出现印装质量问题，我社图书营销中心负责调换）

《气田数字化系统维护培训教材》编委会

主　任：王　琛

副主任：王振嘉　李俊杰　马建军　文小平

委　员：崔建华　孟繁平　丑世龙　田少鹏

章　瑞　赵俊芳　侯　磊

《气田数字化系统维护培训教材》编写组

主　编：马建军

副主编：丑世龙　李　敏

成　员：韩少波　马海鹏　侯　磊　张会森

王海国　刘超红　王瑞宏　何光伟

张　莉　从庆平　靳　笋

前　言

从科技的角度来看，未来二三十年人类社会将演变成一个智能社会，其深度和广度还无法估量。中共中央政治局 2018 年 10 月 31 日就人工智能发展现状和趋势举行第九次集体学习。中共中央总书记习近平在主持学习时强调，人工智能是新一轮科技革命和产业变革的重要驱动力量，加快发展新一代人工智能是事关我国能否抓住新一轮科技革命和产业变革机遇的战略问题。

长庆油田高速发展，取得了令人瞩目的成就，已经成为全国重要的石油、天然气生产基地。长庆油田正沿着高质量、智能化方向进行二次加快发展，这也对信息化、数字化系统提出了更高要求。数字化系统，作为生产运行的眼睛、神经、大脑和手脚，作用举足轻重。在生产过程中，一旦数字化系统失灵，极易导致泄漏、着火、爆炸、设备损坏、人员伤亡、环境污染等重大次生事故，带来重大经济损失和无法估量的社会问题。可见，形势的发展对数字化系统的可靠性、可用性、智能化有了比以往更高的要求。

为了反映长庆油田数字化最新发展与应用的实践成果，为广大数字化技术人员和运维人员提供有益的学习和借鉴材料，长庆油田培训中心组织长期从事数字化建设、运维专业工作并在该领域积累了丰富经验的专家、高级工程师编写了《油田数字化系统维护培训教材》和《气田数字化系统维护培训教材》。

书中介绍了长庆油田数字化最新的理念、技术和装备，代表着当前石油天然气开采行业应用的较高水平；同时，对不同的仪表与自动控制系统分别进行介绍，有利于数字化技术和运维人员从新知识、新技术的学习中不断提高知识水平和技术水平。

教材的编审用了近一年的时间，在此对为教材编审工作付出辛勤劳动和做出贡献的人员表示由衷感谢。

由于编者水平有限，书中难免存在不妥和疏漏之处，敬请广大读者提出宝贵意见和建议。

编者

目　录

第一章　数字化理论

1.1　数字化相关概念

1.1.1　数字化

所谓数字化，就是将复杂多变的信息转变为可以度量的数字、数据，再为这些数据建立起适当的数字化模型，把它们转变为一系列的二进制代码，引入计算机内部，进行统一处理。

1.1.2　数字化管理

数字化管理是指利用计算机、通信、网络、人工智能等技术，量化管理对象与管理行为，实现计划、组织、协调、服务、创新等职能的管理活动和管理方法的总称。

1.1.3　油田数字化管理

油田数字化管理系统充分利用自动控制技术、计算机网络技术、油藏管理技术、油（气）开采工艺技术、地面工艺技术、数据整合技术、数据共享与交换技术、视频和数据智能分析技术，实现电子巡井，准确判断、精确定位，强化生产过程控制与管理。

长庆油田数字化管理重点针对生产前端，也就是以井、站、管线等组成的基本生产单元的生产过程监控为主，完成数据的采集、过程监控、动态分析，发现问题、解决问题，维持正常生产；与 A1A2 建立统一的数据接口，实现数据的共享；是以生产过程管理为主的信息系统，是信息系统功能的延伸和扩充。

长庆油田数字化管理的实质是将数字化与劳动组织架构和生产工艺流程优化相结合，按生产流程设置劳动组织架构，实现生产组织方式和劳动组织架构的深刻变革；把油气田数字化管理的重点由后端的决策支持向生产前端的过程控制延伸；最大限度地减轻岗位员工的劳动强度，提高工作效率和安防水平。

油田数字化建设与管理是油田企业生产、科研、管理和决策的综合基础信息平台。它将对油田信息化建设起着统领和导向的作用。油田数字化建设与管理已经表现出广阔的应用前景：

（1）数字油田建设与管理可以大幅度提高油田勘探开发研究和辅助决策水平，促进油田的可持续发展；

（2）数字油田建设与管理可以优化生产流程，大幅提升油田生产运行质量；

（3）数字油田建设与管理可以促进油田改革的进一步深化，进一步提高油田经营管理水平。

1.2 油气生产物联网（数字化）系统运行维护管理

长庆油田于2009年开始大规模建设数字化系统，中国石油天然气集团有限公司（以下简称集团公司）也根据现场需求于2013年开始建设油气生产物联网系统。

油气生产物联网系统旨在利用物联网技术，建立覆盖全公司各类井场、站场和管道的规范统一的数字化生产管理平台，实现生产数据自动采集、远程监控、生产预警，支持油气生产优化管理。通过对生产流程、管理流程、生产组织方式和组织机构的优化，促进生产效率和管理水平的提升。

油气生产物联网系统的运维管理工作是系统运行及应用的重要环节，加强系统的运维管理具有重要意义。为了进一步规范油气生产物联网系统运维管理工作，中国石油勘探与生产分公司、集团公司信息管理部和中国石油勘探开发研究院西北分院编制了《油气生产物联网系统运行维护管理规定》（以下简称《规定》）。

《规定》根据《中国石油天然气集团公司信息化管理办法》《信息系统运维管理规范》《油气田地面工程数字化建设规定》和《油气生产物联网系统建设规范》（Q/SY 1722—2014）中的相关管理要求编制，主要内容包括总则、运维组织与职责、数据采集与监控子系统运维管理、数据传输子系统运维管理、生产管理子系统运维管理、突发事件管理和运维考核等。《规定》适用于油气生产物联网系统建设和油气田地面工程数字化建设范围内的系统运行维护工作。

1.2.1 数据采集与监控子系统运维管理

1.2.1.1 一般要求

油气田公司负责本单位物联设备管理、数据管理、应用配置开发、系统维护等日常运行维护工作。

1.2.1.2 物联设备管理

物联设备管理对象主要包括仪器仪表、远程测控终端（RTU）、视频采集设备、井场通信链路等，当系统提示设备出现告警或预警时，安排现场当班人员进行设备检测与问题排查。物联设备的管理目标是及时有效地处理物联设备故障，提高物联设备完好率和无故障率。

油气田公司应在作业区或大型站场的生产管理中心有负责物联设备运维的人员，其主要工作内容包括：

（1）物联设备档案管理：负责在系统平台中更新物联设备保养和校验记录。

（2）物联设备状态监控：负责在系统平台中监测物联设备运行状态，当系统提示设备告警或预警时，派发作业工单，现场当班人员进行现场初步排查。

（3）物联设备现场维修：根据初步排查结果，派发作业工单，通知专业维护人员进行检修，记录作业过程，将维修结果上报生产管理中心。

（4）物联设备日常维护：检修人员负责设备的日常管理与维护，如设备清洁、外观检查等；发现隐患问题，应上报生产管理中心。

（5）设备周期校验与保养：定期对仪器仪表进行检定或调校。

（6）物联设备故障统计分析：按设备类型、设备厂商、故障类型、故障时间等对物联设备的故障信息进行分析，持续优化物联设备管理。

1.2.1.3　数据管理

数据管理是指对数据采集与监控子系统中的实时数据、示功图数据及各类基础数据进行日常维护。数据管理的目标是保证数据的及时性、准确性、完整性与一致性。

油气田公司应在作业区或大型站场的生产管理中心有负责数据管理的人员，其主要工作内容包括：

（1）基础数据管理：负责新增、删除、更新生产单元（井、站、间、管网）及物联设备的基础信息，保证各类基础数据与生产实际一致。

（2）实时数据管理：负责定期对仪器仪表采集上传数据与设备显示数值进行抽检校验，保证采集数据的准确性。

（3）示功图数据管理：负责定期检查示功图数据的完整性和准确性，保证示功图数据连续采集、稳定上传与及时发布。

1.2.1.4　应用配置开发

应用配置开发是指在组态软件中维护原有系统正常运行、开发扩展功能、接入站控系统和优化完善系统等。

油气田公司应在采油（气）厂有负责应用配置开发的人员，其主要工作内容包括：

（1）功能维护：对新增或发生状态变更的生产单元（井、站、间、管网）及物联设备等，负责在组态软件中开发配置标准监控功能。

（2）扩展功能开发：根据业务需求，负责在组态软件中开发扩展功能。扩展功能开发前要与信息技术支持中心沟通确认，开发配置应符合 Q/SY 1722—2014《油气生产物联网系统建设规范》中相关标准规范。

（3）站控系统接入：根据业务需求，负责接入站控系统数据并进行组态。站控数据接入方案应基于各油气田自身安全策略，数据接入与组态应符合 Q/SY 1722—2014《油气生产物联网系统建设规范》中相关标准规范。组态工作由采油（气）厂运行维护队伍负责，信息技术支持中心提供支持和指导培训。

（4）系统优化完善：应用配置开发人员负责优化完善系统功能与性能，定期统计汇总系统运行情况，及时反馈用户需求，评估新增需求并进行优化和开发。系统优化完善工作由油气田运行维护队伍负责，信息技术支持中心提供支持和指导培训。

1.2.1.5　系统维护

系统维护是指对数据采集与监控子系统的用户信息及相关软、硬件设备进行维护，包括用户管理、补丁安装、病毒防护、数据备份和恢复、系统升级等。

油气田公司应在采油（气）厂有负责系统维护的人员，其主要工作内容包括：

（1）用户管理：负责系统用户的增加和删除，根据用户的职责和岗位分配系统角色，设置系统数据权限与操作权限。

（2）软硬件设备日常运行维护：定期维护与检查服务器、存储设备、备份设备等，保证设备正常运行，定期开展系统调优工作。

（3）数据备份与恢复：定期备份数据和文件，当出现系统故障导致数据丢失时，将备份数据从硬盘或阵列中恢复到相应的应用单元。

（4）系统版本更新与升级：负责数据采集与监控子系统的版本控制和管理，并根据系统实际运行情况，对系统相关驱动程序和后台程序进行更新升级。系统版本更新与升级工作由油气田运行维护队伍负责，信息技术支持中心提供支持和指导培训。

1.2.2　数据传输子系统运维管理

1.2.2.1　一般要求

（1）油气田公司应负责本单位网络维护与网络安全管理等日常运行维护工作。数据传输子系统运维工作应与油气田现有网络运维工作相结合，保证油气生产物联网系统数据安全、稳定、高效、可靠传输。

（2）数据传输子系统的运行维护工作应以生产网内的通信网络为主，相关要求参照 Q/SY 1722—2014《油气生产物联网系统建设规范》。生产网内租用或自建有线链路设备的运行维护，应满足《油气田地面工程数字化建设规定》要求。

（3）生产网以外的网络运行维护工作，应遵循 Q/SY 1335—2015《局域网建设与运行维护规范》和 Q/SY 1333—2015《广域网建设与运行维护规范》中的规定。

1.2.2.2　网络维护

网络维护工作是指网络设备的日常维护、网络实时状态监测和故障处理等，当系统提示网络出现异常时，应安排检修人员及时修复。

油气田公司应在作业区或大型站场有负责网络维护的专业人员，其主要工作内容包括：

（1）网络设备档案信息管理：负责在系统平台中录入、更新、维护网络设备基础信息，保证设备档案准确无误。

（2）网络设备日常维护：负责网络设备的日常管理与维护，如设备清洁、外观检查等，及时掌握网络设备运行情况，发现隐患及时上报生产管理中心并处理。

（3）网络资源管理：负责规划、分配及管理生产网内的 IP 地址和无线频率资源。

（4）网络状态监控及修复：负责应用系统平台监测网络运行状态，当系统提示网络异常时，派发作业工单，通知专业维护人员进行维修工作。

（5）现场维修：专业维护人员根据工单内容，进行现场排查与检修，记录作业过程，将维修结果上报生产管理中心。

1.2.2.3　网络安全管理

网络安全管理是指制定网络安全审核和检查制度，规范安全审核和检查，定期按照程序开展安全审核和检查。

油气田公司应在采油（气）厂或作业区有负责网络安全管理的专业人员，其主要工作内容包括：

（1）网络安全体系管理：编制数据传输子系统安全体系规划，制定并优化网络安全管理制度。

（2）日常网络安全管理：建立网络信息安全监管日志制度，开展网络安全分析和网络安全预警，及时修复网络安全漏洞和隐患。

（3）网络安全检查：定期组织网络安全检查，汇总安全检查数据，形成安全检查报告，并上报生产管理中心。

1.2.3 生产管理子系统运维管理

1.2.3.1 一般要求

（1）生产管理子系统的运维工作由信息技术支持中心与油气田公司运行维护队伍两级负责。

（2）油气田公司应负责本单位的数据管理、应用开发与系统维护工作。信息技术支持中心主要负责系统应用开发、接口开发、版本更新与系统升级、技术支持。

1.2.3.2 数据管理

数据管理是指对系统中的实时数据、日数据、示功图数据及各类基础数据进行日常维护，以保证数据的及时性、准确性、完整性与一致性。

油气田公司在其下属油气生产单位应有负责数据管理的专业人员，其主要工作内容包括：

（1）基础数据管理：审核、维护从A2系统中同步的生产单元基础信息，保证接口正常运行，保证基础数据与生产实际一致。

（2）实时数据管理：当前端采集参数发生变化时，及时在系统中生成采集参数标签，并完成数据库相关配置工作。

（3）日数据管理：审核实时数据转换日数据的准确性，保证发布到其他系统中的数据准确无误。

（4）物联设备数据管理：录入、更新物联设备基础信息与保养信息，保证系统中的数据与现场实际相符。

（5）示功图数据管理：保证示功图数据及软件量油、工况诊断计算结果的连续性与准确性。

1.2.3.3 应用开发

生产管理子系统的应用开发是指业务应用功能开发、接口开发与系统优化完善。

应用开发工作的主要内容包括：

（1）业务应用功能开发：各油气田公司将需求提交至信息技术支持中心，信息技术支持中心负责分析评估各油气田新增需求的必要性与可行性。信息技术支持中心对共性需求进行统一开发部署，个性需求由油气田公司运行维护队伍基于本公司物联网PaaS应用平台开发部署，信息技术支持中心负责提供技术支持和应用开发指导培训。

（2）接口开发：油气田公司运行维护队伍负责生产管理子系统与自建系统

的接口开发工作，信息技术支持中心负责提供技术支持和应用开发指导培训；信息技术支持中心负责生产管理子系统与其他统建系统的接口开发工作。

（3）系统优化完善：油气田公司运行维护队伍定期收集用户意见反馈，汇总统计后提交至信息技术支持中心，信息技术支持中心负责完善提升系统的功能与性能，并将优化结果反馈油气田公司。

1.2.3.4 系统维护

系统维护是指用户管理、软硬件设备日常运行维护、数据备份和恢复、物联网 PaaS 应用平台维护等。

油气田公司应有负责系统维护的专业人员，其主要工作内容包括：

（1）用户管理：负责管理系统平台用户，根据用户职责和岗位分配系统角色、设置系统功能权限。

（2）软硬件日常运行维护：定期维护与检查服务器、存储设备、备份设备等工作状态，监控设备工作性能，保证设备正常运行，持续开展系统调优工作。

（3）数据备份和恢复：定期备份数据和文件，当出现系统故障导致数据丢失时，将备份数据从硬盘或阵列中及时恢复到相应的应用单元。

（4）物联网 PaaS 应用平台维护：负责物联网 PaaS 应用平台服务规范约束，分配和整理平台资源，为基于物联网 PaaS 应用平台的开发工作提供支持。

1.2.3.5 版本更新与系统升级

信息技术支持中心负责版本更新与系统升级，其主要工作内容包括：

（1）版本更新：信息技术支持中心根据各油气田公司运行维护队伍上报的系统使用情况及用户意见反馈，不定期更新系统版本，油气田公司运行维护队伍提供辅助支持。

（2）系统升级：为满足新的业务需求和系统功能的重大提升，信息技术支持中心根据各油气田公司运行维护队伍上报的系统使用情况及用户反馈，决定是否对生产管理子系统功能进行系统升级（重大调整和变更）。系统升级工作由信息技术支持中心完成，油气田公司运行维护队伍提供辅助支持。

第二章　数字化基础知识

2.1　计算机基础知识

2.1.1　计算机的基本概念

计算机俗称电脑，是现代一种用于高速计算的电子计算机器，可以进行数值计算，也可以进行逻辑计算，还具有存储记忆功能。计算机是能够按照程序运行，自动、高速处理海量数据的现代化智能电子设备。

2.1.2　计算机的硬件构成

计算机由硬件系统和软件系统两部分组成。硬件系统的基本构成包括主板、CPU、内存、硬盘、声卡、显卡、网卡、电源、机箱（图2.1）。

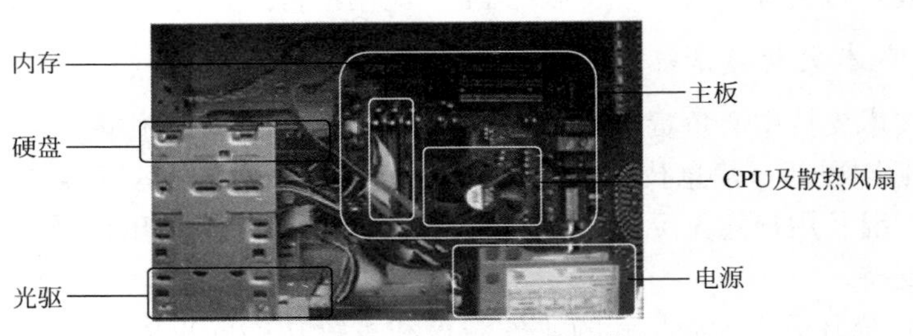

图2.1　计算机的硬件系统

2.1.2.1　主板

主板是计算机中各个部件工作的一个平台，它把计算机的各个部件紧密连接在一起，各个部件通过主板进行数据传输。也就是说，计算机中重要的“交通枢纽”都在主板上，它工作的稳定性影响着整机工作的稳定性。

2.1.2.2　CPU

CPU即中央处理器，是一台计算机的运算核心和控制核心。其功能主要是解释计算机指令以及处理计算机软件中的数据。CPU由运算器、控制器、寄存器、高速缓存及实现它们之间联系的数据、控制及状态的总线构成。作为整个系统的核心，CPU也是整个系统最高的执行单元，因此CPU已成为决定计算机性能的核心部件，很多用户都以它为标准来判断计算机的档次。

2.1.2.3 内存

内存又称为内部存储器或者是随机存储器（RAM），分为 DDR 内存和 SDRAM 内存，它由电路板和芯片组成，特点是体积小、速度快，有电可存、无电清空（即计算机在开机状态时内存中可存储数据，关机后将自动清空其中的所有数据）。内存有 DDR、DDR Ⅱ、DDR Ⅲ三大类，容量为 1~64GB。

2.1.2.4 硬盘

硬盘属于外部存储器，机械硬盘由金属磁片制成，而磁片有记忆功能，所以储存到磁片上的数据，无论是开机还是关机，都不会丢失。硬盘容量很大，已达 TB 级，尺寸有 3.5 英寸、2.5 英寸、1.8 英寸、1.0 英寸等，接口有 IDE、SATA、SCSI 等，SATA 最普遍。移动硬盘是以硬盘为存储介质，强调便携性的存储产品。移动硬盘多采用 USB、IEEE1394 等传输速度较快的接口，可以较高的速度与系统进行数据传输。固态硬盘是用固态电子存储芯片阵列而制成的硬盘，外形和尺寸上也完全与普通硬盘一致，但是固态硬盘比机械硬盘速度更快。

2.1.2.5 声卡

声卡将计算机中的声音数字信号转换成模拟信号送到音箱上发出声音。声卡是多媒体技术中最基本的组成部分，是实现声波/数字信号相互转换的一种硬件。

2.1.2.6 显卡

显卡在工作时与显示器配合输出图形、文字，其作用是将计算机系统所需要的显示信息进行转换驱动，并向显示器提供行扫描信号，控制显示器的正确显示，是连接显示器和个人计算机主板的重要元件，是“人机对话”的重要设备之一。

2.1.2.7 网卡

网卡是工作在数据链路层的网络组件，是局域网中连接计算机和传输介质的接口，不仅能实现与局域网传输介质之间的物理连接和电信号匹配，还涉及帧的发送与接收、帧的封装与拆封、介质访问控制、数据的编码与解码以及数据缓存的功能等。网卡的作用是充当计算机与网线之间的桥梁，是用来建立局域网并连接到 Internet 的重要设备之一。

2.1.2.8 电源

电源是主机可以获得电能正常工作的基础，是主机不可缺少的组成之一。

2.1.2.9 机箱

机箱作为计算机配件中的一部分，它起的主要作用是放置和固定各计算机配件，起到一个承托和保护作用。此外，计算机机箱具有屏蔽电磁辐射的重要作用。

2.1.3 计算机的软件构成

软件是指为方便使用计算机和提高使用效率而组织的程序以及用于开发、使用和维护的有关文档。软件系统可分为系统软件和应用软件两大类。

2.1.3.1 系统软件

系统软件常常特指操作系统（operating system，OS），由一系列具有不同控制和管理功能的程序组成，它是直接运行在计算机硬件上的、最基本的系统软件，是系统软件的核心。操作系统是计算机发展中的产物，它的主要目的有两个：一是方便用户使用计算机，是用户和计算机的接口，比如用户键入一条简单的命令就能自动完成复杂的功能，这就是操作系统帮助的结果；二是统一管理计算机系统的全部资源，合理组织计算机工作流程，以便充分、合理地发挥计算机的效率，例如 Windows XP 系统、Windows 7 系统、Win 2008R2 系统等。

2.1.3.2 应用软件

为解决各类实际问题而设计的程序系统称为应用软件。从其服务对象的角度，又可分为通用软件和专用软件两类。

2.2 Win 7 操作系统

2.2.1 Win 7 的概念

Windows 7（简称 Win 7），是由微软公司（Microsoft）开发的操作系统，内核版本号为 Windows NT 6.1。Win 7 可供家庭及商业工作环境（便携式计算机、多媒体中心等）使用。和同为 NT6 成员的 Windows Vista 一脉相承，Win 7 继承了包括 Aero 风格等多项功能，并且在此基础上增添了些许功能。

2.2.2 Win 7 的版本

Win 7 可供选择的版本有：入门版（Starter）、家庭普通版（Home Basic）、家庭高级版（Home Premium）、专业版（Professional）、企业版（Enterprise）（非零售）、旗舰版（Ultimate）。

每个版本都有 64 位与 32 位之分，Win 7 操作系统 32 位和 64 位要求配置不同：64 位操作系统只能安装在 64 位计算机上（CPU 必须是 64 位的），同时需要安装 64 位常用软件以发挥 64 位（x64）的最佳性能；32 位操作系统则可以安装在32位（32位CPU）或64位（64位CPU）计算机上。32位操作系统最大只支持4G内存，64位操作系统支持大于4G的内存。当然，32位操作系统安装在64位计算机上，其硬件恰似“大马小车”，64位效能就会大打折扣。

64位系统和32位系统的运算速度不同。举个通俗易懂但不是特别准确的例子，32位系统的吞吐量是1M，而64位系统的吞吐量是2M，即理论上64位系统性能比32位的提高1倍。

2.3　安全桌面2.0

2.3.1　安全桌面2.0的构成

集团公司安全桌面2.0是在安全桌面1.0的基础上升级而来的，是为了确保集团公司各终端电脑安全可靠运行的一套软件，包括360天擎、系统加固和VRV远程监控三个客户端，约205MB。

2.3.2　安全桌面2.0的安装

需先卸载已安装的杀毒/防火墙软件，如赛门铁克企业版防病毒SEP、个人版360安全卫士/杀毒、金山毒霸、金山卫士、瑞星等。卸载完成后，请重启计算机，然后安装安全桌面客户端。

2.3.2.1　安全桌面1.0的卸载

（1）通过控制面板→添加删除程序→卸载SEP客户端（首选）。

以Win 7系统为例，打开控制面板→卸载程序，右键点击“Symantec Endpoint Protection”程序，选择“卸载”选项，弹出窗口，点击“是（Y）”，等待SEP卸载完成。然后可以选择“是（Y）”，立即重启计算机或者点击“否（N）”，稍后手动重启计算机。

（2）通过SEP卸载工具卸载SEP客户端。

只有在（1）无法正常卸载SEP的情况下，再使用卸载工具卸载SEP。若使用方法一卸载SEP的过程中蓝屏，重启恢复后需再使用卸载工具卸载SEP。卸载SEP后网卡若出现问题无法连接网络，重装网卡驱动即可解决。

（3）卸载其他安全软件。

① 开始菜单→所有程序→360安全中心→卸载360安全卫士，卸载后重启计算机；

② 开始菜单→控制面板→卸载卸载（程序和功能），点击进入，找到360安全卫士并卸载，卸载后重启计算机。

2.3.2.2 安全桌面 2.0 的安装

（1）下载三合一客户端，双击安装，如图 2.2 所示；

图 2.2 安装包示例

（2）填写相关注册信息点击注册，如图 2.3 所示；

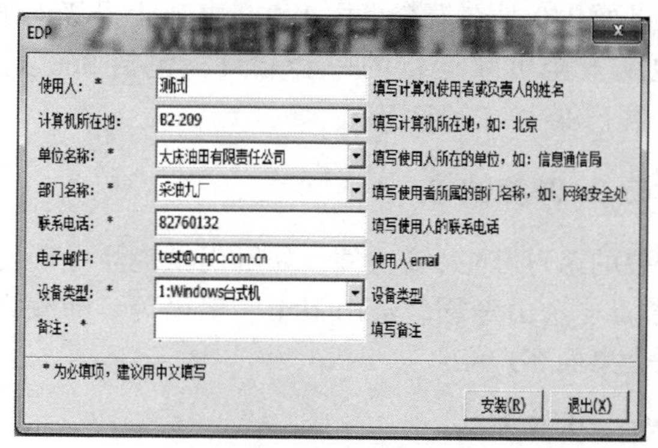

图 2.3 注册界面图

（3）等待几分钟后，会出现注册成功对话框；

（4）计算机桌面和托盘会出现相关图标，如图 2.4 所示；

图 2.4 注册成功桌面图标

（5）检查进程是否存在，存在即安装成功。

XP 和 Win 7_ x86（32 位）进程：

——VRVEDP_ M. EXE；

——vrvrf_ c. exe；

——Vrvsafec. exe；

——watchclient. exe。

Win 7_ x64（64 位）进程：

——VRVEDP_ M. EXE * 32；

——vrvrf_ c. exe * 32；

——Vrvsafec. exe * 32；

——watchclient. exe * 32；

——Vrvf_ c64. exe。

2.4 常用办公软件安装配置

2.4.1 合同管理系统

合同管理系统是集团公司统推的系统，涵盖了集团公司合同管理中的所有节点。

2.4.1.1 安装准备

（1）下载合同安装包，共包括注册程序、DotNet 程序、基础文档程序 Office、批处理安装程序、VSTO、证书等，如图 2.5 所示。

名称	修改日期	类型	大小
01 setUACClose	2017/7/20 18:40	文件夹	
02 DotNet	2017/7/20 18:40	文件夹	
05 Cert	2017/7/20 18:40	文件夹	
06 CMS Cab	2017/7/20 18:40	文件夹	
07 Reg	2017/7/20 18:40	文件夹	
08 VSTO	2017/7/20 18:40	文件夹	
cms sdxml 1.0 扩展包	2017/7/20 18:40	文件夹	
cms sdxml 2.0 扩展包	2017/7/20 18:40	文件夹	
office2010使用的证书(密码是123).pfx	2015/10/12 13:23	Personal Inform...	3 KB
win7 +office2010安装操作手册.doc	2013/10/31 10:59	Microsoft Word ...	1,302 KB
合同管理系统证书更新.doc	2015/10/13 11:01	Microsoft Word ...	2,712 KB

图 2.5　合同系统安装文件

（2）运行 setUACClose，由于 Win 7 系统除了 administrator 是超级管理员，其余的管理员都是普通管理员，部分权限受限制，不能正常安装合同客户端软件，因此需要运行 setUACClose，将普通管理员提升为超级管理员，如果用户以普通管理员的身份登录操作系统安装合同客户端软件，则需要运行 setUACClose；如果以 administrator 身份登录操作系统，则不需要运行此软件，如图 2.6 所示。

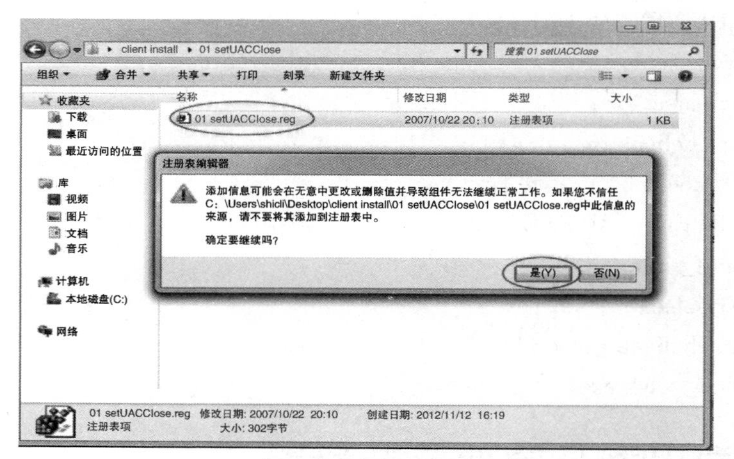

图 2.6 注册表添加

2.4.1.2 操作说明

（1）注册程序安装。双击运行 setUACClose，在注册表编辑器对话框中选择“是”，向注册表中添加注册信息，注册完成后，点击“确定”按钮，完成后重新启动计算机。

（2）DotNet 基础安装。安装 Net Framework 1.1，合同系统是基于 NET 构架实现的，因此客户端必须支持 NET 基础架构。安装此软件很简单，只需要点击每个步骤中的“是”，即可安装完成，如图 2.7 所示。

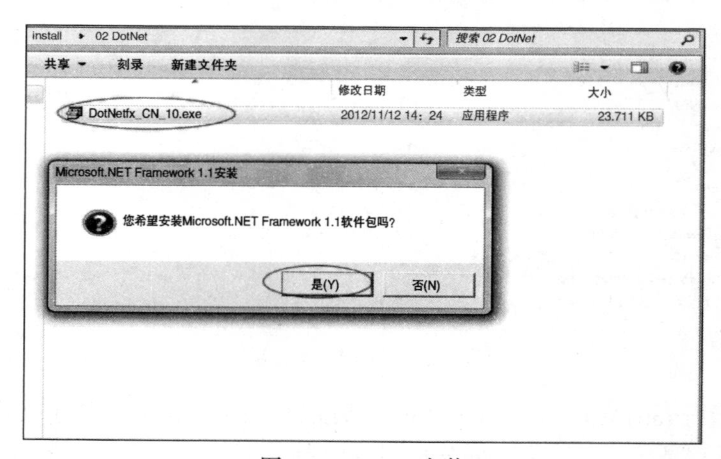

图 2.7 DotNet 安装

（3）安装 Office Professional plus 2010。安装时请选择“自定义安装”，在自定义的安装内容选择窗口中，单击 Microsoft Office Word 和 Office 工具的下拉箭头，选择“从本机运行全部程序”。安装完成后安装 Office 2010 Sp1 补丁，安装步骤很简单，选择默认安装即可完成，安装完成后重启系统，如图 2.8 所示。

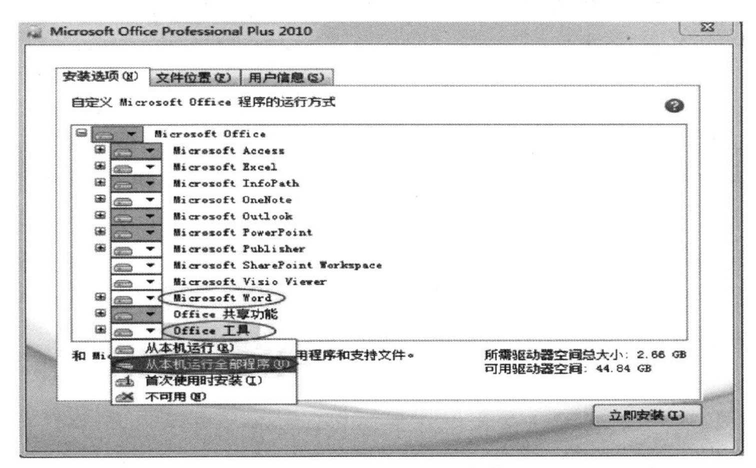

图 2.8 Office 2010 安装

（4）证书安装。安装“lyao sign all cert link”证书：登录合同管理系统需要进行身份验证，对于没有加入域的用户需要安装根证书，来建立身份认证的机构、受信任的根证书颁发机构（中国石油），如图 2.9 所示。

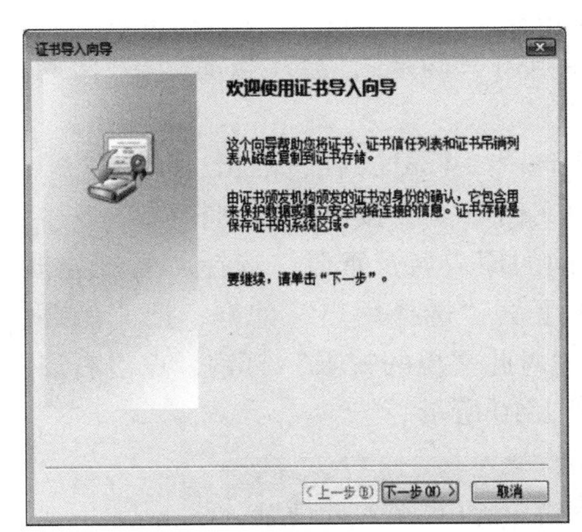

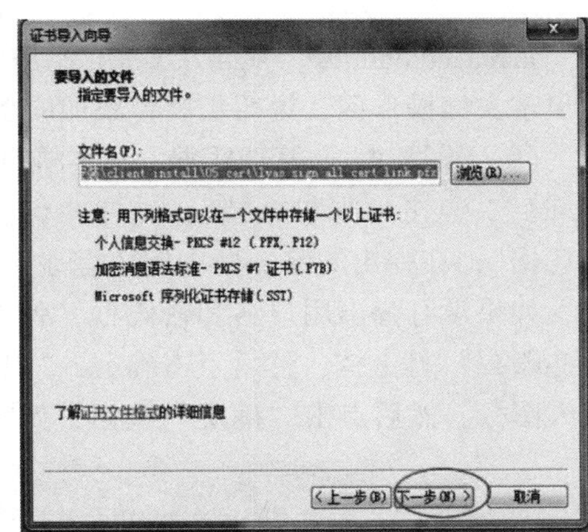

图 2.9 证书安装向导

在证书目录中鼠标右键单击“lyao sign all cert link”，选择“安装证书”，根据安装提示单击下一步，直至出现输入密码选项，输入密码为“123”，然后点击“下一步”，在证书存储对话框点击“浏览”按钮，选择“受信任的根证书颁发机构”，点击“确定”按钮，完成后点击“下一步”，直至在证书导入向导中点击“完成”，从而完成根证书的安装。

（5）安装 CMSCab 包。CMSCab 包安装步骤很简单，选择默认安装即可完成。点击右键“安装”，安装完成会出现界面，点击“close”，完成安装。

（6）安装注册表信息。根据不同的操作系统和域用户，需“以管理员身份运行”相应的批处理文件：

① Win 7 32 位操作系统，ptr 域用户，执行 SetReg_ ptr_ cms. bat 批处理文件；

② Win 7 32 位操作系统，cnpc 域用户，执行 SetReg_ cnpc_ cms. bat 批处理文件；

③ Win 7 64 位操作系统，ptr 域用户，执行 SetReg_ ptr_ cms_ 64. bat 批处理文件；

④ Win 7 64 位操作系统，cnpc 域用户，执行 SetReg_ cnpc_ cms_ 64. bat 批处理文件。

（7）安装 VSTO。VSTO 安装步骤很简单，默认安装即可完成，在目录中点击右键“以管理员运行”。

（8）手工添加扩展包。Office 2010 无法自动加载扩展包，必须手工添加：

① 在本机打开一个 Word 文档，点击“文件”中的“选项”，在选项中点击“加载项”，在管理中选择“xml 扩展包”，然后点击“转到”，打开扩展包架构所在文件夹，用户可根据自己的需要选择其中打开一个架构。

② 点击“添加”，选择“managedManifest_ signed. xml”，然后点击打开，完成“managedManifest_ signed. xml”添加后点击“确定”，会在当前 Word 文档右边出现文档操作区，说明扩展包添加成功。

（9）设置 Word 管理凭据。在本机打开一个 Word 文档，点击“文件”中的“信息”，点击“保护文档”，选择“保护文档”→“按人员限制权限”→“管理凭据”，在弹出的验证框中输入登录合同的用户名及密码，选择“管理凭据”后，如果没有弹出用户名和密码框，弹出下面“选择用户”的框，把“始终使用此账户”打上钩，然后点击确定，“限制对此文档的权限”打钩，点击右边所有人图标，然后点击“确定”按钮，如图 2.10 所示。

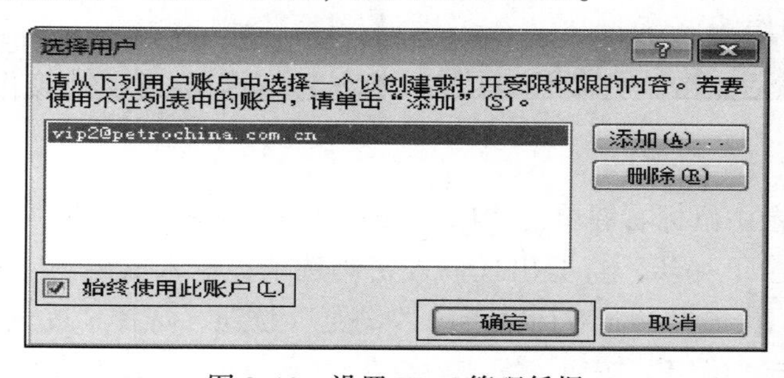

图 2.10 设置 Word 管理凭据

2.4.2　电子公文管理系统

电子公文系统是集团公司统推的系统，涵盖了集团公司电子公文流转的所有节点。

（1）下载安装包。电子公文的安装包可以在电子公文网页“帮助”中“产品下载”里的“OA 客服端安装”下载，如图 2.11 所示。cnpc 用户安装 setreg_ cnpc. bat，不分 32 位和 64 位；ptr 用户安装 setreg_ ptr. bat，不分 32 位和 64 位。

名称	修改日期	类型	大小
01 运行setUACClose	2017/7/20 18:40	文件夹	
02 安装.Net Framework 1.1	2017/7/20 18:40	文件夹	
03 安装Office Professional Plus 2010	2017/7/20 18:40	文件夹	
04 安装Office 2010 SP1补丁	2017/7/20 18:40	文件夹	
05 安装注册表信息	2017/7/20 18:40	文件夹	
06 安装根证书及扩展包	2017/7/20 18:40	文件夹	
07 管理凭据的添加	2017/7/20 18:40	文件夹	
08 设置宏的安全	2017/7/20 18:40	文件夹	
09 安装方正字体	2017/7/20 18:41	文件夹	
10 用户证书申请与安装（需签字、盖章...	2017/7/20 18:41	文件夹	
win7、win8（32、64）+office2010...	2017/6/2 15:25	Microsoft Word ...	2,462 KB
说明.txt	2015/1/4 9:20	文本文档	1 KB

图 2.11　电子公文安装文件

（2）安装根证书及扩展包（必做）。鼠标右键单击“lyao sign 5 years all certs”，选择“安装证书”，点击“下一步”，在密码验证框中输入密码。密码仍然为“123”，然后点击“下一步”，在选择证书存储对话框中点击“浏览”按钮，选择“受信任的根证书颁发机构”，点击“确定”按钮后点击“下一步”，根据合同安装的步骤再将证书导入“个人”选项。

（3）添加扩展包。在本机打开一个 Word 文档，点击“文件”中的“选项”，在选项中点击“加载项”，在管理中选择“xml 扩展包”，然后点击“转到”，打开扩展包架构所在文件夹，点击“添加”，选择“managedManifest_signed. xml”，然后点击“打开”，点击“确定”，右边出现文档操作区，说明扩展包添加成功。

（4）电子公文安装完成以后，可以打开公司网页的电子公文系统，输入用户名、密码登录电子公文页面。

2.5 桌面网络处理方法

2.5.1 计算机终端无法上网问题

七层模型，也称 OSI（open system interconnection）参考模型，参考模型是国标准化组织（ISO）制定的一个用于计算机或通信系统间互联的标准体系。它是一个七层的、抽象的模型，不仅包括一系列抽象的术语或概念，也包括具体的协议，如图 2.12 所示。

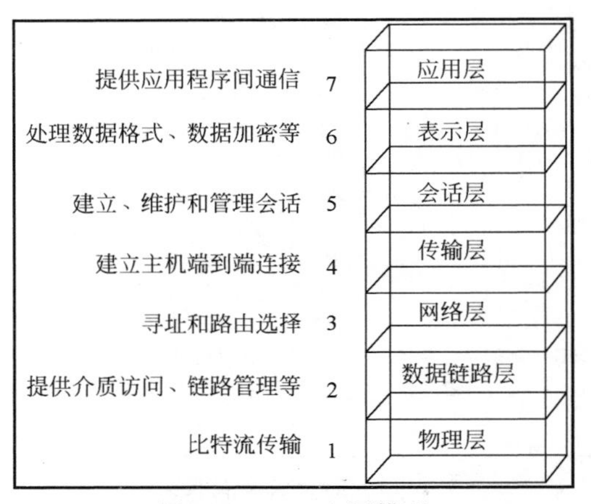

图 2.12　OSI 七层模型

2.5.1.1 计算机终端网络不通排查

桌面网络主要涉及以下三层，一台计算机终端网络不通可以通过以下三层进行分析。

1）物理层

物理层包括网线、网卡驱动、集线器（HUB）、小型交换机等，排查内容包括：

（1）网线是否有问题。检查网口灯是否正常亮着；网线是否破损；水晶头是否正常；用巡线仪检测一下线序是否正常。

（2）网卡驱动问题。打开网络和共享中心，更改适配器设置；查看本地连接是否正常，如果没有本地连接，说明网卡驱动掉了，在网上下载网卡驱动安装。

（3）检查 HUB、小交换机。检查 HUB 的指示灯是否正常；HUB 插口网线头是否松动；拔掉重启 HUB。

2）网络层

网络层包括 IP 地址、子网掩码、默认网关、DNS 服务器配置，排查内容包括：

（1）IP 地址。IP 地址被用来给 Internet 上的计算机一个编号。大家日常见到的情况是每台联网的 PC 上都需要有 IP 地址，才能正常通信。可以把“个人计算机”比作“一台电话”，那么“IP 地址”就相当于“电话号码”。

（2）默认网关。一台主机如果找不到可用的网关，就把数据包发给默认指定的网关，由这个网关来处理数据包。网关实质上是一个网络通向其他网络的 IP 地址。

（3）IP 地址冲突。若 IP 地址被人占用，导致无法上网，可联系负责管网络的人帮助找到冲突的计算机，要回 IP 地址。

3）应用层

应用层包括安全桌面、服务器状态，排查内容包括：

（1）安全桌面。安装不合适，IP 地址被封。

（2）服务器状态。服务器故障，导致网页打不开。

2.5.1.2 内网通，外网不通处理

若内网网页都能打开，而且外网代理配置也正确，就是外网网页打不开，需对浏览器进行重置，如图 2.13 所示。

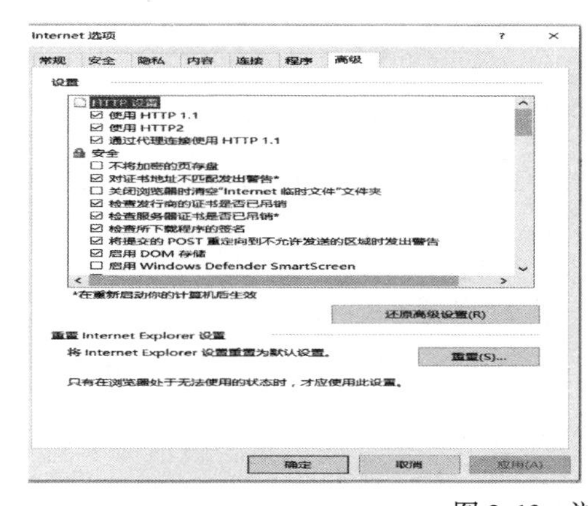

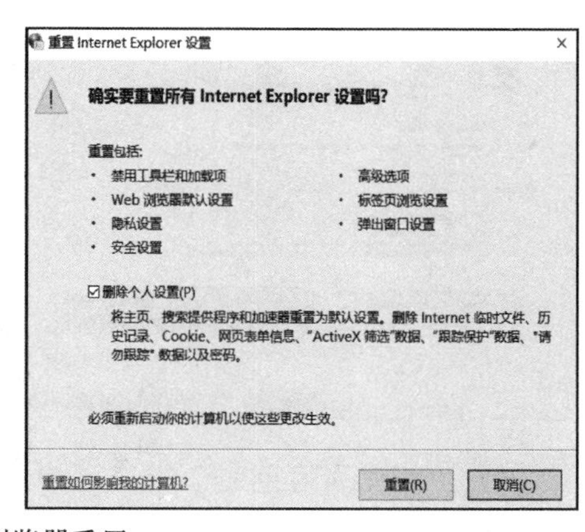

图 2.13 浏览器重置

2.5.1.3 IE 浏览器设置不合适

（1）打开 IE 浏览器，点开“工具”，选择“Internet 选项”。

（2）在 Internet 选项窗口，选择“连接”设置标签页。

（3）选择“局域网设置”。

（4）在“代理服务器”地址配置“proxy. xa. petrochina”，端口配置“8080”，如图 2. 14 所示。

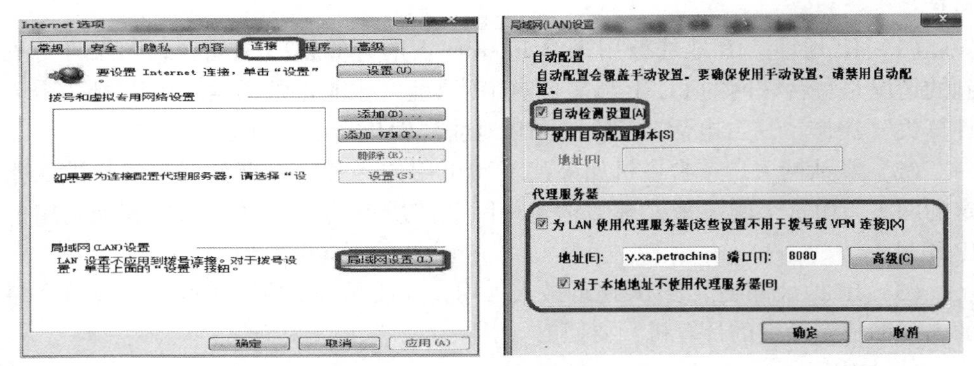

图 2. 14　代理服务器设置

2. 5. 2　“集中报销”里面要填写的填不了，打印控件加载不上

出现这个问题的原因是插件被禁止。这时可在“Internet 选项”里选择“安全”设置，然后打开“自定义级别”，把带有“ActiveX 控件”的选项全点启用，如图 2. 15 所示。

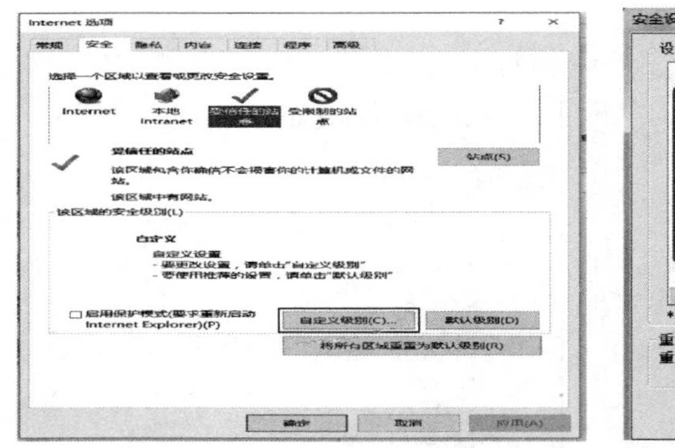

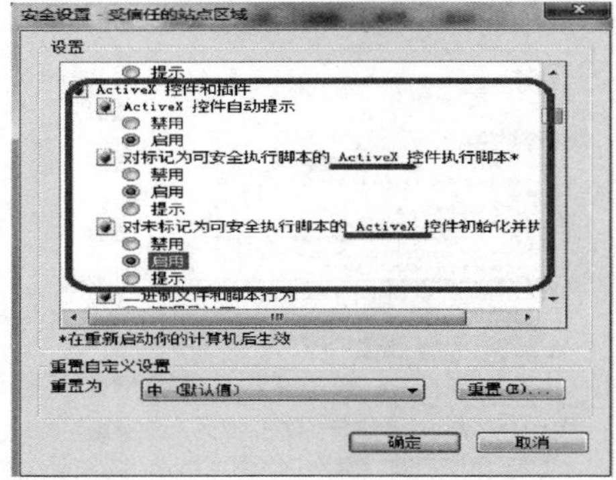

图 2. 15　ActiveX 控件启用

2. 5. 3　部分办公系统页面显示不全

例如，合同系统打开之后左边的“个人助理”显示不出来，这时需要选择 IE 浏览器中的兼容性视图设置，如图 2. 16 所示。

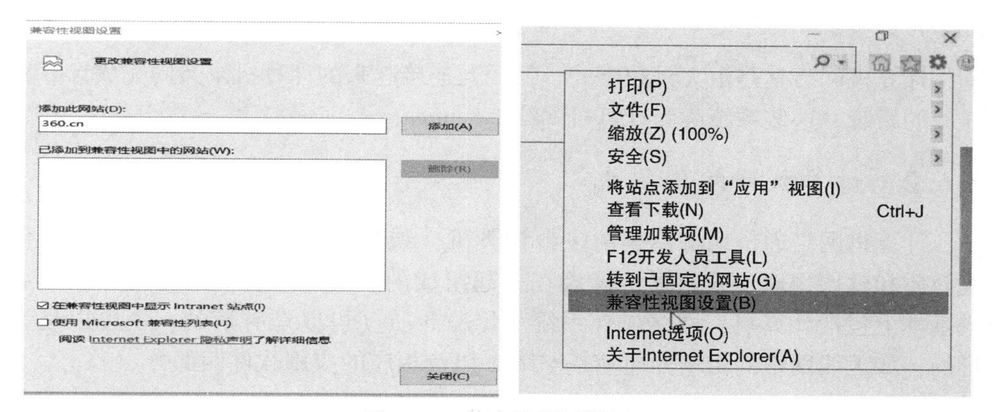

图 2.16　兼容性视图设置

2.6　计算机网络

2.6.1　计算机网络的概念

计算机网络是指将地理位置不同的具有独立功能的多台计算机及其外部设备，通过通信线路连接起来，在网络操作系统、网络管理软件及网络通信协议的管理和协调下，实现资源共享和信息传递的计算机系统。

2.6.1.1　从广义上定义

计算机网络也称计算机通信网。关于计算机网络的最简单定义是：一些相互连接的、以共享资源为目的的、自治的计算机的集合。

从逻辑功能上看，计算机网络是以传输信息为基础目的，用通信线路将多个计算机连接起来的计算机系统的集合，一个计算机网络组成包括传输介质和通信设备。

从用户角度看，计算机网络是这样定义的：存在着一个能为用户自动管理的网络操作系统，由它调用完成用户所调用的资源，而整个网络像一个大的计算机系统一样，对用户是透明的。

2.6.1.2　按连接定义

计算机网络就是通过线路互联起来的、自治的计算机集合，确切地说就是将分布在不同地理位置上的具有独立工作能力的计算机、终端及其附属设备用通信设备和通信线路连接起来，并配置网络软件，以实现计算机资源共享的系统。

2.6.1.3 按需求定义

计算机网络就是由大量独立的、但相互连接起来的计算机来共同完成计算机任务的系统。这些系统称为计算机网络（computer networks）。

2.6.2 计算机网络的组成

计算机网络通俗地讲就是由多台计算机（或其他计算机网络设备）通过传输介质和软件物理（或逻辑）连接在一起组成的。总的来说，计算机网络的组成基本上包括计算机、网络操作系统、传输介质（可以是有形的，也可以是无形的，如无线网络的传输介质就是空间）以及相应的应用软件四部分。

2.6.3 计算机网络按标准分类

按标准可以把各种网络类型划分为局域网、城域网、广域网和无线网四种。

2.6.3.1 局域网

局域网（LAN，local area network）是最常见、应用最广的一种网络。所谓局域网，就是在局部地区范围内的网络，它所覆盖的地区范围较小。局域网在计算机数量配置上没有太多的限制，少的可以只有两台，多的可达几百台。在企业局域网中，工作站的数量在几十到两百台次左右。

局域网的特点：连接范围窄、用户数少、配置容易、连接速率高。目前局域网最快的速率是 10G 以太网。IEEE 的 802 标准委员会定义了多种主要的 LAN 网，包括以太网（Ethernet）、令牌环网（Token Ring）、光纤分布式接口网络（FDDI）、异步传输模式网（ATM）以及最新的无线局域网（WLAN）。

2.6.3.2 城域网

城域网（MAN，metropolitan area network）一般来说是在一个城市，但不在同一地理小区范围内的计算机互联。这种网络的连接距离可以在 10～100km，它采用的是 IEEE 802.6 标准。MAN 与 LAN 相比扩展的距离更长，连接的计算机数量更多，在地理范围上可以说是 LAN 网络的延伸。在一个大型城市或都市地区，一个 MAN 网络通常连接着多个 LAN 网，如连接政府机构的 LAN、医院的 LAN、电信的 LAN、公司企业的 LAN 等。由于光纤连接的引入，使 MAN 中高速的 LAN 互联成为可能。

城域网多采用 ATM 技术做骨干网。ATM 是一个用于数据、语音、视频以及多媒体应用程序的高速网络传输方法。ATM 包括一个接口和一个协议，该协议能够在一个常规的传输信道上，在比特率不变及变化的通信量之间进行切换。ATM 也包括硬件、软件以及与 ATM 协议标准一致的介质。ATM 提供一个可伸缩的主干基础设施，以便能够适应不同规模、速度以及寻址技术的网络。ATM 的最大缺点就是成本太高，所以一般在政府城域网中应用，如邮政、银行、医院等。

2.6.3.3 广域网

广域网（WAN，wide area network）也称为远程网，所覆盖的范围比城域网（MAN）更广，它一般是在不同城市之间的 LAN 或者 MAN 网络互联，地理范围可从几百千米到几千千米。

2.6.3.4 无线网

随着便携式计算机的日益普及和发展，人们经常要在路途中接听电话、发送传真和电子邮件、阅读网上信息以及登录到远程机器等，引入无线网络。无线网特别是无线局域网有很多优点，如易于安装和使用。但无线局域网也有许多不足之处：如它的数据传输率一般比较低，远低于有线局域网；另外无线局域网的误码率也比较高，而且站点之间相互干扰比较厉害。用户无线网的实现有不同的方法。

1）无线局域网

无线局域网（WLAN）提供了移动接入的功能，这就给许多需要发送数据但又不能坐在办公室的工作人员提供了方便。当大量持有便携式计算机的用户都在同一个地方同时要求上网时，若用电缆联网，那么布线就是个很大的问题。这时若采用无线局域网则比较容易。

无线局域网可分为两大类。第一类是有固定基础设施的，第二类是无固定基础设施的。所谓“固定基础设施”是指预先建立起来的、能够覆盖一定地理范围的一批固定基础设施。大家经常使用的蜂窝移动电话就是利用电信公司预先建立的、覆盖全国的大量固定基站来接通用户手机拨打的电话。

2）无线个人区域网

无线个人区域网（WPAN）就是在个人工作地方把属于个人使用的电子设备（如便携式计算机、便携式打印机以及蜂窝电话等）用无线技术连接起来，自组网络，不需要使用接入点 AP，整个网络的范围为 10m 左右。WPAN 可以是一个人使用，也可以是若干人共同使用。WPAN 是以个人为中心来使用的无线个人区域网，它实际上就是一个低功率、小范围、低速率和低价格的电缆替代技术。

3）无线城域网

无线城域网（WMAN）可提供“最后一英里”的宽带无线接入（固定的、移动的和便携的）。许多情况下，WMAN 可用来替代现有的有线宽带接入，所以可称无线本地环路。

2.7 交换机基本知识

2.7.1 交换机的作用和特点

广义的交换机（switch）就是一种在通信系统中完成信息交换功能的设备。交换机的作用和特点是提供大量高密度、单一类型的接口，用于设备接入；对以太网数据帧进行高速而透明的交换转发；提供以太网间的透明桥接和交换；依据链路层的MAC地址，将以太网数据帧在端口间进行转发。

2.7.2 交换机的分类

交换机按协议划分可分为以太网交换机（图2.17）、电话交换机（图2.18）、ATM交换机；按是否支持网管功能划分，可分为网管型交换机和非网管型交换机（常说的“傻瓜”交换机）；按工作环境可划分为企业网交换机和工业交换机（使用环境恶劣，对可靠性要求极高的工业应用场景，工作温度范围可达-40~85℃）。按照厂商对产品的划分（以“华三”产品为例）又可分为盒式交换机和框式交换机；厂商按性能/功能（以“华三”产品为例）又把交换机划分为LI版、SI版、EI版、HI版，例如S5560-30S-EI、S5560-32C-HI等。

图2.17　以太网交换机

图2.18　电话交换机

2.7.3 交换机的工作原理

当交换机收到数据时，它会检查目的MAC地址，然后把数据从目的主机所在的接口转发出去。交换机之所以能实现这一功能，是因为交换机内部有一个MAC地址表，MAC地址表记录了网络中所有MAC地址与该交换机各端口的对应信息。某一数据帧需要转发时，交换机根据该数据帧的目的MAC地址来查找MAC地址表，从而得到该地址对应的端口，即知道具有该MAC地址的设备是连接在交换机的哪个端口上，然后交换机把数据帧从该端口转发出去，如图2.19所示。

（1）MAC地址表初始化：交换机刚启动时，MAC地址表内无表项。

（2）MAC 地址表学习过程：①PCA 发出数据帧；②交换机把 PCA 的帧中的源地址 MAC_ A 与接收到此帧的端口 E1/0/1 关联起来；③交换机把 PCA 的帧从所有其他端口发送出去（除了接收到帧的端口 E1/0/1）；④PCB、PCC、PCD 发出数据帧；⑤交换机把接收到的帧中的源地址与相应的端口关联起来。

（3）数据帧转发过程：①PCA 发出目的地址到 PCD 的数据帧；②交换机根据帧中的目的地址，从相应的端口 E1/0/4 发送出去；③交换机不在其他端口上转发此单播数据帧。

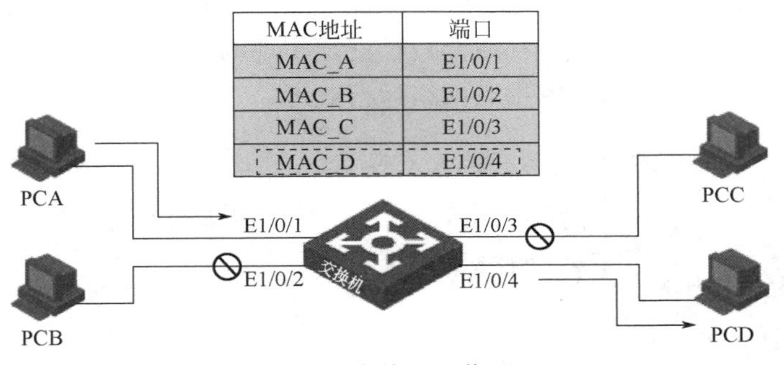

图 2.19 交换机工作原理

2.7.4 交换机的基本调试配置

2.7.4.1 登录交换机的方式

登录交换机以对其进行配置管理，可分为本地或远程登录，本地通过 Console 口本地访问；远程登录使用 Telnet 终端访问或者使用 SSH 终端访问。

通常在设备的前面板上，有“Console”或“Con”单词标识的接口，即为设备的 Console 配置接口，如果前面板上找不到，可在后面板上查找一下。有些设备会存在“con/aux”标识的接口，也代表着是 Console 配置接口。

计算机使用 Console 线缆连接到设备 Console 接口上。计算机上使用 SecureCRT、Xshell、Putty 等工具进行登录，登录时，协议一定要选择“串口”或“serial”。当今的计算机上都已经不配备串口（com），因此需要购买 USB 转 COM 线缆。登录成功进入设备后，可进行相关配置操作，如图 2.20 所示。

2.7.4.2 交换机基本配置

VLAN（虚拟局域网）是对连接到第二层交换机端口的网络用户的逻辑分段，可不受网络用户的物理位置限制，而根据用户需求进行网络分段。一个 VLAN 可以在一个交换机或者跨交换机实现。VLAN 可以根据网络用户的位置、作用、部门或者根据网络用户所使用的应用程序和协议来进行分组。基于交换机的虚拟局域网能够为局域网解决冲突域、广播域、带宽问题。VLAN 相当于 OSI 参考模型第二层的广播域，能够将广播风暴控制在一个 VLAN 内部，划分 VLAN 后，由于广播域的缩小，网络中广播包消耗带宽所占的比例大大降低，网络的性能得到显著提高。不同的 VLAN 之间的数据传输是通过第三层（网络层）的路由来实现的，因此使用 VLAN 技术，结合数据链路层和网络层的交换设备可搭建安全可靠的网络。网络管理员通过控制交换机的每一个端口来控制网络用户对网络资源的访问，同时 VLAN 和第三层、第四层的交换、结合、使用能够为网络提供较好的安全措施。另外，VLAN 具有灵活性和可扩张性等特点，方便网络维护和管理，这两个特点正是现代局域网设计必须实现的两个基本目标，在局域网中有效利用虚拟局域网技术能够提高网络运行效率。

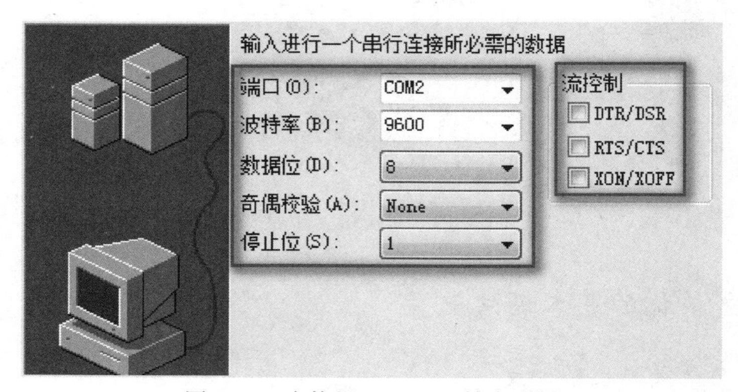

图 2.20　交换机 console 口缺省配置

配置 VLAN 的步骤如下（以华三产品为例）：

（1）创建 VLAN，范围 1~4094：

[Switch] vlanvlan-id

（2）将指定端口加入当前 VLAN 中：

[Switch-vlan10] portinterface-list

（3）配置端口的链路类型为 Access 类型：

[Switch-Ethernet1/0/1] port link-type access

（4）配置端口的链路类型为 Trunk 类型：

[Switch-Ethernet1/0/1] port link-type trunk

[Switch-Ethernet1/0/1] port trunk permit vlan 10 20

交换机接口类型分为 Access 和 Trunk 口：Access 端口的 PVID 就是其所在的 VLAN，不能配置；接收到不带标签的报文后打上 PVID 标签，发送时剥离数据帧的标签；常用于连接不需要识别 VLAN 标签的设备，如主机、路由器等。允许多个 VLAN 数据帧通过的端口称为 Trunk 端口，一般用于交换机互联或上联；

Trunk 链路上除了缺省 VLAN 的数据帧，其他的都带着标签走；Trunk 端口转发 PVID 的数据帧时剥掉标签，接收到不带标签的数据帧时打上 PVID。

2.8　光纤基础知识

光纤是一种由多层透明介质（玻璃或塑料）制成的用来传导光波的纤维状光波导，称为光导纤维。光纤是光导纤维的简写。

2.8.1　光纤分类

光纤分为单模光纤和多模光纤。

单模光纤只有一条光路径，只传输一种模式的光（即只传输从某特定角度射入光纤的一束光）。由于完全避免了模式色散，使得单模光纤的传输频带很宽，因而适用于大容量、长距离的传输系统；以发光二极管或激光器为光源，采用 1310nm 和 1550nm 两个波段。

多模光纤具有多条光路径，可同时在一根光纤中传输多种模式的光。由于色散和相差，其传输性能较差、频带较窄、容量小、距离也较短；以激光器为光源，采用 850nm 和 1300nm 两个波段。

2.8.2　光纤连接器

光纤连接器是光纤与光纤之间进行可拆卸（活动）连接的器件，它把光纤的两个端面精密对接起来，以使发射光纤输出的光能量能最大限度地耦合到接收光纤中去，并使由于其介入光链路而对系统造成的影响减到最小，这是光纤连接器的基本要求。

按连接头结构形式划分，光纤连接器可分为 FC、SC、ST、LC、D4、DIN、MU、MT 等各种形式。

2.8.2.1　FC 型光纤连接器

FC 型光纤连接器最早是由日本 NTT 研制的。FC 是 ferrule connector 的缩写，表明其外部加强方式采用金属套，紧固方式为螺纹。最早，FC 类型的连接器采用的陶瓷插针的对接端面是平面接触方式（FC）。此类连接器结构简单、操作方便、制作容易，但光纤端面对微尘较为敏感，且容易产生菲涅尔反射，提高回波损耗性能较为困难。后来，对该类型连接器做了改进，采用对接端面呈球面的插针（PC），而外部结构没有改变，使得插入损耗和回波损耗性能有了较大幅度的提高。

2.8.2.2 SC 型光纤连接器

SC 型光纤连接器是由日本 NTT 公司开发的光纤连接器。其外壳呈矩形，所采用的插针与耦合套筒的结构尺寸与 FC 型完全相同。其中插针的端面多采用 PC 或 APC 型研磨方式；紧固方式是用插拔销闩式，不需旋转。此类连接器价格低廉，插拔操作方便，介入损耗波动小，抗压强度较高，安装密度高。

ST 和 SC 接口是光纤连接器的两种类型：对于 10Base-F 连接来说，连接器通常是 ST 类型的；对于 100Base-FX 来说，连接器大部分情况下为 SC 类型的。ST 连接器的芯外露，SC 连接器的芯在接头里面。

2.8.2.3 LC 型连接器

LC 型连接器是著名的 Bell（贝尔）研究所研究开发出来的，采用操作方便的模块化插孔（RJ）闩锁机理制成。它所采用的插针和套筒的尺寸是普通 SC、FC 等所用尺寸的一半，为 1.25mm。这样可以提高光纤配线架中光纤连接器的密度。当前，在单模 SFF 方面，LC 类型的连接器实际已经占据了主导地位，在多模方面的应用也增长迅速。

2.9 光模块基础知识

光模块（optical transceiver）是光通信的核心器件，完成对光信号的光—电、电—光转换。

2.9.1 光模块的组成

光模块由两部分组成：接收部分和发射部分。接收部分实现光—电变换，发射部分实现电—光变换。

发射部分：输入一定码率的电信号经内部的驱动芯片处理后驱动半导体激光器（LD）或发光二极管（LED）发射出相应速率的调制光信号，其内部带有光功率自动控制电路（APC），使输出的光信号功率保持稳定。

接收部分：一定码率的光信号输入模块后由光探测二极管转换为电信号，经前置放大器后输出相应码率的电信号，输出的信号一般为 PECL 电平。同时在输入光功率小于一定值后会输出一个告警信号。

2.9.2 一种新型的单纤光模块

BIDI 光模块是一种单纤双向光模块，发射和接收两个不同方向的中心波长，实现光信号在一根光纤上的双向传输。光模块一般都有两个端口：发射端口（TX）和接收端口（RX），而 BIDI 光模块只有一个端口，它最大的优势就是节省光纤资源。

2.9.3　光模块的参数及意义

光模块有很多很重要的光电技术参数，但对于 GBIC 和 SFP 这两种热插拔光模块而言，选用时最关注的就是下面 3 个参数：

（1）中心波长，单位为纳米（nm）。目前主要有 3 种：850nm（MM，多模，成本低但传输距离短，一般只能传输 500m）；1310nm（SM，单模，传输过程中损耗大但色散小，一般用于 40km 以内的传输）；1550nm（SM，单模，传输过程中损耗小但色散大，一般用于 40km 以上的长距离传输，最远可以无中继直接传输 120km）。

（2）传输速率。传输速率是指每秒钟传输数据的比特数（bit），单位为 bps，目前常用的有 4 种：155Mbps、1.25Gbps、2.5Gbps、10Gbps。传输速率一般向下兼容，因此 155Mbps 光模块也称 FE（百兆）光模块，1.25Gbps 光模块也称 GE（千兆）光模块，这是目前光传输设备中应用最多的模块。此外，在光纤存储系统（SAN）中它的传输速率有 2Gbps、4Gbps 和 8Gbps。

（3）传输距离。传输距离是指光信号无需中继放大可以直接传输的距离，单位为 km。光模块一般有以下几种规格：多模 550m，单模 15km、单模 40km、单模 80km 和单模 120km 等。

多模千兆光模块和单模千兆光模块如图 2.21 和图 2.22 所示。

图 2.21　多模千兆光模块

图 2.22　单模千兆光模块

2.10　无线网桥的基本知识

2.10.1　无线网桥的概念

无线网桥，即无线网络的桥接，它利用无线传输方式实现在两个或多个网络之间搭起通信的桥梁。无线网桥从通信机制上分为电路型网桥和数据型网桥。

数据型网桥传输速率根据采用的标准不同而不同。无线网桥传输标准常采用 802.11b 或 802.11g、802.11a 和 802.11n 标准。802.11b 标准的数据传输速率是 11Mbps，在保持足够的数据传输带宽的前提下，802.11b 通常能够提供4~6Mbps的实际传输速率，而802.11g、802.11a标准的无线网桥都具备54Mbps的传输带宽，其实际传输速率可达802.11b的5倍左右，目前通过turb和Super模式最高可达108Mbps的传输带宽。802.11n通常可以提供150~600Mbps的传输速率。

电路型网桥传输速率根据调制方式和带宽不同而不同，PTP C400可达64Mbps，PTP C500可达90Mbps，PTP C600可达150Mbps；可以配置电信级的E1、E3、STM-1接口。

2.10.2 无线网桥的应用方式

2.10.2.1 点对点方式

点对点型（PTP），即“直接传输”，无线网桥设备可用来连接分别位于不同建筑物中两个固定的网络。它们一般由一对桥接器和一对天线组成。两个天线必须相对定向放置，室外的天线与室内的桥接器之间用电缆相连，而桥接器与网络之间则是物理连接。

2.10.2.2 中继方式

中继方式，即“间接传输”。简单来说，B、C两点之间不可视，但两者之间可以通过一座A楼间接可视，并且A、C和B、A两点之间满足网桥设备通信的要求。可采用中继方式，A楼作为中继点，B、C各放置网桥、定向天线。A点可选方式有：（1）放置一台网桥和一面全向天线，这种方式适合对传输带宽要求不高、距离较近的情况；（2）如果A点采用的是单点对多点型无线网桥，可在中心点A的无线网桥上插两块无线网卡，两块无线网卡分别通过馈线接两部天线，两部天线分别指向B网和C网；（3）放置两台网桥和两面定向天线。

2.10.2.3 点对多点传输

由于无线网桥往往由于构建网络时的特殊要求，很难就近找到供电。因此，具有PoE（以太网供电）能力就非常重要，如可以支持802.3af国际标准的以太网供电，可以通过5类线为网桥提供12V的直流电源。一般网桥都可以通过Web方式来进行管理，或者通过SNMP方式管理。它还具有先进的链路完整性检测能力，当其作为AP使用的时候，可以自动检测上联的以太网连接是否工作正常，一旦发现上联线路断线，就会自动断开与其连接的无线工作站，这样被断开的工作站可以及时被发现，并搜寻其他可用的AP，明显地提高了网络连接的可靠性，并且也为及时锁定并排除问题提供了方便。总之，随着无线网络的成熟和普及，无线网桥的应用也将会大大普及。

2.11　4G 网络基本知识

第四代移动电话行动通信标准，指的是第四代移动通信技术，英文缩写为4G。该技术包括 TD-LTE 和 FDD-LTE 两种制式。

2.11.1　4G 网络核心技术

4G 网络核心技术包括：

（1）接入方式和多址方案；

（2）调制与编码技术；

（3）高性能的接收机；

（4）智能天线技术；

（5）MIMO 技术；

（6）软件无线电技术；

（7）基于 IP 的核心网；

（8）多用户检测技术。

2.11.2　4G 网络结构

4G 网络结构可分为 3 层：物理网络层、中间环境层、应用网络层。物理网络层提供接入和路由选择功能，由无线网和核心网的结合格式完成。中间环境层的功能有 QoS 映射、地址变换和完全性管理等。

物理网络层与中间环境层及其应用环境之间的接口是开放的，使发展和提供新的应用及服务变得更为容易，提供无缝高传输速率的无线服务，并运行于多个频带。

2.11.3　4G 网络性能特点

第四代移动通信系统可称为广带（Broadband）接入和分布网络，具有非对称的超过 2Mbps 的数据传输能力，传输速率超过 UMTS，是支持高传输速率（2~20Mbps）连接的理想模式，上网速度从 2Mbps 提高到 100Mbps。

4G 手机系统下行链路速度为 100Mbps，上行链路速度为 30Mbps。其基站天线可以发送更窄的无线电波波束，在用户行动时也可进行跟踪，可处理数量更多的通话。

4G 网络的优点是：（1）通信速度快；（2）网络频谱宽；（3）通信灵活；（4）智能性能高；（5）兼容性好；（6）提供增值服务；（7）高质量通信；（8）频率效率高。

4G 网络的缺点是：(1) 标准多；(2) 技术难；(3) 容量受限；(4) 市场难以消化；(5) 设施更新慢；(6) 其他。

2.12 APN 专网技术

APN (access point name)，即“接入点名称”，用来标识 GPRS 的业务种类，目前分为两大类：CMWAP (通过 GPRS 访问 WAP 业务)、CMNET (除了 WAP 以外的服务目前都用 CMNET，比如连接因特网等)。企业用户可以申请专用 APN，专用 APN 以专网的形式，直接接入服务器，形成一个相对独立的网络环境，所有数据都在移动 GPRS 的 APN 内网传输，无须经过公网，使网络具有很高的安全性。

2.12.1 APN 专网应用原则

(1) 有线通信无法覆盖且有数据传输需求的油气田边远场站，可采用运营商 APN 专网；

(2) 对有远程控制等特殊数据传输需求的油气田生产设施，可以采用运营商 APN 专网；

(3) 对钻井、试井、测井、录井过程中有数据传输需求的，可以采用运营商 APN 专网；

(4) 如有拉油罐车、管线巡线等其他应用需求的，可以采用运营商 APN 专网；

(5) 应用运营商无线网络的接入要坚持低成本的原则。

2.12.2 APN 专网应用要求

(1) 按照公司合规管理的要求，各有关单位应选择合适的移动应用运营商开展无线 APN 专网建设；

(2) 为了保障网络的安全性与可靠性，在 APN 专网的用户接入路由器与内网之间必须采用防火墙进行隔离，并在防火墙上进行 IP 地址和端口过滤；

(3) 用于 APN 专网的 SIM 卡仅开通该专用 APN，限制使用其他 APN；

(4) APN 接入点配备的无线通信模块由第三方提供，必须符合公司统一的技术规范和要求，必须具备断点续传功能；

(5) APN 专网的 IP 地址，建设单位应按业务需要，统一规划并分配对应的办公网或生产网 IP 地址；

(6) 各有关单位 APN 专网建设方案必须经过数字化与信息管理部审查备案；

(7) 其他有关事宜由数字化与信息管理部负责解释。

2.13　网闸的基本知识

网闸（GAP）全称安全隔离网闸。安全隔离网闸是一种由带有多种控制功能专用硬件在电路上切断网络之间的链路层连接，并能够在网络间进行安全适度的应用数据交换的网络安全设备。

2.13.1　网闸的概念

安全隔离与信息交换系统，即网闸，是新一代高安全度的企业级信息安全防护设备，它依托安全隔离技术为信息网络提供了更高层次的安全防护能力，不仅使得信息网络的抗攻击能力大大增强，而且有效地防范了信息外泄事件的发生。

2.13.2　网闸的发展

第一代网闸的技术原理是利用单刀双掷开关使得内外网的处理单元分时存取共享存储设备来完成数据交换的，实现了在空气缝隙隔离情况下的数据交换，安全原理是通过应用层数据提取与安全审查达到杜绝基于协议层的攻击和增强应用层安全的效果。

第二代网闸正是在吸取了第一代网闸优点的基础上，创造性地利用全新理念的专用交换通道（PET，private exchange tunnel）技术，在不降低安全性的前提下能够完成内外网之间高速的数据交换，有效地克服了第一代网闸的弊端。第二代网闸的安全数据交换过程是通过专用硬件通信卡、私有通信协议和加密签名机制来实现的，虽然仍是通过应用层数据提取与安全审查达到杜绝基于协议层的攻击和增强应用层安全效果，但却提供了比第一代网闸更多的网络应用支持；并且由于其采用的是专用高速硬件通信卡，使得处理能力大大提高，达到第一代网闸的几十倍之多。而私有通信协议和加密签名机制保证了内外处理单元之间数据交换的机密性、完整性和可信性，从而在保证安全性的同时，提供更好的处理性能，能够适应复杂网络对隔离应用的需求。

2.13.3　网闸的组成

安全隔离网闸是由软件和硬件组成的。

安全隔离网闸分为两种架构，一种为双主机的“2+1”结构，另一种为三主机的三系统结构。“2+1”的安全隔离网闸的硬件设备由外部处理单元、内部处理单元、隔离安全数据交换单元三部分组成。安全数据交换单元不同时与内外网处理单元连接，为“2+1”的主机架构。隔离网闸采用 SU-Gap 安全隔离技术，创建一个内、外网物理断开的环境。三系统的安全隔离网闸的硬件也由三部分组成：外部处理单元（外端机）、内部处理单元（内端机）、仲裁处理单元（仲裁机）。各单元之间采用了隔离安全数据交换单元。

2.13.4 网闸的用途

2.13.4.1 主要功能

安全隔离网闸的功能模块有：安全隔离、内核防护、协议转换、病毒查杀、访问控制、安全审计、身份认证。

2.13.4.2 防止未知和已知木马攻击

通常见到的木马大部分是基于 TCP 的，木马的客户端和服务器端需要建立连接，而安全隔离网闸由于使用了自定义的私有协议（不同于通用协议），使得支持传统网络结构的所有协议均失效，从原理实现上就切断所有的 TCP 连接，包括 UDP、ICMP 等其他各种协议，使各种木马无法通过安全隔离网闸进行通信，从而可以防止未知和已知的木马攻击。

2.13.4.3 具有防病毒措施

作为提供数据交换的隔离设备，安全隔离网闸上内嵌病毒查杀的功能模块，可以对交换的数据进行病毒检查。

2.13.5 网闸与其他隔离设备的区别

2.13.5.1 与物理隔离卡的区别

安全隔离网闸与物理隔离卡最主要的区别是：安全隔离网闸能够实现两个网络间的自动的安全适度的信息交换；而物理隔离卡只能提供一台计算机在两个网之间切换，并且需要手动操作，大部分的隔离卡还要求系统重新启动以便切换硬盘。

2.13.5.2 网络交换信息的区别

安全隔离网闸在网络间进行的安全适度的信息交换是在网络之间不存在链路层连接的情况下进行的。安全隔离网闸直接处理网络间的应用层数据，利用存储转发的方法进行应用数据的交换，在交换的同时，对应用数据进行各种安全检查。路由器、交换机则保持链路层畅通，在链路层之上进行 IP 包等网络层数据的直接转发，没有考虑网络安全和数据安全的问题。

2.13.5.3 与防火墙的区别

防火墙一般在进行 IP 包转发的同时，通过对 IP 包的处理，实现对 TCP 会话的控制，但是对应用数据的内容不进行检查。这种工作方式无法防止泄密，也无法防止病毒和黑客程序的攻击。

2.14 机房管理标准

机房管理要切实做到从细节出发，以人为本，为设备提供一个安全运行的空间，为从事计算机操作的工作人员创造良好的工作环境。

2.14.1 机房环境要求

机房应远离强噪声源、粉尘、油烟、有害气体，避开强电磁场干扰。应做到环境清洁、无尘，防止任何腐蚀性气体、废气的侵入。机房内不允许水、气管道通过，空气调节设备应能满足设备正常运行的温度与湿度要求：

（1）防尘要求：直径大于 5μm 灰尘的浓度小于 3×10^4 粒/m^3，灰尘粒子为非导电性、非导磁性和非腐蚀性。

（2）机房内需安装空调，设备在长期工作条件下，室内温度要求 15~30℃，相对湿度要求 40%~65%。

（3）噪声要求：室内噪声≤70dB。

2.14.2 机房温湿度要求

国家把计算机机房一般分为 A 类、B 类和 C 类，对三类机房的要求不一样，标准依次降低。

针对温湿度，A 类和 B 类机房要求一样，温度都是（23±1）℃，湿度均为 40%~55%。C 类机房的温度为 18~28℃，湿度为 35%~75%。

2.14.3 机房安全要求

（1）现场应有性能良好的消防器材。

（2）机房内不同电压的电源插座，应有明显标志。

（3）机房内严禁存放易燃、易爆等危险物品。

（4）楼板预留孔洞应配有安全盖板。

2.15 UPS 基础知识

2.15.1 UPS 概述

UPS（uninterruptible power system/uninterruptible power supply），即不间断电源，是将蓄电池（多为铅酸免维护蓄电池）与主机相连接，通过主机逆变器等

图 2.23　UPS

模块电路将直流电转换成市电的系统设备，如图 2.23 所示。主要用于给单台计算机、计算机网络系统或其他电力电子设备（如电磁阀、压力变送器等）提供稳定、不间断的电力供应。当市电输入正常时，UPS 将市电稳压后供应给负载使用，此时的 UPS 就是一台交流式电稳压器，同时它还向机内电池充电；当市电中断（事故停电）时，UPS 立即将电池的直流电能，通过逆变器切换转换的方法向负载继续供应 220V 交流电，使负载维持正常工作并保护负载软、硬件不受损坏。UPS 设备通常对电压过高或电压过低的情况都能提供保护。

2.15.2　UPS 组成

UPS 电源系统由五部分组成：主路、旁路、电池等电源输入电路，进行 AC/DC 变换的整流器（REC），进行 DC/AC 变换的逆变器（INV），逆变和旁路输出切换电路以及蓄能电池。其系统的稳压功能通常是由整流器完成的，整流器件采用可控硅或高频开关整流器，本身具有可根据外电的变化控制输出幅度的功能，从而当外电发生变化时（该变化应满足系统要求），整流电压输出幅度基本不变。净化功能由蓄能电池来完成，由于整流器对瞬时脉冲干扰不能消除，整流后的电压仍存在干扰脉冲。蓄能电池除具有可存储直流电能的功能外，对整流器来说就像接了一只大容器电容器，其等效电容量的大小，与蓄能电池容量大小成正比。由于电容两端的电压是不能突变的，即利用了电容器对脉冲的平滑特性消除了脉冲干扰，起到了净化功能，也称对干扰的屏蔽。频率的稳定则由变换器来完成，频率稳定度取决于变换器的振荡频率的稳定程度。为方便 UPS 电源系统的日常操作与维护，设计了系统工作开关、主机自检故障后的自动旁路开关、检修旁路开关等开关控制。

在电网电压工作正常时，电网给负载供电，而且，同时给蓄能电池充电；当突发停电时，UPS 电源开始工作，由蓄能电池供给负载所需电源，维持正常的生产（如图 2.24 中粗黑箭头所示）；当由于生产需要，负载严重过载时，由电网电压经整流器直接给负载供电，如图 2.24 所示。

2.15.3　UPS 工作原理

当市电正常为 380/220V AC 时，直流主回路有直流电压，供给 DC-AC 交流逆变器，输出稳定的 220V 或 380V 交流电压，同时市电经整流后对电池充电。当市电欠压或突然掉电，则由电池组通过隔离二极管开关向直流回路馈送电能。

从电网供电到电池供电没有切换时间。当电池能量即将耗尽时，不间断电源发出声光报警，并在电池放电下限点停止逆变器工作，长鸣告警。不间断电源还有过载保护功能，当发生超载（150%负载）时，跳到旁路状态，并在负载正常时自动返回；当发生严重超载（超过200%额定负载）时，不间断电源立即停止逆变器输出并跳到旁路状态，此时前面输入空气开关也可能跳闸。消除故障后，只要合上开关，重新开机即开始恢复工作。

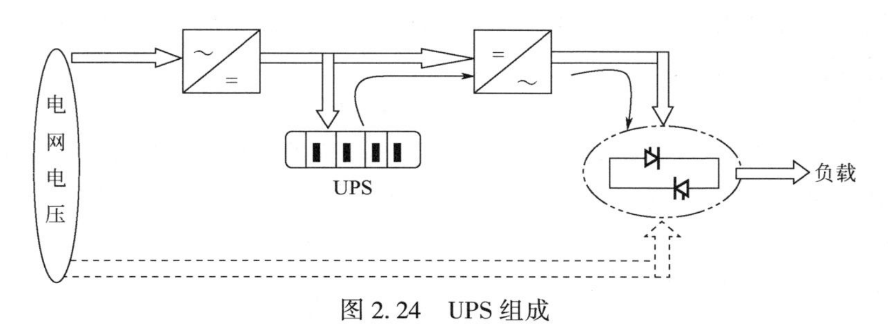

图 2. 24　UPS 组成

2. 15. 4　UPS 的特点

不间断电源的主要优点，在于它的不间断供电能力。在市电交流输入正常时，UPS 把交流电整流成直流电，然后再把直流电逆变成稳定无杂质的交流电，给后级负载使用。一旦市电交流输入异常，比如欠压、停电或者频率异常，那么 UPS 会启用备用能源——蓄电池，UPS 的整流电路会关断，相应地，会把蓄电池的直流电逆变成稳定无杂质的交流电，继续给后级负载使用。这就是 UPS 不间断供电能力的由来。典型的 UPS 框架图如图 2. 25 所示。

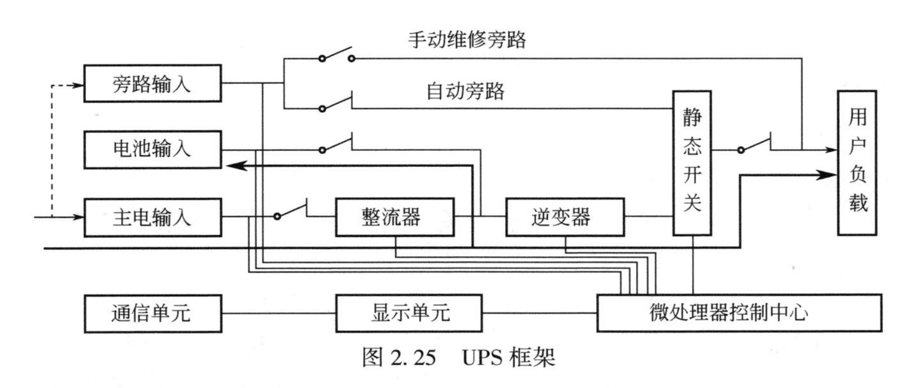

图 2. 25　UPS 框架

当然，UPS 的不间断供电时间不是无限的，这个时间受制于蓄电池自身储存能量的大小。如果发生交流停电，那么在 UPS 的蓄电池供电的宝贵时间内，需要做的就是立即恢复交流电，比如启用备用交流电回路、启用油机发电。若不能恢复交流电，应紧急存盘，保存劳动成果，等待交流电恢复正常后再继续。

2.15.5 UPS 分类

如果需要配 UPS 的设备较多，可以采用“集中式”或“分散式”两种配备方式。

所谓“集中式”，就是用一台较大功率的 UPS 负载所有设备，如果设备之间距离较远，还需要单独铺设电线。大型数据中心、控制中心常采用这种方式，虽然便于管理，但成本较高。

“分散式”配备方式是现在比较流行的一种配备方式，就是根据设备的需要分别配备适合的 UPS，譬如对一个局域网的电源保护，可以采取给服务器配备在线式 UPS，各个节点分别配备后备式 UPS 的方案，这样配备的成本较低并且可靠性高。

这两种供电方式的优缺点如下：

（1）集中供电方式便于管理，布线要求高，可靠性低，成本高。

（2）分散供电方式不便管理，布线要求低，可靠性高，成本低。

2.15.6 UPS 使用

2.15.6.1 使用技巧

延长不间断电源系统的供电时间有以下两种方法：

（1）外接大容量电池组。可根据所需供电时间外接相应容量的电池组，但需注意此种方法会造成电池组充电时间的相对增加，另外也会增加占地面积与维护成本，因此需认真评估。

（2）选购容量较大的不间断电源系统。此方法不仅可减少维护成本，若遇到负载设备扩充，较大容量的不断电系统仍可立即运作。

2.15.6.2 UPS 电源系统开、关机

1）第一次开机

（1）按以下顺序合闸：储能电池开关→自动旁路开关→输出开关依次置于“ON”。

（2）按 UPS 启动面板“开”键，UPS 电源系统将缓缓启动，“逆变”指示灯亮，延时 1min 后，“旁路”灯熄灭，UPS 转为逆变供电，完成开机。

（3）经空载运行约 10min 后，按照负载功率由大到小的开机顺序启动负载。

2）日常开机

只需按 UPS 面板“开”键，约 20min 后，即可开启计算机或其他仪器使用。通常等 UPS 启动进入稳定工作后，方可打开负载设备电源开关（注：手动维护

开关在 UPS 正常运行时，呈“OFF”状态）。

3）关机

先将计算机或其他仪器关闭，让 UPS 空载运行 10min，待机内热量排出后，再按面板上的“关”键。

2.15.6.3 注意事项

（1）UPS 的使用环境应注意通风良好，利于散热，并保持环境的清洁。

（2）切勿带感性负载，如点钞机、日光灯、空调等，以免造成损坏。

（3）UPS 的输出负载控制在 60%左右为最佳，可靠性最高。

（4）UPS 带载过轻（如 1000V · A 的 UPS 带 100V · A 负载）有可能造成电池的深度放电，会降低电池的使用寿命，应尽量避免。

（5）适当的放电有助于电池的激活，如长期不停市电，每隔 3 个月应人为断掉市电，用 UPS 带负载放电一次，这样可以延长电池的使用寿命。

（6）对于多数小型 UPS，上班再开 UPS，开机时要避免带载启动，下班时应关闭 UPS；对于网络机房的 UPS，由于多数网络是 24h 工作的，所以 UPS 也必须全天候运行。

（7）UPS 放电后应及时充电，避免电池因过度自放电而损坏。

第三章　数字化仪器仪表

3.1　数字压力变送器

3.1.1　基础概念

压力：发生在两个物体的接触表面的作用力。习惯上，在力学和多数工程学科中，“压力”一词与物理学中的压强同义。

大气压力：在地球表面的气体在地球的引力作用下产生的重力，作用在地球表面上产生的压力。大气压力是个变量，随着温度的变化和重力加速度的不同而变化。标准大气压为 0.101325MPa。

绝对压力：作用于物体表面上的全部压力，以零压力为起点的压力。

表压力：以 1 个大气压为零点的压力。

差压力：被测物体两端压力的差值。

压力常用的计量单位：Pa（帕），$1Pa=1N/m^2$；psi（磅力/英寸^2），1psi=0.006895MPa；bar（巴），1bar=0.1MPa；mmH_2O（毫米水柱），$1mmH_2O=9.8067Pa$；mmHg（毫米汞柱），1mmHg=133.322Pa。

压力变送器：一种将压力的变化量转换为可传送的标准输出信号的仪表，而且输出信号与压力变量之间有一定的连续函数关系（通常为线性函数），主要用于工业过程压力参数的测量和控制。

3.1.2　数字压力变送器原理

被测介质的压力直接作用于传感器的膜片上（不锈钢或陶瓷），使膜片产生与介质压力成正比的微位移，使传感器的电阻值或电容值发生变化，用电子线路检测这一变化，并将这种变化转换成标准的输出信号，例如 4~20mA 电流输出、频率输出、RS485 数字信号等，如图 3.1 和图 3.2 所示。

3.1.3　压力变送器的结构

压力变送器通常由两部分组成：感压单元、信号处理和转换单元。有些变送器增加了显示单元，还有些具有现场总线功能，如图 3.3 所示。

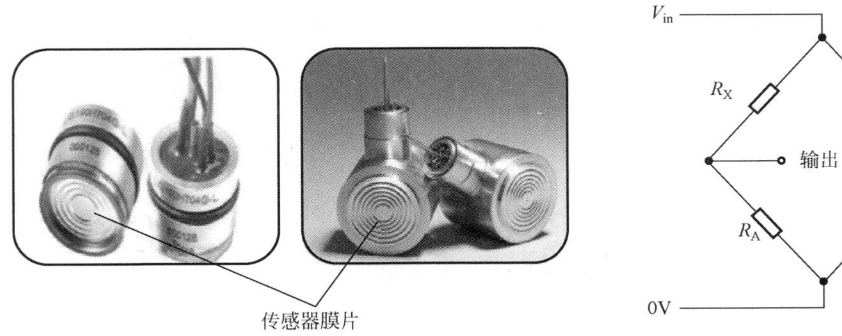

图 3.1 传感器原理

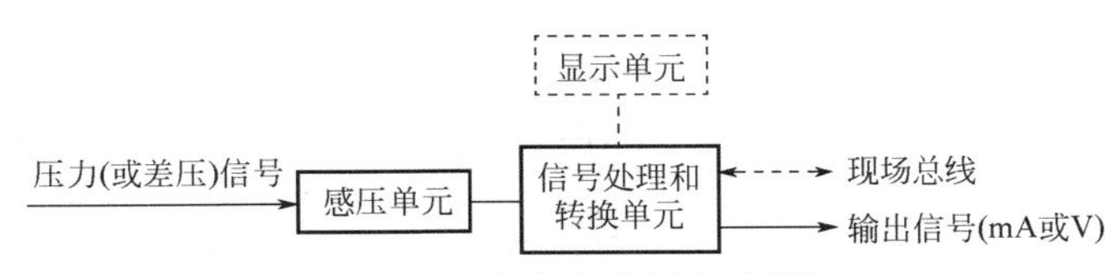

图 3.2 压力变送器原理示意图

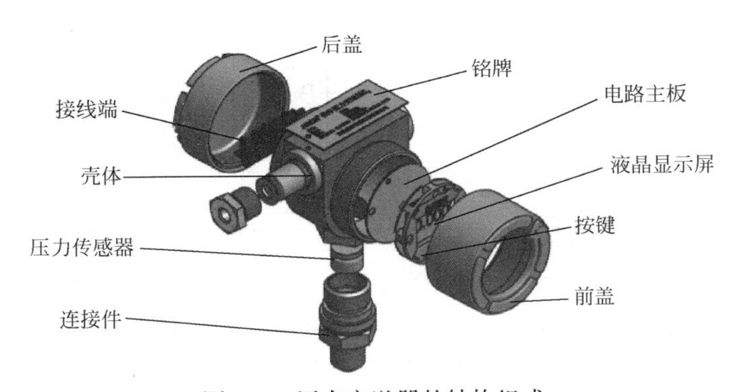

图 3.3 压力变送器的结构组成

3.1.4 数字压力变送器安装

下面以安森智能仪器股份有限公司的压力变送器为例进行说明。

3.1.4.1 工具、用具的准备

常用工具、用具如图 3.4 所示。

3.1.4.2 标准化操作步骤

（1）关闭截止阀，打开放空阀，如图 3.5 所示。

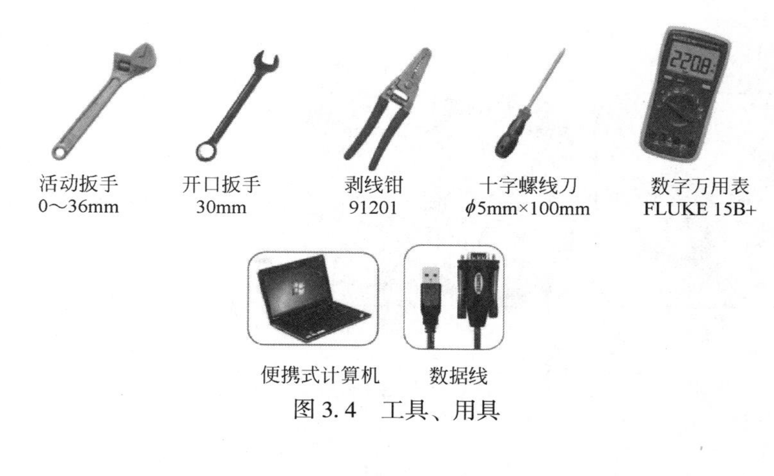

图 3.4　工具、用具

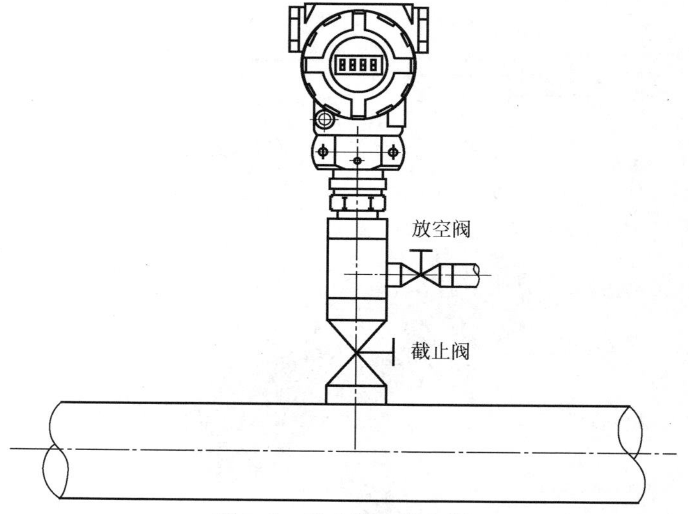

图 3.5　截止阀和放空阀

（2）仔细清洁连接头内的异物，保持螺纹清洁，如图 3.6 所示。注意：为便于安装和维修，仪表与管道之间建议加装截止阀和放空阀。

图 3.6　表面清洁

（3）安装密封垫，密封方式分为软密封和硬密封两种。建议：一般 10MPa 以下，可以采用软密封，10MPa 以上则采用硬密封。密封材料如图 3.7 至图 3.9 所示。

（4）用螺纹连接的方式安装变送器。小心地把变送器接头插入活接头内，螺纹是右旋的，用两把开口扳手通过六角平面把设备拧紧，通过调整活接螺母，把设备调整到合适的方向，螺纹如图 3.10 所示。警告：不要通过扳动设备壳体来拧紧或调整方向，这样会拉断传感器连线，破坏外壳的密封性，致使湿气进入，破坏设备。

图 3.7 生料带

图 3.8 聚四氟乙烯垫片

图 3.9 紫铜垫片

图 3.10 螺纹连接

（5）电气连接。断开电源，严格按照仪表说明书上的接线示意图接线，如图 3.11 所示。

（6）接通电源，检查仪表显示。

（7）关闭放空阀，缓慢打开截止阀，同时观察仪表的压力值是否也缓慢上升。

3.1.4.3 技术要求

（1）电气连接部分。根据通信线路的远近，应当选用 0.5mm² 以上带屏蔽的 4 芯或 2 芯屏蔽电缆。如果要减小压降，应使用铜芯导线，如图 3.12 所示。

（2）防爆现场接线要求。拆装前必须断开电源后方可开盖；隔爆型设备，电缆需套上防爆管；本质安全型设备，需要增加隔离栅。防爆管如图 3.13 所示。

（3）防爆管安装要求。压力变送器安装位置示意如图 3.14 所示，防爆管的安装位置如图 3.15 所示，防爆管的安装要求如图 3.16 所示。

（4）介质温度要求。对于温度超过 120℃ 的介质（如蒸汽），还应当增加散热器，散热器和冷凝管如图 3.17 所示。

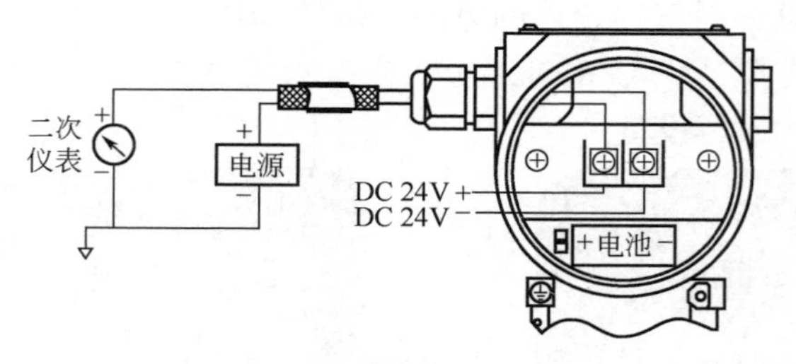

(a) 两线制4～20mA

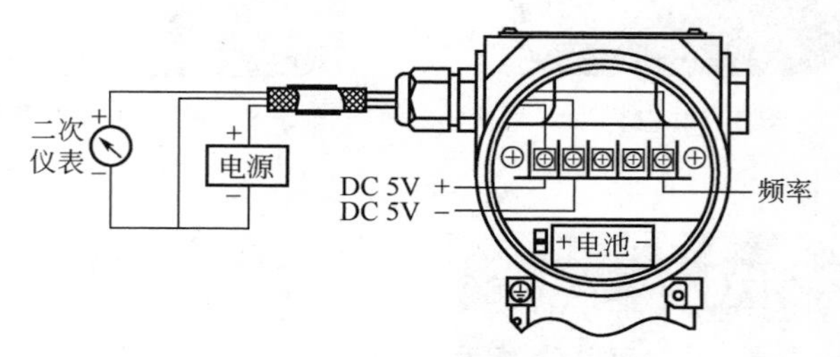

(b) 三线制脉冲信号

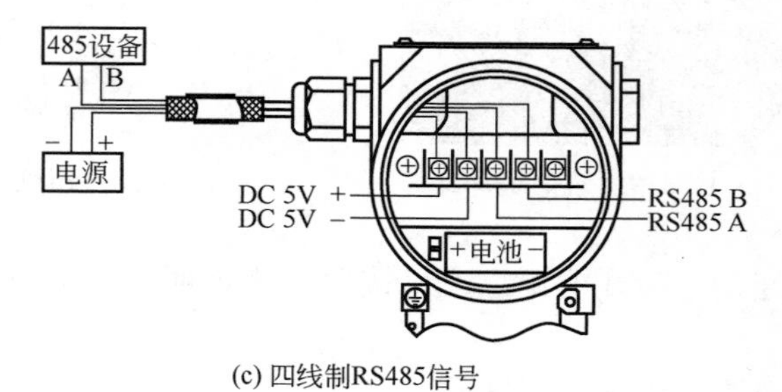

(c) 四线制RS485信号

图 3.11　电气接线示意图

图 3.12　屏蔽电缆

图 3.13 防爆管

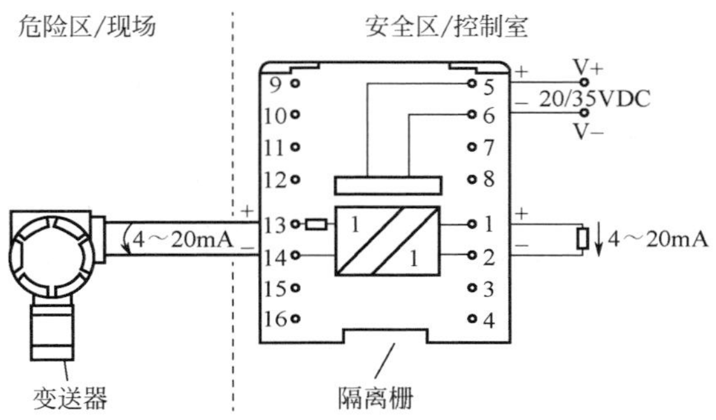

图 3.14 压力变送器的安装位置示意图

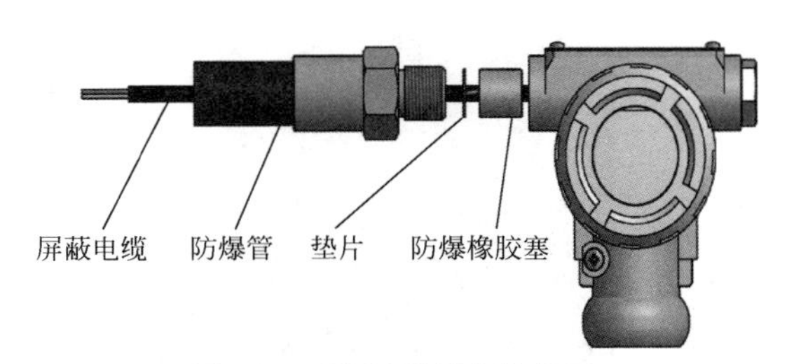

图 3.15 防爆管的安装位置

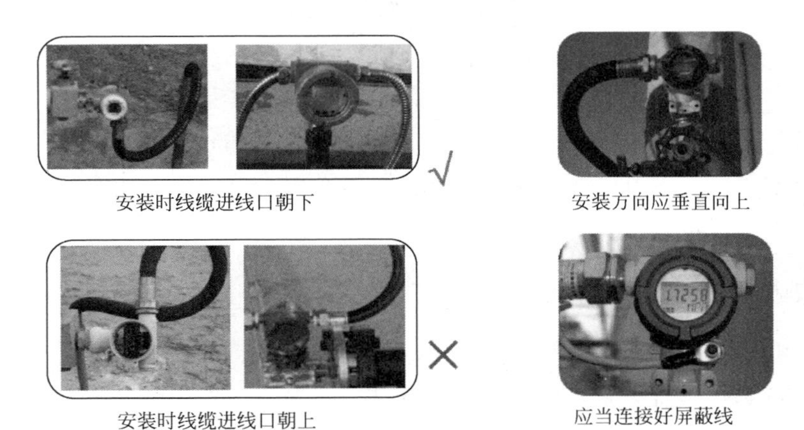

图 3.16 防爆管的安装要求

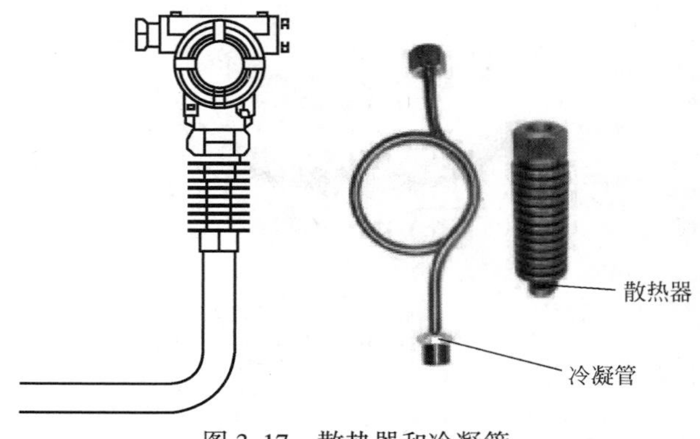

图 3. 17　散热器和冷凝管

3. 1. 5　数字压力变送器调试

3. 1. 5. 1　按键功能

数字压力变送器的按键功能如图 3. 18 所示。

图 3. 18　按键功能示意图

3. 1. 5. 2　校零操作

校零操作时，绝压表需在绝对真空状态下校零方可有效，如图 3. 19 所示。

3. 1. 5. 3　按键操作

按键操作如图 3. 20 所示。

3. 1. 5. 4　RS485 通信地址设置

RS485 通信地址设置步骤如下（图 3. 21）：

（1）按“S”键，显示“-Cd-”；按“A”键和“Z”键，输入“485”。

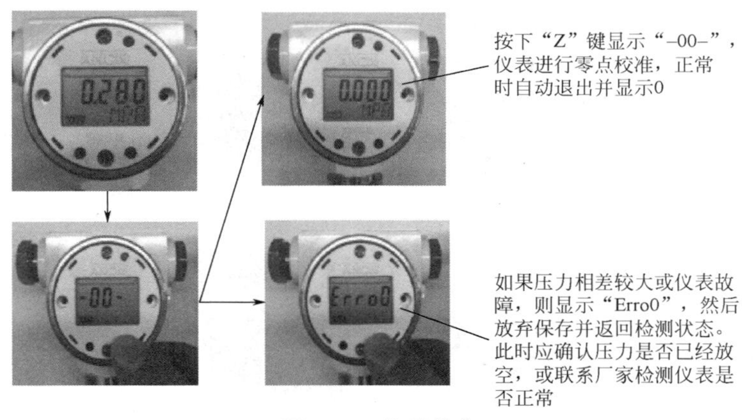

图 3.19　校零操作

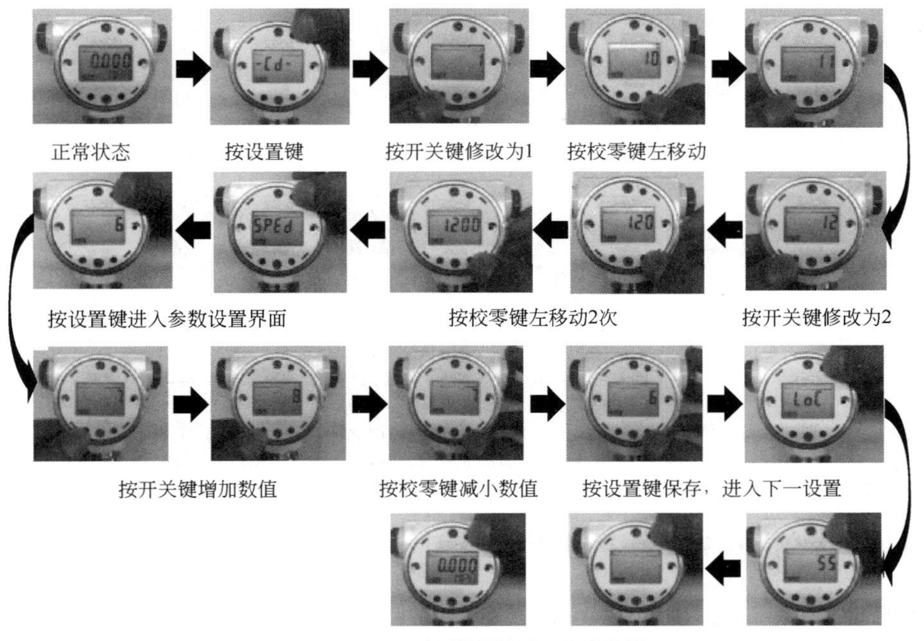

图 3.20　按键操作步骤

(2) 按“S”键确认，显示“bPS”；按“A”键选择波特率，默认为“9600”。

(3) 按“S”键确认，显示“Addr”；按“A”键和“Z”键，设置地址为 1。

(4) 按“S”键确认，显示“CF”；按“A”键选择通信协议类型。

(5) 按“S”键，保存通信参数，并返回检测状态。

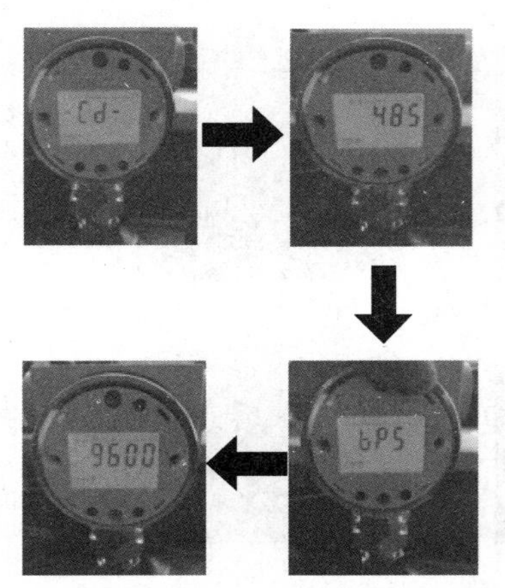

图 3.21　RS485 通信地址设置步骤

3.1.5.5　常用设置指令

常用设置指令见表 3.1。

表 3.1　常用设置指令

指令	名称	功能
1200	阻尼时间设置	仪表采集压力信号的间隔时间，阻尼时间越短，采集压力信号的周期越短。但对于电池供电的 ACD－102 系列压力变送器，越短的阻尼时间，意味着较大的电池功耗
485	通信参数设置	包括地址和波特率设置，使用 RS485 通信前，需要设置这些参数
1131	单位切换	仪表中具有 10 种压力单位可供用户使用
1238	量程迁移	针对 4～20mA 电流信号，如默认量程为 0～1MPa，则 4～20mA 就对应 0～1MPa，用户可根据使用情况，将 4～20mA 对应 0.1～0.9MPa。迁移量程比不建议超过 3：1，否则电流输出精度将下降

3.1.6　数字压力变送器故障处理

3.1.6.1　导致压力变送器损坏的原因

（1）由于被雷击或瞬间电流过大，导致变送器的电路部分损坏，无法显示或通信。

（2）黏污介质在变送器感压膜片和取压管内长时间堆积，导致变送器精度逐渐下降，仪表精度失准。

（3）由于介质对感压膜片的长期侵蚀和冲刷，使其出现腐蚀或变形，导致仪表测量失准。

（4）变送器的电路部分长时间处于潮湿环境或表内进水，电路部分发生短路损坏，使其不能正常工作。

（5）变送器量程选择不当，长时间超量程使用，造成感压元器件产生不可修复的变形。

（6）变送器取压管发生堵塞、泄漏，导致压力变送器受压无变化或输出不稳定。

（7）差压变送器的取压管发生堵塞、泄漏或操作不当，因感压膜片单向受压，使变送器损坏。

3.1.6.2　变送器显示压力值异常的故障

变送器显示压力值异常的故障如下：

（1）无压力时变送器显示不为零；

（2）变送器显示“-LL-”“-HH-”等异常代码；

（3）变送器显示值与实际值差异较大。

其处理方法是：

（1）空压状态下对变送器重新校零。注：零点校准误差范围为满量程的±1%，如图 3.22 所示。

图 3.22　变送器校零步骤

（2）清理堵塞引压孔的杂物：将压力变送器的压力传感器部分浸泡在水或其他有机溶剂内一段时间，采用注射器缓慢清洗引压口，将杂物冲洗出，如图 3.23 所示。

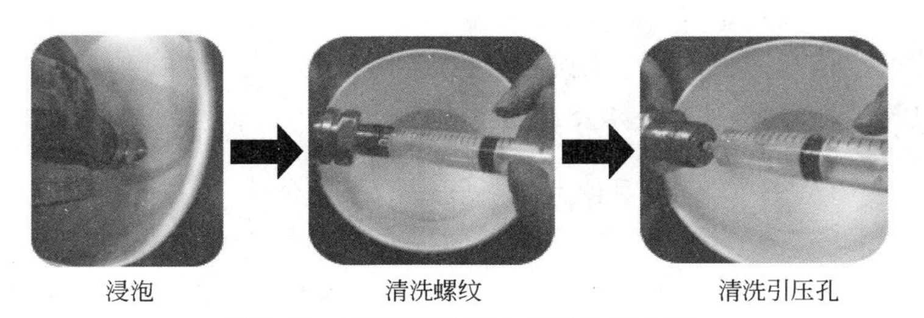

图 3.23　清理变送器引压孔杂物步骤

（3）查看变送器感压膜片是否损坏，如有受损则需返厂维修（测量介质中含有硬质杂物损伤测量膜片或其他原因使膜片损坏），如图 3.24 所示。

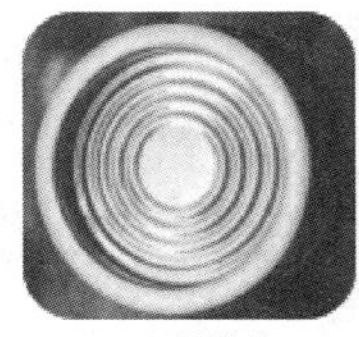
正常膜片

受损膜片

图 3.24　变送器感压膜片示意图

3.1.6.3　变送器显示异常的故障

变送器显示异常的故障如下：

（1）变送器不显示；

（2）变送器数字显示不全。

其处理方法如下：

（1）检查变送器供电是否正常，如供电正常，则需返厂维修；

（2）更换液晶显示器，如依然不正常，则返厂维修。

3.1.6.4　变送器输出或通信异常的故障

变送器输出或通信异常的故障如下：

（1）电流信号输出异常；

（2）频率信号输出异常；

（3）RS485 通信异常。

其处理方法是：

（1）电流信号输出异常处理步骤为：

① 检查输入输出线路是否存在短路、破损、接错、接反现象；

② 测量供电电压是否达到 24V；

③ 检查仪表量程与采集设备参数是否一致；

④ 检查采集设备的 AI 接口是否有损坏；

⑤ 若输出信号依然异常，则需要返厂维修；

⑥ 电流值与显示值的换算公式为：

$$\text{电流值}=\frac{\text{仪表显示值}}{\text{仪表满量程值}}\times 16+4 \tag{3.1}$$

$$\text{仪表显示值}=\frac{\text{电流值}-4}{16}\times\text{仪表满量程值} \tag{3.2}$$

（2）频率信号输出异常处理步骤为：

① 检查输入输出线路是否存在短路、破损、接错、接反现象；

② 测量供电电压是否达到 5V；

③ 检查仪表频率输出与采集设备参数设置是否一致；
④ 检查采集设备的频率接口是否有损坏；
⑤ 若输出信号依然异常，则需要返厂维修。
（3）RS485 通信异常处理步骤为：
① 检查电源通信线路是否存在短路、破损、接错、接反现象；
② 测量供电电压是否达到 10~30V；
③ 检查仪表通信地址波特率与采集设备参数设置是否一致；
④ 检查采集设备的通信指令是否符合规定的通信协议；
⑤ 检查采集设备的通信接口是否有损坏；
⑥ 若输出信号依然异常，则需要返厂维修。

3.1.7 数字压力变送器日常维护

3.1.7.1 电气连接处的检查

（1）定期检查接线端子的电缆连接，确认端子接线牢固；
（2）定期检查导线是否有老化、破损的现象。

3.1.7.2 产品密封性的检查

（1）定期检查取压管路及阀门接头处有无渗漏现象；
（2）定期检查电缆进线口是否有密封不严或密封圈老化、破损现象；
（3）定期检查壳体前后盖是否有未拧紧或密封圈老化、破损现象。

3.1.7.3 特殊介质下使用的检查

对于含大量泥砂、污物的介质，应当定期排污、清洗传感器。

3.1.7.4 电池的检查

定期检查电池电量是否充足，对需要更换的应选择相同型号的电池。

3.2 数字温度变送器

3.2.1 基础概念

3.2.1.1 温度

温度是表征物体冷热程度的物理量。温度只能通过物体随温度变化的某些特性来间接测量，而用来量度物体温度数值的标尺称为温标。它规定了温度的读数起点（零点）和测量温度的基本单位。目前国际上用得较多的温标有华氏温标、摄氏温标、热力学温标和国际实用温标。

3.2.1.2 华氏温标

在标准大气压下，冰的熔点为32℉，水的沸点为212℉，中间划分180等分，每等分为1华氏度，符号为℉。

3.2.1.3 摄氏温标

在标准大气压下，冰的熔点为0℃，水的沸点为100℃，中间划分100等分，每等分为1摄氏度，符号为℃。

3.2.1.4 热力学温标

热力学温标又称开尔文温标，或称绝对温标，它规定分子运动停止时的温度为绝对零度，符号为K。

温度单位换算如下：

$$(t_F-32)\times\frac{5}{9}=t_C \tag{3.3}$$

$$t_K-273.15=t_C \tag{3.4}$$

3.2.1.5 温度测量的要求

温度测量的要求为：物体之间达到热平衡。

3.2.1.6 热电偶

热电偶是工业上最常用的温度检测元件之一，工业用热电偶以热电效应、接触电势、温差电势为理论基础，其综合作用为热电势。

（1）热电偶测温基本原理如图3.25所示：热电偶是将两种不同材料的导体或半导体A和B焊接起来，构成一个闭合回路。当导体A和B的热端和冷端之间存在温差时，两者之间便产生电动势，因而在回路中形成一个电流，这种现象称为热电效应（塞贝克效应）。

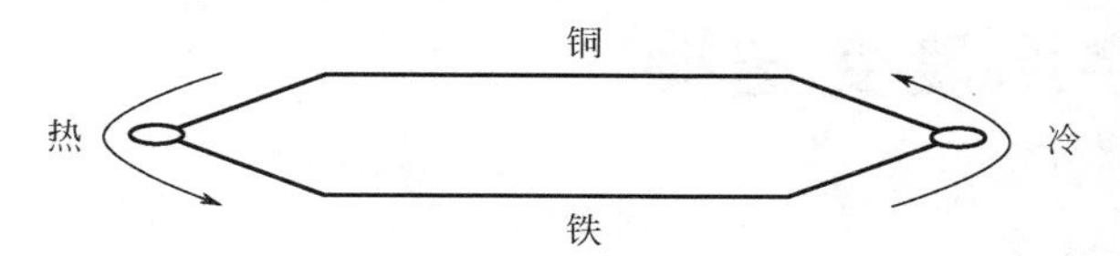

图3.25 热电偶测温基本原理示意图

（2）热电偶测量过程如图3.26所示。

（3）热电偶测量值计算公式。实际测量温度输出$=T_1-T_2$。保证测量准确的方法——冷端补偿。内部冷端补偿计算公式是：实际测量温度输出$+T_2=(T_1-T_2)+T_2=T_1$。外部冷端补偿需保证$T_2=0$，T_2由测温仪内置的测温元件测出。

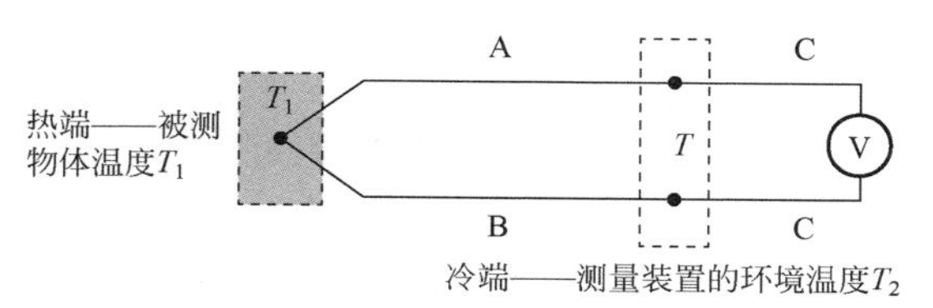

图 3.26 热电偶测温应用示意图

3.2.1.7 热电阻

热电阻是中低温区最常用的一种温度检测器。它的主要特点是测量精度高，性能稳定。其中铂热电阻的测量精确度是最高的，它不仅广泛应用于工业测温，而且被制成标准的基准仪。

1）热电阻测温基本原理

热电阻测温是基于金属导体的电阻值随温度的增加而增加这一特性来进行温度测量的。将热电阻置于被测介质中，其敏感元件的电阻将随介质温度的变化而变化，并且有一个确定的函数关系。可用电测仪表通过电阻值的测量，达到测量温度的目的。

温度与电阻值之间的关系式为：

$$T=\frac{R_t-R_0}{0.385} \tag{3.5}$$

式中 R_t——实测电阻值，Ω；

R_0——0℃时的电阻值，Ω。

2）热电阻测温系统的材料

热电阻大都由纯金属材料制成，目前应用最广泛的是铂和铜，此外，现在已开始采用镍、锰和铑等材料制造热电阻。

3.2.1.8 温度变送器

温度变送器指的是将温度传感器技术和附加的电子部件结合在一起的一种温度变送器，它可以实现远方设定或远方修改组态数据。

3.2.2 数字温度变送器原理

温度变送器采用热电偶、热电阻作为测温元件，从测温元件输出信号送到变送器模块，经过稳压滤波、运算放大、非线性校正、V/I 转换、恒流及反向保护等电路处理后，转换成与温度呈线性关系的 4~20mA 电流信号、0~5V/0~10V 电压信号、RS485 数字信号输出。例如 4~20mA 电流输出、RS485 输出等，测试原理如图 3.27 所示。

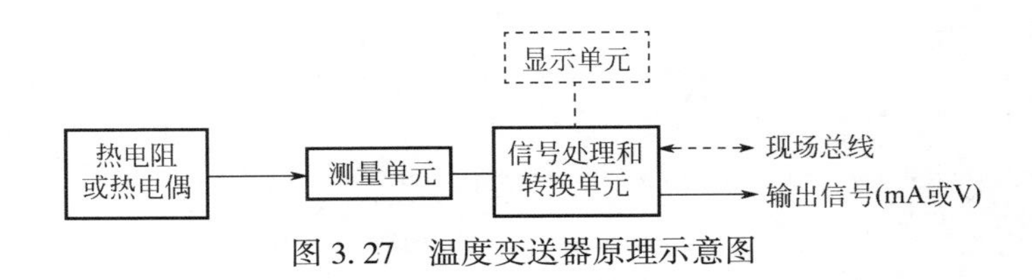

图 3.27　温度变送器原理示意图

3.2.3　数字温度变送器结构

温度变送器由温度传感器和用于信号处理的电子单元组成，配合相应的电源管理、数字显示、按键输入、信号输出等模块构成了一个完整的温度变送器，结构如图 3.28 所示。

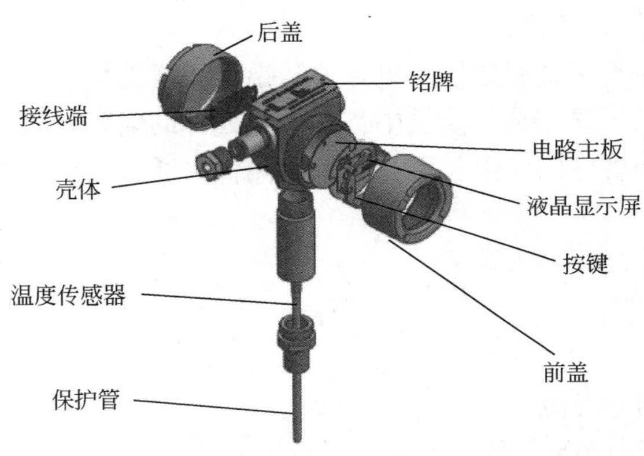

图 3.28　温度变送器组成结构图

3.2.4　数字温度变送器安装

下面以安森公司的温度变送器为例进行说明。

3.2.4.1　工具、用具准备

工具、用具如图 3.29 所示。

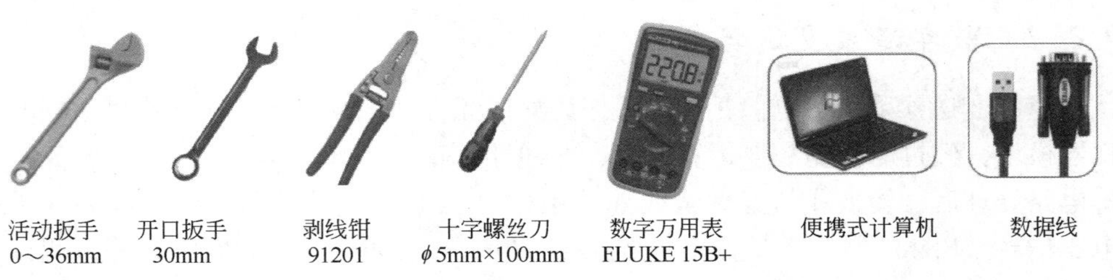

图 3.29　工具、用具

3.2.4.2 标准化操作步骤

（1）温度保护管安装。关闭管道阀门；将温度保护管套上紫铜垫片后，安装到焊接管道的 M27mm×2mm 的螺纹上，用 30mm 的开口扳手锁紧。

（2）温度变送器安装。在保护套管中导入一定量的导热油；将温度变送器的 M20mm×1.5mm 螺纹缠上生料带，然后拧到保护管的螺纹上面，保护管用 30mm 的开口扳手扣住，然后用 0～36mm 活动扳手卡住温度变送器的六方处，锁紧温度变送器；调整好温度变送器的表头安装方向后，将六方扁螺母用活动扳手锁紧即可，如图 3.30 所示。

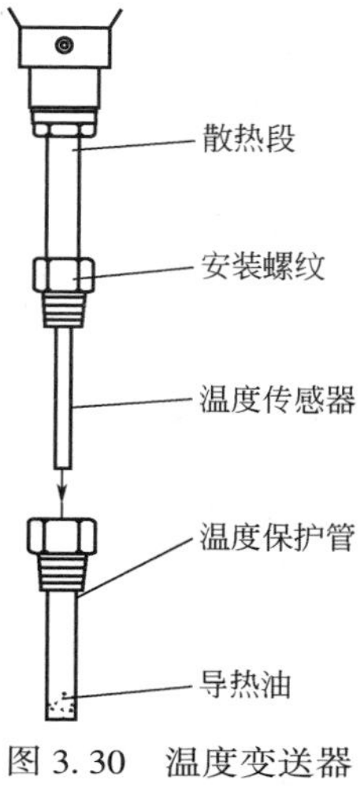

图 3.30 温度变送器安装示意图

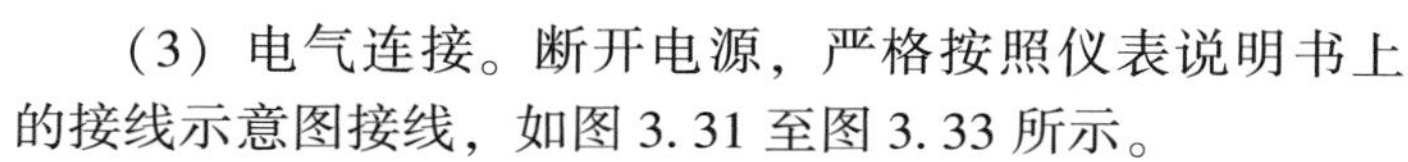

（3）电气连接。断开电源，严格按照仪表说明书上的接线示意图接线，如图 3.31 至图 3.33 所示。

（4）接通电源，检查仪表显示。

（5）缓慢打开管道阀门，待介质流动后观察仪表的温度值是否也缓慢上升。

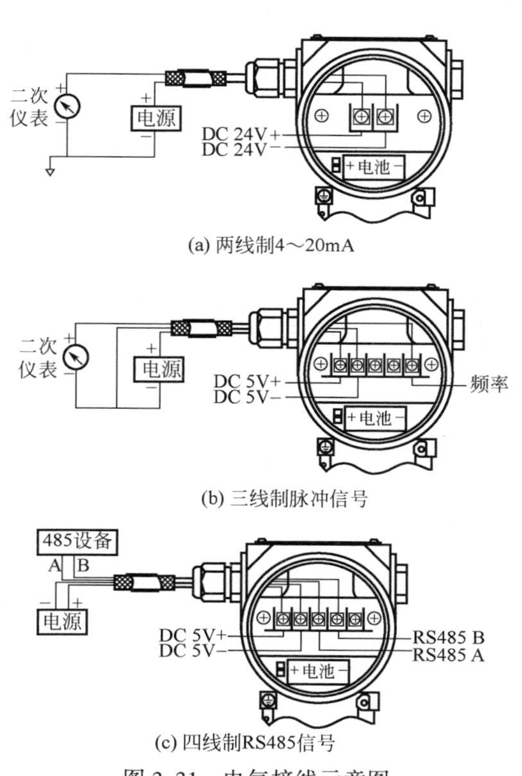

图 3.31 电气接线示意图

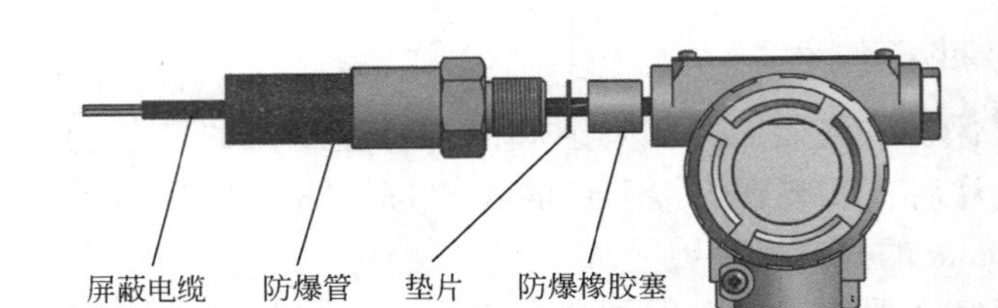

图 3.32　防爆管的安装要求

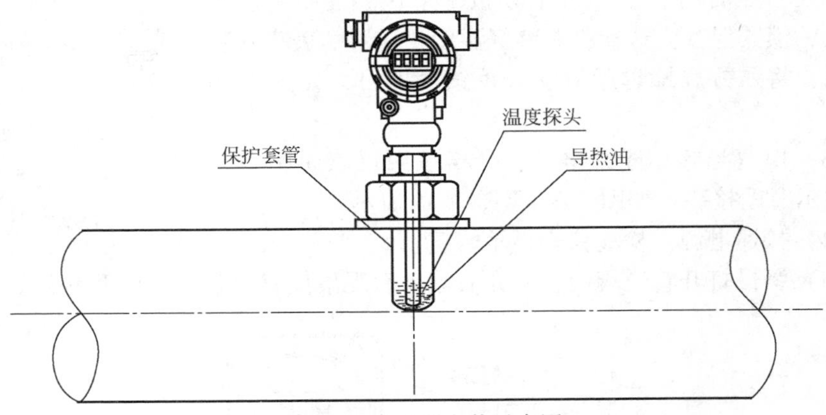

图 3.33　变送器安装示意图

3.2.4.3　技术要求

1）确认产品连接方式及安装尺寸

常用传感器连接螺纹的尺寸为 M20mm×1.5mm，保护管连接螺纹的尺寸为 M27mm×2mm。传感器参数确认如图 3.34 所示。

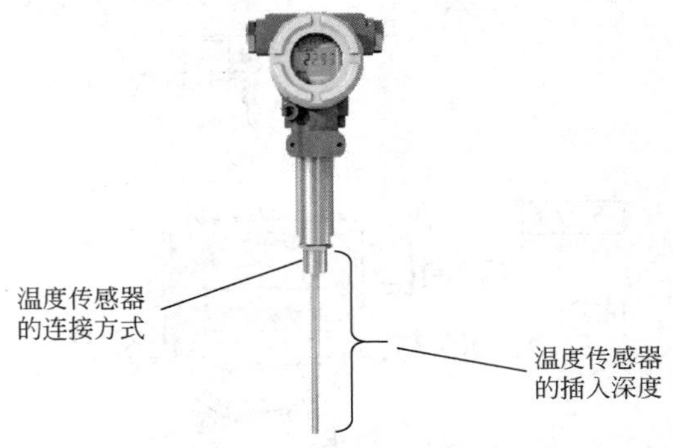

图 3.34　传感器参数确认示意图

2）安装密封垫

密封方式分为软密封和硬密封两种，建议：10MPa 以下，一般可以采用软密封；10MPa 以上则采用硬密封。密封材料如图 3.35 至图 3.37 所示。

图 3.35　生料带

图 3.36　聚四氟乙烯垫片

3）螺纹连接式安装变送器

小心地把变送器接头插入活接头内，螺纹是右旋的，用两把开口扳手通过六角平面把设备拧紧，通过调整活接螺母，把设备调整到合适的方向。

警告：不要通过扳动设备壳体来拧紧或调整方向，这样会拉断传感器连线，破坏外壳的密封性，致使湿气进入，破坏设备。

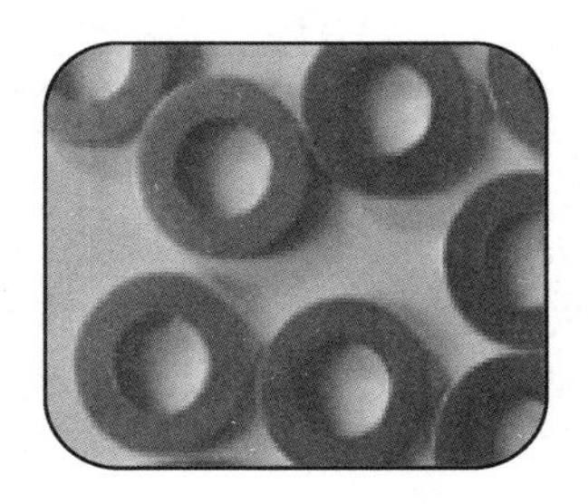

图 3.37　紫铜垫片

4）电气连接部分

根据通信线路的远近，应当选用 0.5mm^2 以上带屏蔽的 4 芯或 2 芯屏蔽电缆。如果要减小压降，应使用铜芯的导线线缆。如图 3.12 所示。

防爆现场接线要求：拆装前必须断开电源后方可开盖；隔爆型设备，电缆需套上防爆管；本质安全型设备，需要增加隔离栅。防爆管如图 3.13 所示，变送器和隔离栅如图 3.14 所示。

5）温度传感器的安装要求

一般情况下，仪表应向上垂直于水平方向安装，以便于观察，如图 3.38 所示。

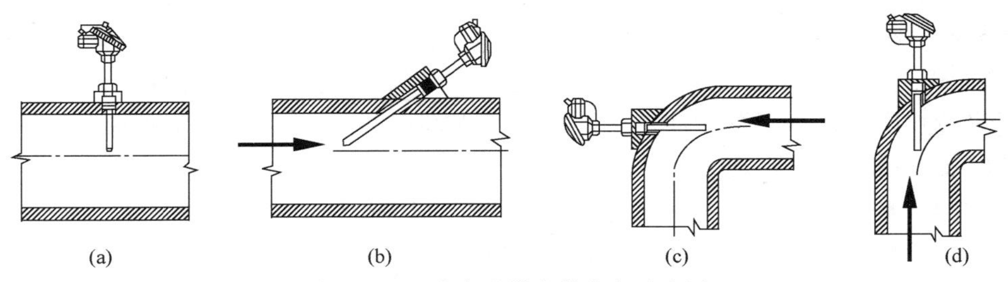

图 3.38　温度变送器安装方向示意图

仪表可以直接安装在测量管道的接口上，为便于安装和维修，管道内应安装保护套管，建议温度探头应该安装至被测体中心，并注意保证流体方向。安装要求如图 3. 39 所示。

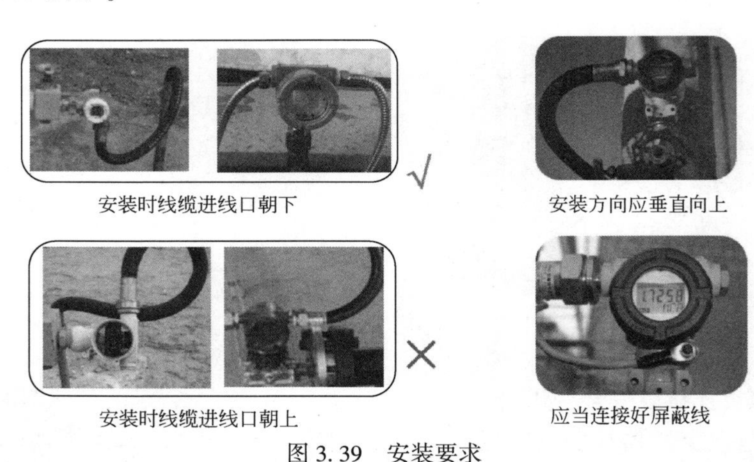

图 3. 39　安装要求

3. 2. 5　数字温度变送器调试

（1）按键功能，如图 3. 40 所示。

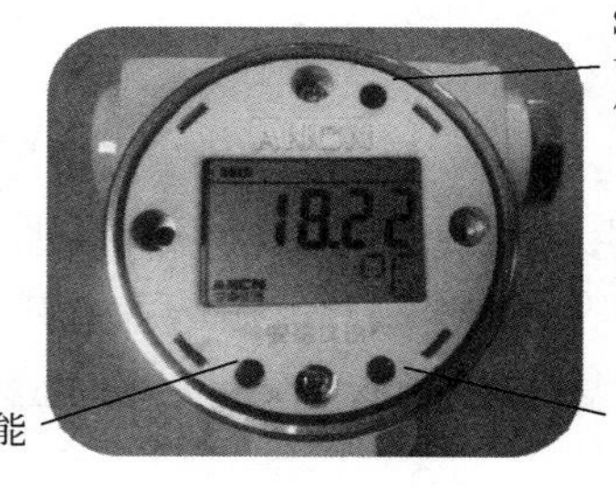

图 3. 40　按键功能

（2）校零操作，如图 3. 41 所示。按下“Z”键显示“-00-”，仪表进行零点校准，正常时自动退出并显示 0℃。如果温度相差较大或仪表故障则显示“Erro0”，然后放弃保存并返回检测状态。此时确认压力是否已经放空，或联系厂家检测仪表是否正常。注：变送器校零功能必须在零摄氏度（冰水混合物）的状态下校零方可有效。

（3）按键操作，如图 3. 42 所示。

（4）RS485 通信地址设置，如图 3. 43 所示。

① 按“S”键，显示“-Cd-”，按“A”键和“Z”键，输入 485；

图 3.41　校零操作示意图

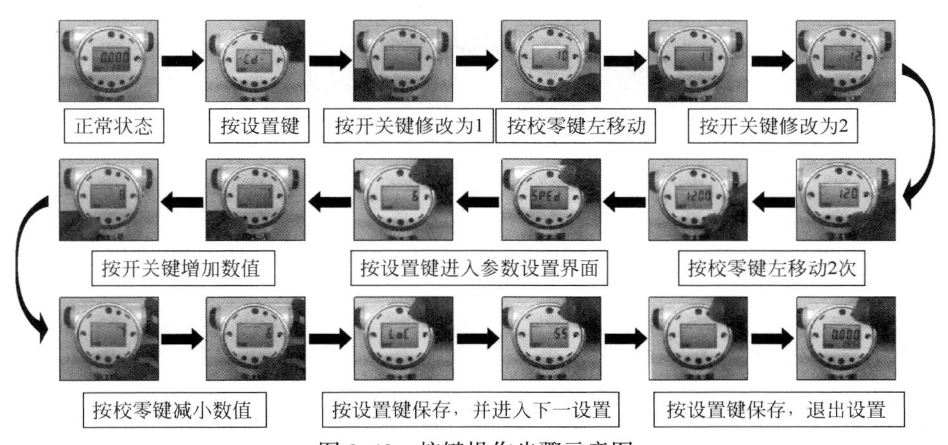

图 3.42　按键操作步骤示意图

② 按“S”键确认，显示“bPS”，按“A”键选择波特率，默认为“9600”；
③ 按“S”键确认，显示“Addr”，按“A”键和“Z”键，设置地址为 1；
④ 按“S”键确认，显示“CF”，按“A”键选择通信协议类型；
⑤ 按“S”键，保存通信参数，并返回检测状态。

（5）常用设置指令，见表 3.2。

表 3.2　常用设置指令

指令	名称	功能
1200	阻尼时间设置	阻尼时间是仪表采集温度信号的间隔时间，阻尼时间越短，采集温度信号的周期越短；但对于电池供电的 ACT-102 系列变送器，越短阻尼时间，意味着较大电池功耗
485	通信参数设置	包括地址和波特率设置，使用 RS485 通信前，需要设置这些参数
1238	量程迁移	针对 4~20mA 电流信号，如默认量程为-50~100℃，则 4~20mA 就对应-50~100℃，用户可根据使用情况，将 4~20mA 对应-20~80℃。迁移量程比不建议超过 3∶1，否则电流输出精度将下降

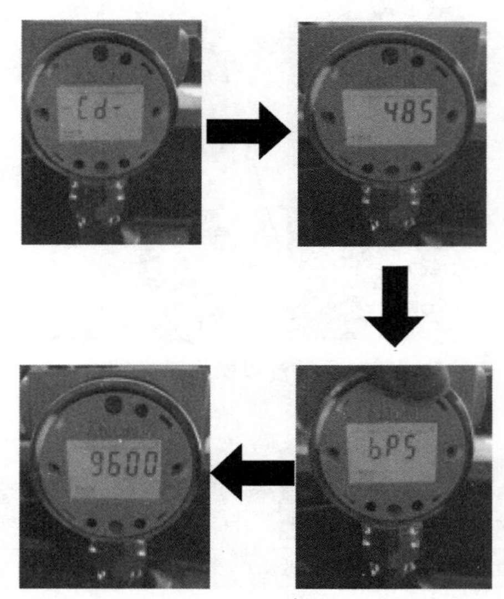

图 3.43　RS485 通信地址设置步骤示意图

3.2.6　数字温度变送器故障处理

3.2.6.1　导致温度变送器损坏的原因

（1）由于被雷击或瞬间电流过大，导致变送器的电路部分损坏，无法显示或通信。

（2）由于介质对温度传感器的长期侵蚀和冲刷，使其出现腐蚀或变形，导致仪表测量失准。

（3）变送器的电路部分长时间处于潮湿环境或表内进水，电路部分发生短路损坏，使其不能正常工作。

（4）保护管与温度传感器之间没有注入导热油，导致仪表测量失准。

3.2.6.2　变送器显示压力值异常的故障

变送器显示压力值异常的故障如下：

（1）变送器显示值与实际值差异较大；

（2）变送器显示“-LL-”“-HH-”等异常代码。

其处理方法是：

（1）检查温度传感器长度是否太短，不能插至管道中心，导致测量误差。

（2）检查保护管内是否没有导热油。

（3）检查传感器零点温度是否出现漂移。

（4）检查温度传感器与壳体之间的绝缘强度是否低于100MΩ。

3.2.6.3　变送器显示异常的故障

变送器显示异常的故障如下：

（1）变送器不显示；

（2）变送器数字显示不全。

其处理方法是：

（1）检查变送器供电是否正常，如供电正常，则需返厂维修；

（2）更换液晶显示器，如依然不正常，则返厂维修。

3.2.6.4　变送器输出或通信异常的故障

变送器输出或通信异常的故障如下：

（1）电流信号输出异常；

（2）频率信号输出异常；

（3）RS485通信异常。

其处理方法是：

（1）电流信号输出异常处理步骤：

① 检查输入输出线路是否有短路、破损、接错、接反现象；

② 测量供电电压是否达到24V；

③ 检查仪表量程与采集设备参数是否一致；

④ 检查采集设备的AI接口是否有损坏；

⑤ 若输出信号依然异常，则需要返厂维修；

⑥ 电流值与显示值的换算公式为：

$$\text{电流值}=\frac{\text{仪表显示值}}{\text{仪表满量程值}}\times 16+4 \tag{3.6}$$

$$\text{仪表显示值}=\frac{\text{电流值}-4}{16}\times\text{仪表满量程值} \tag{3.7}$$

（2）频率信号输出异常处理步骤：

① 检查输入输出线路是否有短路、破损、接错、接反现象；

② 测量供电电压是否达到5V；

③ 检查仪表频率输出与采集设备参数设置是否一致；

④ 检查采集设备的频率接口是否有损坏；

⑤ 若输出信号依然异常，则需要返厂维修。

（3）RS485通信异常处理步骤：

① 检查电源通信线路是否有短路、破损、接错、接反现象；

② 测量供电电压是否达到10~30V；

③ 检查仪表通信地址波特率与采集设备参数设置是否一致；
④ 检查采集设备的通信指令是否符合规定的通信协议；
⑤ 检查采集设备的通信接口是否有损坏；
⑥ 若输出信号依然异常，则需要返厂维修。

3.2.7 数字温度变送器日常维护

（1）电气连接处的检查：
① 定期检查接线端子的电缆连接，确认端子接线牢固；
② 定期检查导线是否有老化、破损的现象。
（2）产品密封性的检查：
① 定期检查安装位置及阀门接头处有无渗漏现象；
② 定期检查电缆进线口是否有密封不严或密封圈老化、破损现象；
③ 定期检查壳体前后盖是否有未拧紧或密封圈老化、破损现象；
④ 定期检查保护套管内的导热油是否充足。
（3）特殊介质下使用的检查：对于含大量泥砂、污物的介质，应当定期排污、清洗传感器。
（4）电池的检查：定期检查电池电量是否充足，对需要更换的应选择相同型号电池。

3.3 无线网关

3.3.1 无线网关定义

无线网关，广义上是指将一个网络连接到另一个网络的接口；复杂的网络连接设备，可以支持不同协议之间的转换，实现不同协议网络之间的互联。而在工业应用中，无线网关则是指将无线网络中的设备连接到另外一个有线网络中，从而实现设备的无线物联，拓扑图如图 3.44 所示。

3.3.2 无线网关功能

无线网关是无线网络的通信基站，负责建立无线网络、采集仪表数据、配置仪表信息、监控仪表状态等，同时与上位机系统进行数据传输。无线网关具有报警数据优先、地址优先级、数据重发等机制，确保采集数据的可靠传输。同时，每台无线网关都具备多台无线设备的管理能力。

无线网关的特点是：
（1）采用 MESH 自由组网模式，可以支持中继、路由方式。

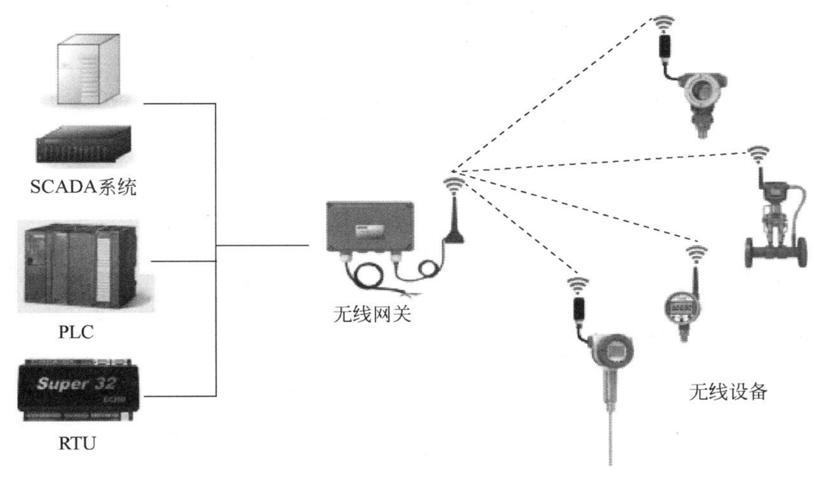

图 3.44　无线网关拓扑图

（2）传输距离可以通过路由器进行扩展，采用 2.4GHz 信号，抗干扰能力强。

（3）数据传输可靠性提高，内置 AES 加密算法。

（4）标准的石油协议（A11-RM），方便系统扩展，同时支持兼容协议的设备接入。

（5）支持对无线仪表的远程操作，通信稳定。

3.3.3　无线网关安装

3.3.3.1　工具、用具

工具、用具的准备如图 3.45 所示。

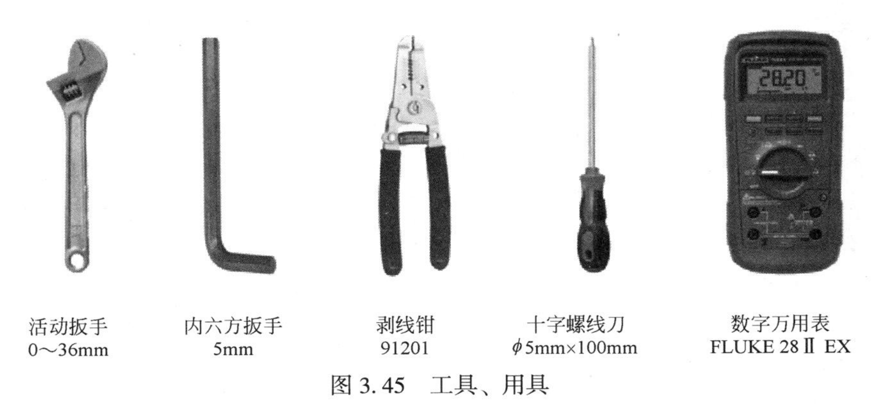

图 3.45　工具、用具

3.3.3.2 标准化操作步骤

1）无线网关安装

标准导轨和管道支架安装方式分别如图3.46和图3.47所示。

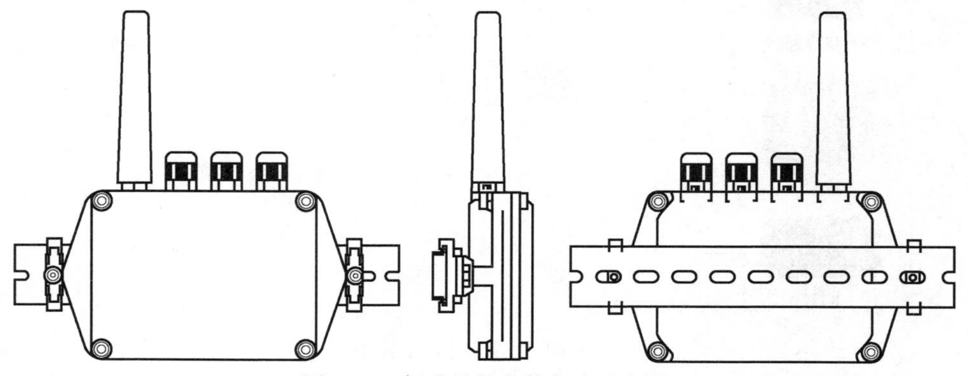

图3.46 标准导轨安装方式示意图

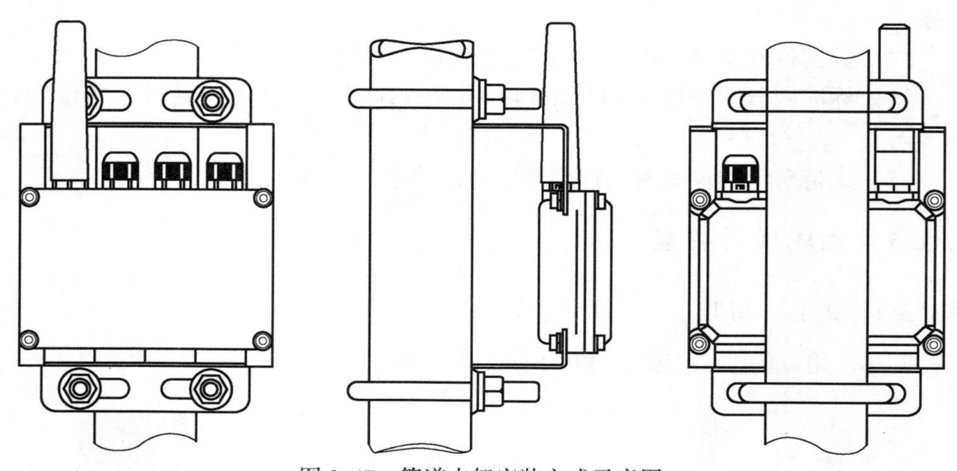

图3.47 管道支架安装方式示意图

无线网关采用三种安装方式：标准导轨安装、管道支架安装、磁性吸盘安装。其中标准导轨方式可以很快捷地实现设备的安装，只需要将设备固定到导轨上即可完成安装。

2）天线安装

标准无线网关出厂时配置普通的5dB全向吸盘天线，如果选用增强型或外置天线时要保持天线竖直安装，并且保证天线周围没有金属屏蔽等，保证天线竖直安装。

为了实现最佳的无线覆盖范围，无线网关或远程天线最好应安装在距地面 2.6~7.6m 的高度，或者安装在障碍物或主要基础结构上方 2m 的高度。

3）无线网关接线

（1）无线网关输出接口部分可以配置最多 8 路 4~20mA 信号输出。

（2）电流输出信号可以通过配置内部的寄存器，实现无线仪表的采集数据输出为电流信号，方便现场的 DCS 系统接入。同时也可以定制输出电压信号，输出范围为 0~5V。电气接线如图 3.48 所示。

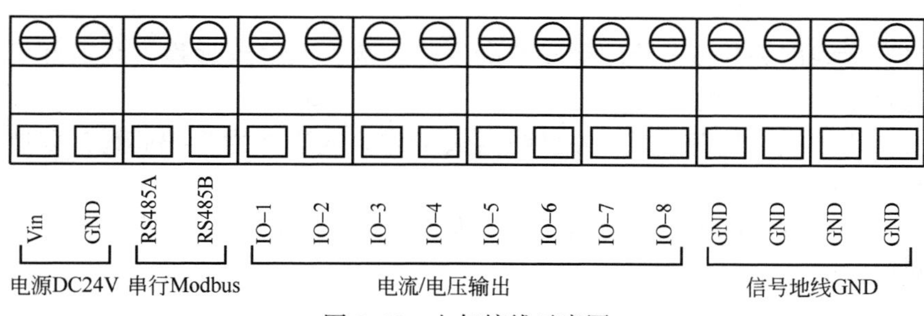

图 3.48　电气接线示意图

4）无线网关指示灯

通电观察指示灯状态，如图 3.49 所示。指示灯说明见表 3.3。

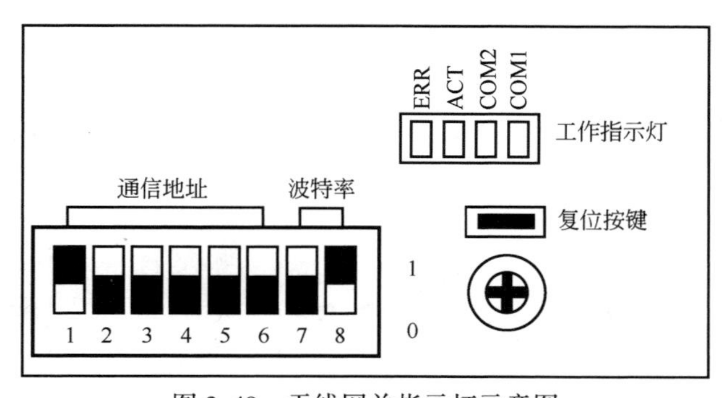

图 3.49　无线网关指示灯示意图

表 3.3　指示灯说明表

指示灯	名称	说明
ERR	系统故障、参数错误指示灯	当系统正常运行且参数设置正确时，该灯不亮；当出现系统异常或参数设置错误时，该灯长亮
ACT	系统运行指示灯	当系统正常运行后，该灯由长亮变为闪烁；按复位按键时会闪烁 5 次后重新启动

续表

指示灯	名称	说明
COM2	RS485 总线通信指示灯	RS485 总线通信正常时，该灯闪烁； RS485 总线通信异常时，该灯不亮
COM1	无线通信指示灯	无线仪表通信正常时，该灯闪烁； 无线仪表通信异常时，该灯不亮

3.3.3.3 安装技术要求

（1）无线网关的覆盖范围受安装高度的影响，网关或远程天线最好安装在距离地面 2.6~7.6m 的高度。

（2）天线应该竖直布置，并且距离大型建筑或遮挡物 1~3m 远，以便提高天线的接收信号强度。

（3）确认现场的供电和通信线路，推荐供电为 24V DC、推荐通信为 TCP/IP 以太网模式。

3.3.4 无线网关调试

3.3.4.1 准备调试工具

便携式计算机 1 台，USB 转串口线 1 根。

3.3.4.2 通信连接

调试工具连接如图 3.50 所示。无线网关默认配置为 RS485 总线，通信协议为 Modbus-RTU。

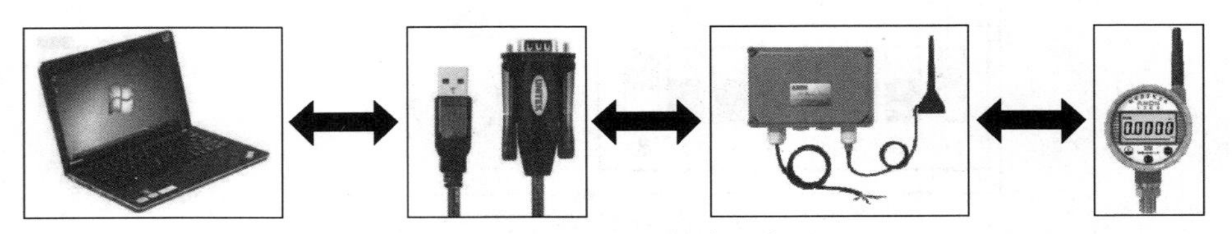

图 3.50 调试工具连接示意图

通信配置见表 3.4。注：修改配置寄存器后地址信息会立即生效，所以一定要预先配置好再进行系统连接。在配置完成后需要重启无线网关。

表 3.4 通信配置表

参数	选择范围	默认值
波特率	2400、4800、9600、19200	9600
数据位	8 位、7 位	8 位

续表

参数	选择范围	默认值
校验位	无校验、奇校验、偶校验	无校验
停止位	1位、2位	1位
出厂地址	1~255	1

参数设置如图3.51所示，地址和波特率参数见表3.5，通信寄存器配置见表3.6。

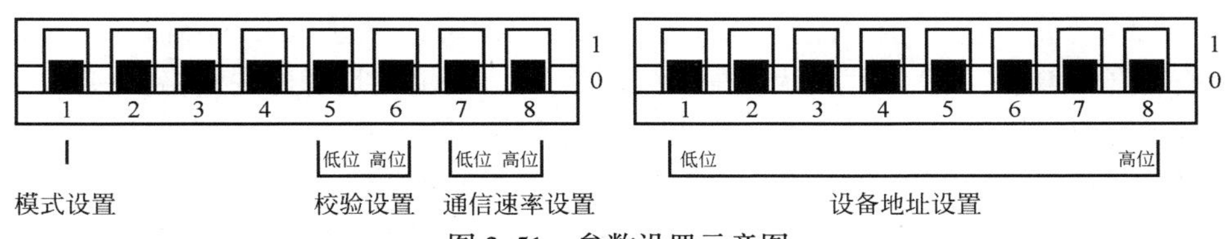

图3.51　参数设置示意图

表3.5　地址和波特率配置表

功能	拨码位	说明
RTU地址设置［40019］	bit1—8位	拨码地址范围为0~255，Modbus-RTU网关的地址设置
RTU通信波特率设置［40020］	bit1—7位 bit2—8位	1：波特率为2400bps，拨码设置为［00］ 2：波特率为4800bps，拨码设置为［01］ 3：波特率为9600bps，拨码设置为［10］ 4：波特率为19200bps，拨码设置为［11］ *：该寄存器通过硬件拨码开关设定，软件修改后无效

表3.6　通信寄存器配置表

寄存器地址	数据类型	说明	
40021	uint（16bit）	1：［0x0000］数据位为8bit 2：暂不支持其他位数设定	数据位
40022	uint（16bit）	1：［0x0000］1bit停止位（默认） 2：［0x0001］2bit停止位	停止位
40023	uint（16bit）	1：［0x0000/1］无校验（默认） 2：［0x0002］奇数校验 3：［0x0003］偶数校验	校验
40024	uint（16bit）	1：［0x0000］半双工RS485（默认） 2：［0x0001］全双工RS422 3：［0x0020~0x00FF］应答延时（单位：ms）	效率

3.3.4.3 无线网关连接配置

无线网络配置的具体参数见表3.7。

无线网关主要负责无线网络的组件、无线地址的分配、通信信道分配等。

表3.7 无线网络配置表

寄存器地址	数据类型	说明
40033	uint（16bit）	[网络ID设置]：可设置范围（1~65535）

无线网关部分的通信配置主要是网络ID的设定，通过写入寄存器即可配置网关的网络ID。一般出厂默认会配置好网络ID，如果在现场出现网络ID冲突或异常时可以对网络ID进行配置。如果修改了网关的网络ID，则所有在网的仪表也要全部重新设定网络ID，并重启仪表进行网络连接操作。

特别需要注意的是：定制版本的433MHz通信频率的网关，固定工作在433MHz，仪表同样工作在该频段。

3.3.4.4 数据采集测试

1）Modscan软件连接网关

采用Modscan软件连接无线网关需要确认通信地址、通信速率等参数，信息确认后，打开Modscan软件按照地址和通信配置信息连接无线网关，操作如图3.52所示。

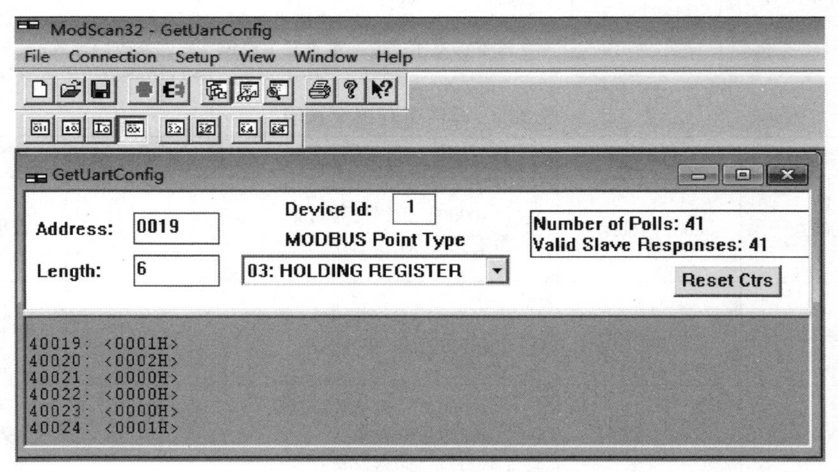

图3.52 通信参数配置示意图

2）网络ID参数配置

无线网关的网络ID配置寄存器为［40033］，其中［40030~40032］为内部参数，请勿调整。配置完成后要重启无线网关，等待 30s 后即可按照新配置参数连接无线网关，操作如图 3. 53 所示。

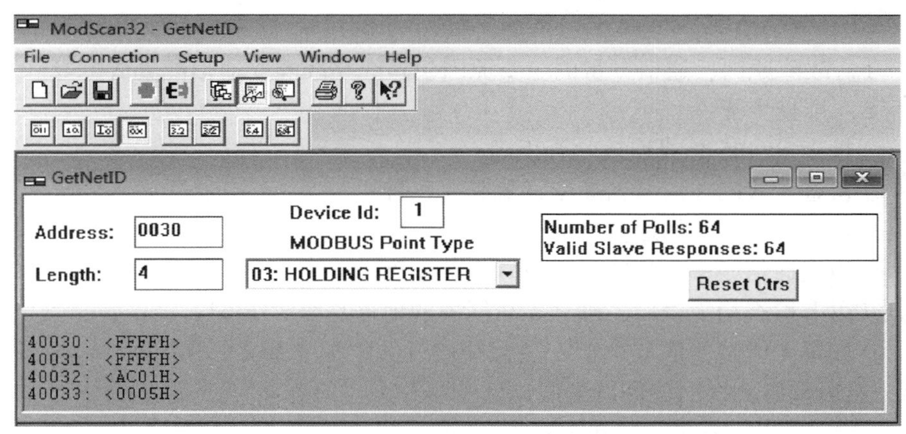

图 3. 53　网络 ID 参数配置示意图

3）无线仪表采集数据信息

无线仪表的数据保存方式为 32bit 浮点方式，所以采集数据时应注意解析，数据采集如图 3. 54 所示。

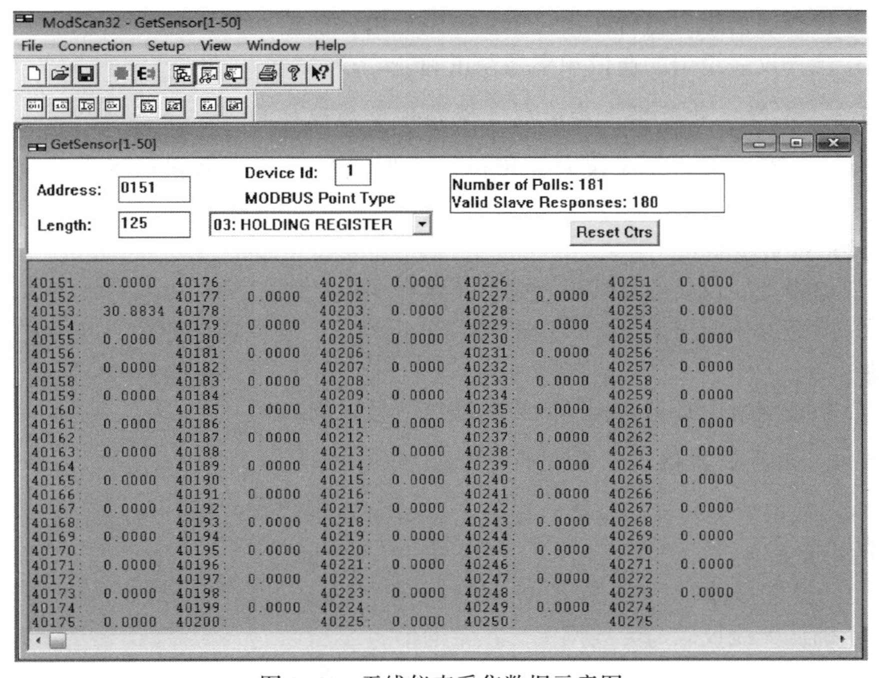

图 3. 54　无线仪表采集数据示意图

3.3.5 无线网关故障处理

3.3.5.1 无线网关无法通信的故障处理

（1）故障原因：通信异常的主要原因包括线路故障、通信配置故障等。

（2）排查步骤：

① 检查 RS485 总线连接是否正确；

② 检查无线网关的通信速率设置是否正确；

③ 检查无线网关的通信地址设置是否正确；

④ 检查通信频率和响应超时设置是否正确；

⑤ 以上检查均无误后，确认无线网关的地址是否大于 63；

⑥ 如果无线网关地址大于 63，且拨码开关也配置为 63，则可以将地址设置为 1，然后重启无线网关进行测试。

3.3.5.2 无线仪表数据上传失败的故障处理

（1）故障原因：无线仪表上传失败主要原因包括仪表参数设置、网络覆盖范围等。

（2）排查步骤：

① 检查无线仪表的通信地址是否正确，或网络内有相同地址导致冲突；

② 检查通信距离是否在信号覆盖范围之内；

③ 检查仪表设定的通信频率是否正确。

3.3.5.3 无线仪表数据上传速度过慢的故障处理

（1）故障原因：无线仪表上传过慢主要是受通信距离和现场干扰信号的影响。

（2）排查步骤：

① 检查无线仪表的休眠设置是否正确；

② 缩短通信距离或增加天线的功率进行测试，确保通信距离在正常的覆盖范围；

③ 检查网络内是否有相同频率的网络信号干扰。

3.3.5.4 无线仪表值显示异常的故障处理

（1）故障原因：无线仪表数值显示异常主要由测量范围和电流信号输出不匹配的因素造成。

（2）排查步骤：

① 确认无线仪表与无线网关已正常通信；

② 通过 RS485 数据线，使用 Modscan 软件采集无线网关的数据；

③ 如果采集的数据正常，而输出信号不正常时，可以按照电流信号配置的方法进行量程配置。

3.3.5.5 无线仪表连接失败的故障处理

（1）故障原因：无线仪表连接失败主要由仪表参数设置、网络覆盖范围等因素造成。

（2）排查步骤：

① 确认无线仪表与无线网关通信参数配置正确；

② 检查无线仪表的地址是否配置正确；

③ 缩短通信距离或增加天线的功率进行测试，确保通信距离在正常的覆盖范围；

④ 以上均检查无误后，重启无线仪表，在仪表端输入“3101”指令，检查仪表是否已经连接到无线网关。

3.4 无线压力变送器

3.4.1 无线压力变送器结构

无线压力变送器主要由压力传感器、信号处理电路和通信电路、无线传输设备组成，结构如图 3.55 所示。

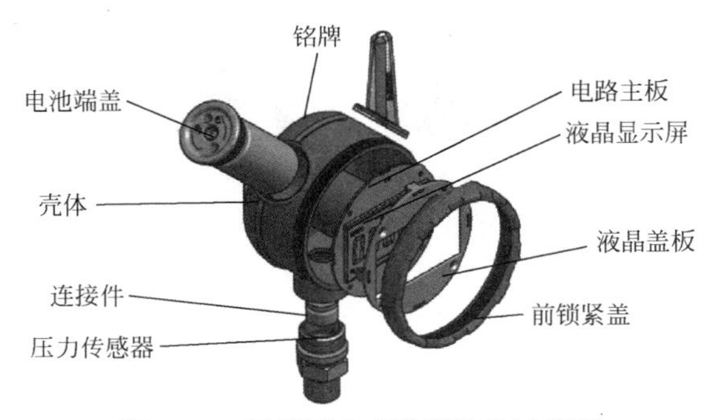

图 3.55 无线压力变送器结构示意图

3.4.2 无线压力变送器原理

无线压力变送器的原理是：被测介质的压力直接作用于传感器的膜片上（不锈钢或陶瓷），使膜片产生与介质压力成正比的微位移，传感器的电阻值发生变化；用电子线路检测这一变化，并转换输出一个对于这一压力的标准测量信号；用 Zigbee 无线技术进行数据传输，传输设备如图 3.56 所示。

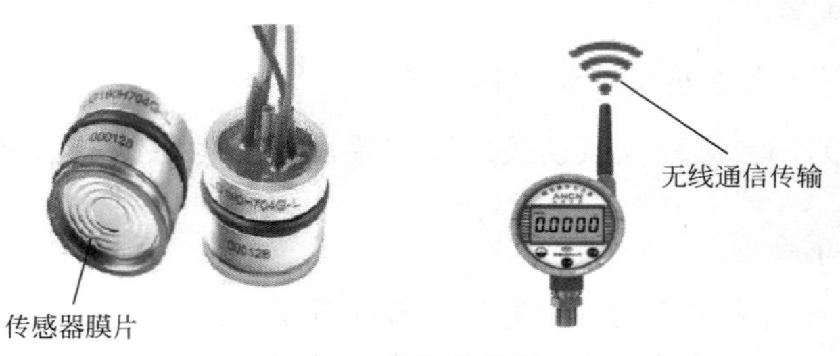

图 3.56　数据传输设备

3.4.3　无线压力变送器安装

3.4.3.1　工具、用具准备

工具、用具如图 3.57 所示。

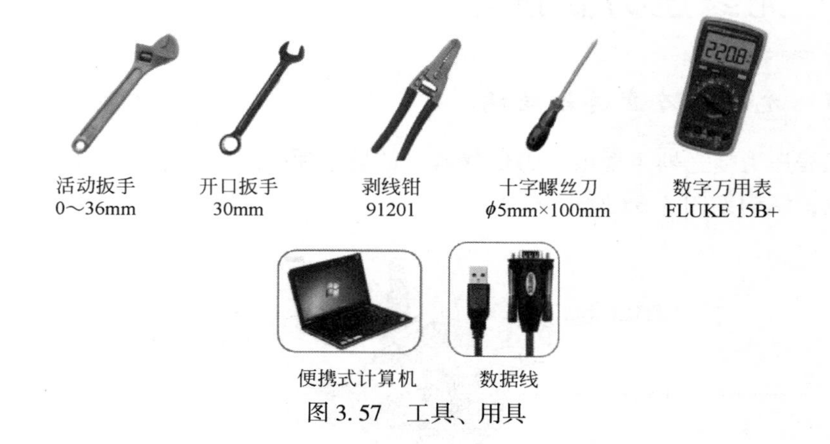

图 3.57　工具、用具

3.4.3.2　标准化操作步骤

（1）关闭截止阀，打开放空阀；

（2）仔细清洁连接头内的异物，保持螺纹清洁；

（3）安装密封垫，密封方式为软密封和硬密封，密封材料如图 3.58 所示，一般 10MPa 以下，可以采用软密封。

（4）螺纹连接式安装变送器，如图 3.59 所示，连接方式如图 3.60 所示；

（5）接通电源，检查仪表显示；

（6）关闭放空阀，缓慢打开截止阀，同时观察仪表的压力值是否也缓慢上升。

生料带

聚四氟乙烯垫片

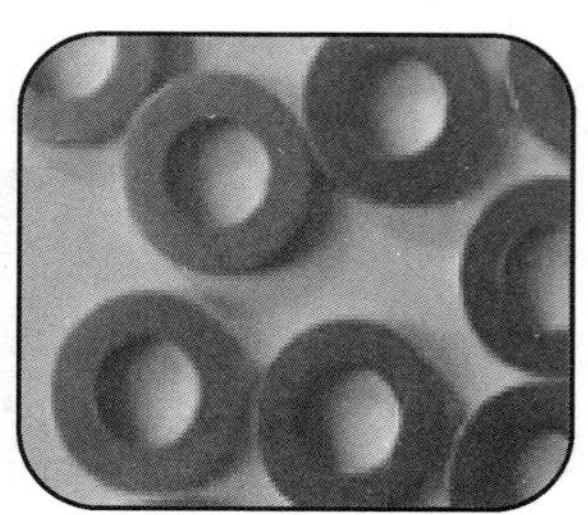

紫铜垫片

图 3.58　密封材料

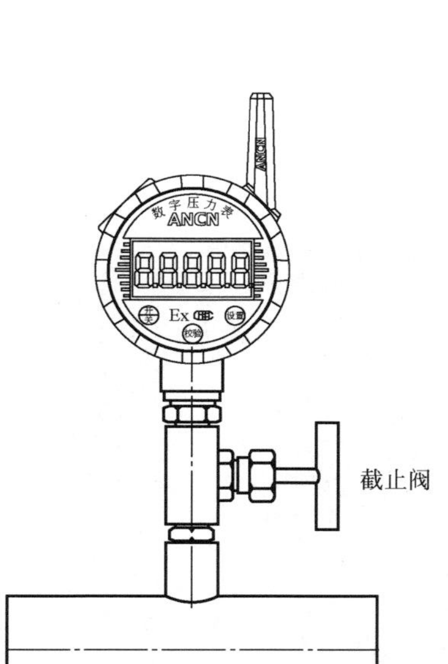

图 3.59　安装示意图

3.4.3.3　技术要求

（1）介质温度要求：根据型号确定。

（2）对于温度超过 120℃的介质（如蒸汽），还应当增加散热器。

（3）压力仪表应向上垂直于水平方向安装，如图 3.61 所示。

（4）若长时间不使用仪表，应将仪表关机，以节省电池功耗，关机状态如图 3.62 所示。

（5）螺纹连接式安装变送器：

① 小心地把变送器接头插入活接头内，螺纹是右旋的，用两把开口扳手通过六角平面把设备拧紧，通过调整活接螺母，把设备调整到合适的方向。

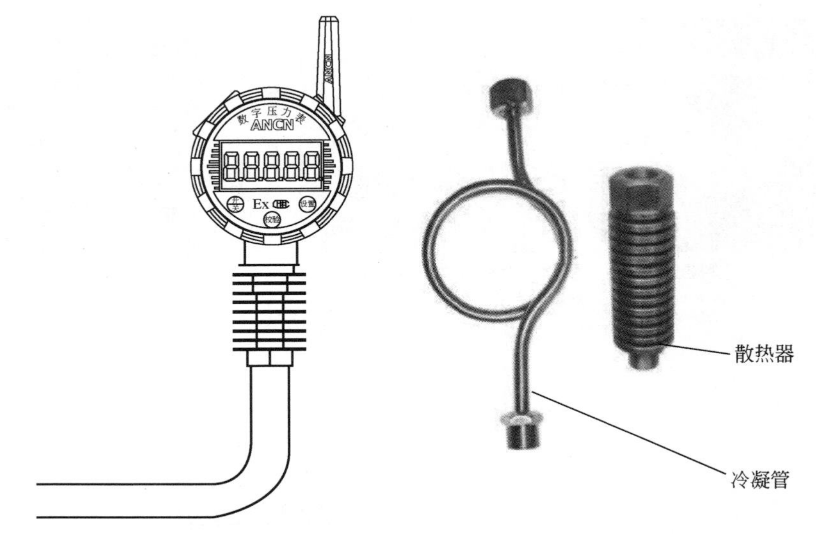

图 3.60　连接方式

图 3.61　压力仪表安装示意图

② 警告：不要通过扳动设备壳体来拧紧或调整方向，这样会拉断传感器连线，破坏外壳的密封性，致使湿气进入，破坏设备。

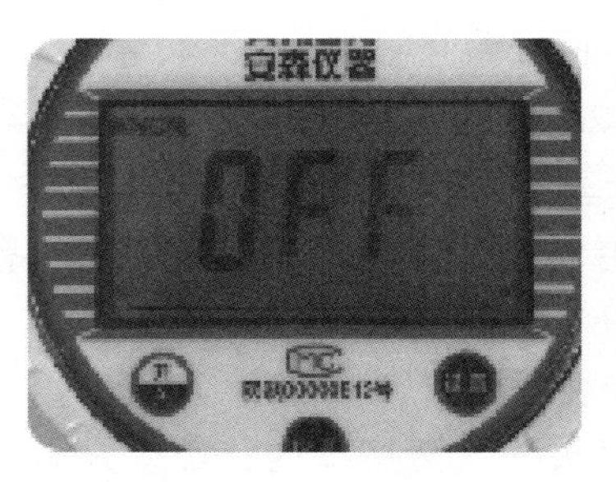

图 3.62　关机状态

3.4.4　无线压力变送器调试

3.4.4.1　按键功能

按键功能如图 3.63 所示。

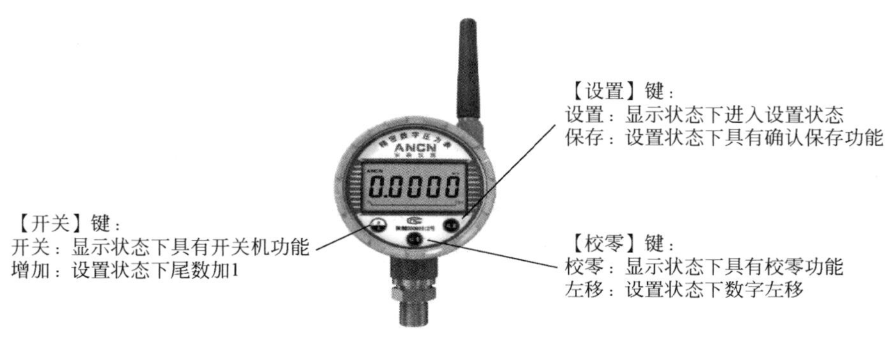

图 3.63　按键功能示意图

3.4.4.2　按键操作

按键操作如图 3.64 所示。

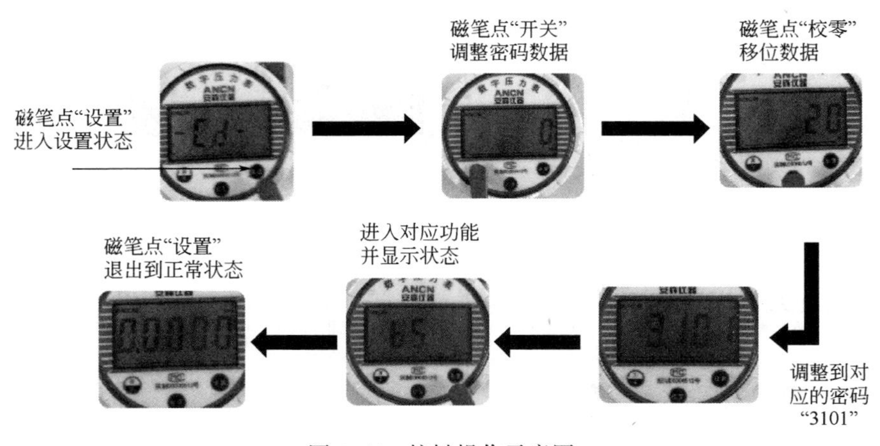

图 3.64　按键操作示意图

3.4.4.3　校零操作

校零操作如图 3.65 所示。当仪表发生零位漂移时，在测量状态下按“校零”键可以自动修正零位：

（1）按下此键显示“-00-”，仪表进行零点校准，正常时自动退出并保存，当前检测值为 0。

（2）如果显示值与实际0值相差较大或仪表故障，则显示“Erro0”，放弃保存并返回测量状态。此时请确认实际值是否为0值，或联系厂家检测仪表是否正常。

注意：绝压仪表校零功能必须在绝对真空状态下校零方可有效。

3.4.4.4 设置仪表地址

设置仪表地址如图3.66所示：

（1）磁笔输入密码“3105”，然后按“设置”键，仪表显示“Addr”；

（2）调整至所需要的地址后按“设置”键，系统将保存修改的地址参数，并返回测量状态。

注意：无线仪表存在多个设备时需要分配地址，保证无线网关在接收数据时按地址顺序分配。一个无线仪表可设置地址为1。

图3.65 校零操作

图3.66 设置仪表地址

3.4.4.5 设置无线ID

设置无线ID如图3.67所示。注意：务必确保无线仪表的网络ID和无线网关一致。

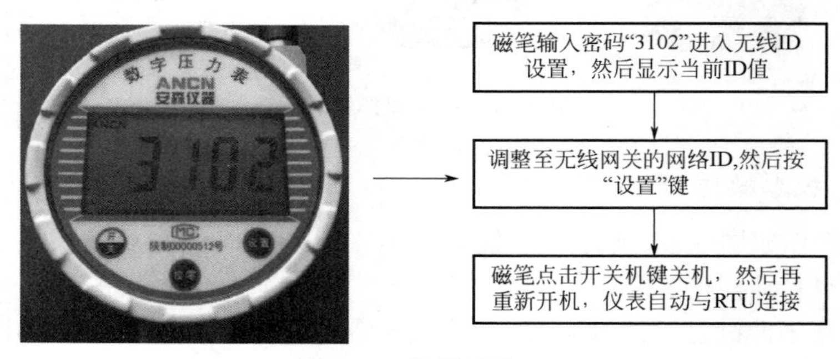

图3.67 设置无线ID

3.4.4.6　无线数据发送间隔时间

无线数据发送间隔时间如图 3.68 所示。注意：无线数据发送间隔时间有效范围为 1～6000s。

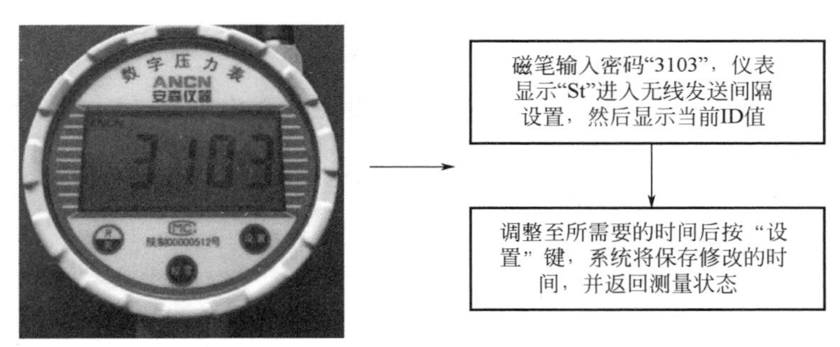

图 3.68　无线数据发送间隔时间

图 3.69　无线状态查询示图

3.4.4.7　无线状态查询

无线状态查询如图 3.69 所示。不同数值代表不同的状态，见表 3.8。

表 3.8　不同数值及状态

状态数值	状态说明
0	无线关断状态
1	无线连接关断，等待重新连接
2	无线复位等待状态
3	无线复位状态
4	无线连接状态
5	无线数据发送等待回复状态

3.4.5 无线压力变送器故障处理

3.4.5.1 故障类型 1

故障类型 1：仪表无压力值显示，如图 3.70 所示。

处理方法：

（1）打开电池仓盖，取出电池，检查电池是否有电；

（2）检查电池顶针是否接触良好；

（3）检查压力变送器是否有进水。

3.4.5.2 故障类型 2

故障类型 2：仪表与网关无法连接，如图 3.71 所示。

处理方法：

（1）检查变送器无线 ID 与网关 ID 是否一致；

（2）检查网关天线是否完好；

（3）检查网关供电是否正常；

（4）检查变送器与网关之间是否有遮挡严重或者无线网关天线过低现象。

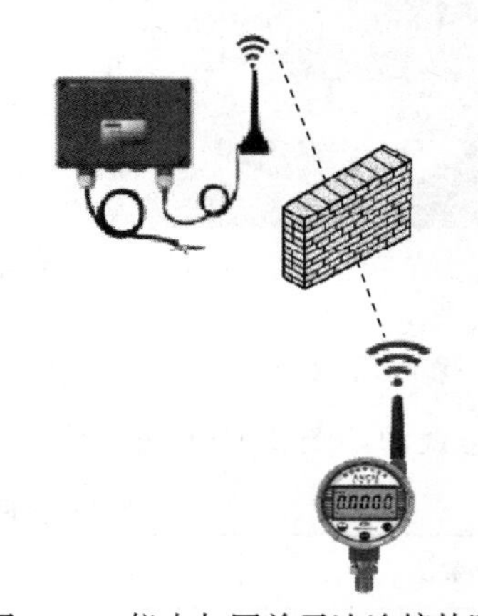

图 3.70 仪表无压力值显示故障　　图 3.71 仪表与网关无法连接故障

3.4.6 无线压力变送器日常维护

3.4.6.1 电气连接处的检查

（1）定期检查接线端子的电缆连接，确认端子接线牢固；

（2）定期检查导线是否有老化、破损的现象。

3.4.6.2　产品密封性的检查

（1）定期检查取压管路及阀门接头处有无渗漏现象；

（2）定期检查电缆进线口是否有密封不严或密封圈老化、破损现象；

（3）定期检查壳体前后盖是否有未拧紧或密封圈老化、破损现象。

3.4.6.3　特殊介质下使用的检查

对于含大量泥砂、污物的介质，应当定期排污、清洗浮球。

3.5　无线温度变送器

3.5.1　无线温度变送器结构

无线温度变送器主要由温度传感器、信号处理电路和通信电路、无线传输设备组成，如图 3.72 所示。

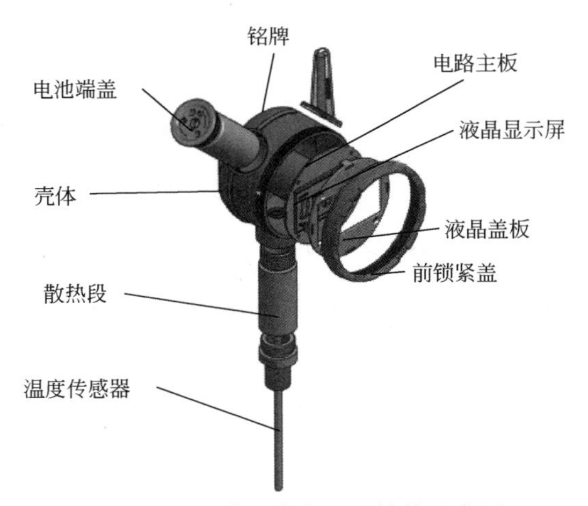

图 3.72　无线温度变送器结构示意图

3.5.2　无线温度变送器原理

无线温度变送器采用热电偶、热电阻作为测温元件，从测温元件输出信号送到变送器模块，经过稳压滤波、运算放大、非线性校正、V/I 转换、恒流及反向保护等电路处理后，转换成与温度呈线性关系的 4～20mA 电流信号、0～5V/0～10V 电压信号、RS485 数字信号输出，然后将信号用 Zigbee 无线技术进行数据传输。传输设备如图 3.73 所示。

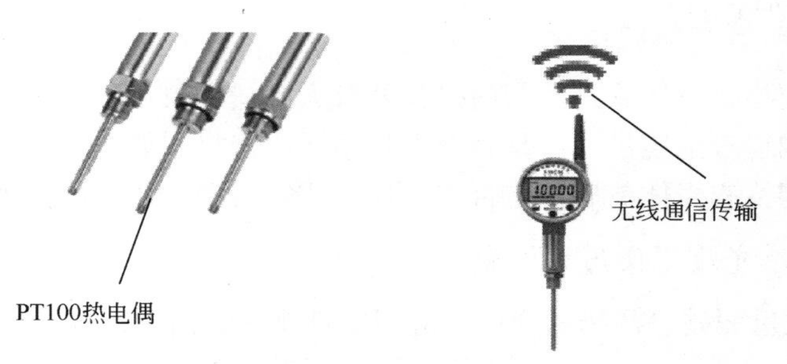

图 3.73　数据传输设备

3.5.3　无线温度变送器安装

3.5.3.1　工具、用具准备

工具、用具如图 3.74 所示。

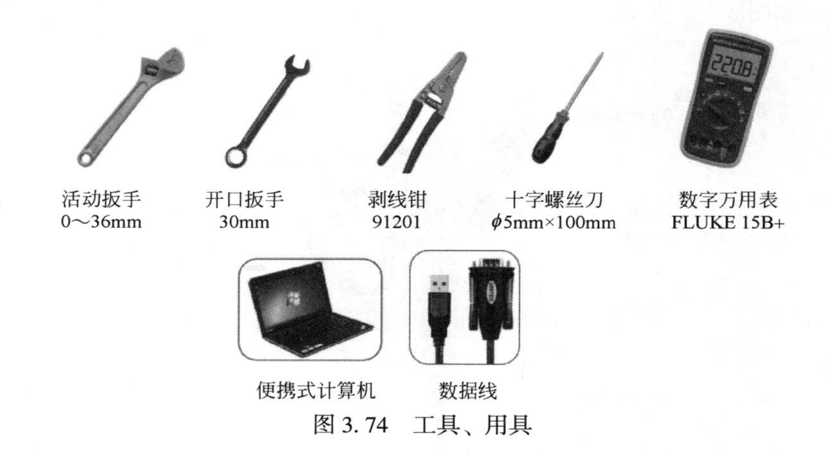

图 3.74　工具、用具

3.5.3.2　标准化操作步骤

1）安装无线温度保护管

关闭管道阀门；将温度保护管套上紫铜垫片，然后安装到管道的焊接螺纹座上，用 30mm 的开口扳手锁紧。

2）安装无线温度变送器

安装无线温度变送器，如图 3.75 所示。

在保护套管中加入导热油；将无线温度变送器安装到 M20mm×1.5mm 的温度保护管的螺纹上面，保护管用 30mm 的开口扳手扣住，然后用 0~36mm 活动扳手卡住无线温度变送器的六方处，锁紧无线温度变送器；调整好无线温度变送器的表头方向后，将六方扁螺母用活动扳手锁紧即可。

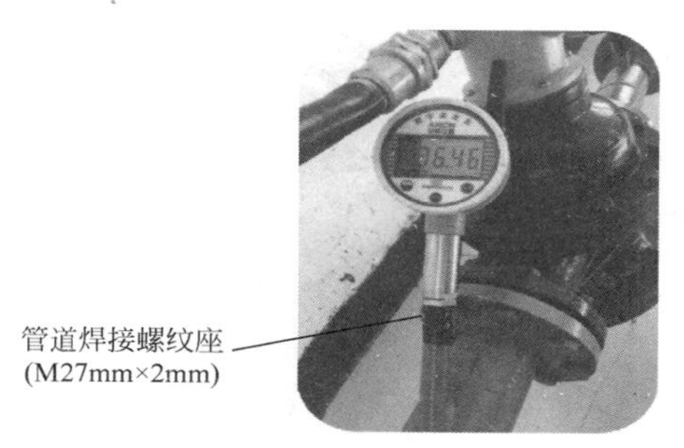

图 3.75 无线温度变送器安装示意图

3.5.3.3 技术要求

（1）确认产品连接方式及安装尺寸，如图 3.76 所示。注意：常用传感器连接螺纹尺寸为 M20mm×1.5mm，保护管连接螺纹尺寸为 M27mm×2mm。

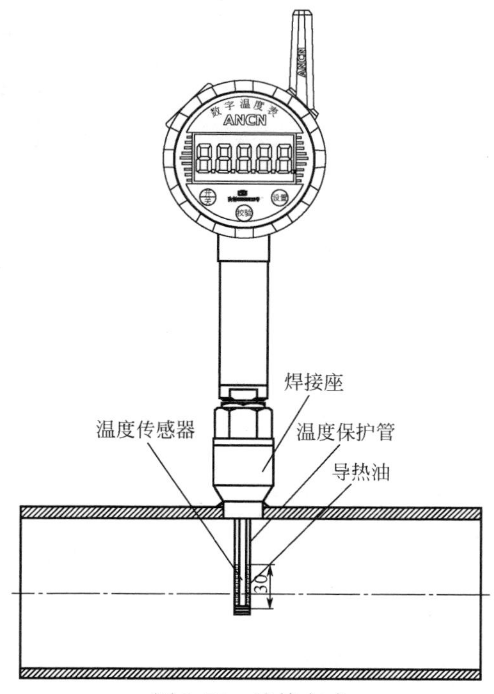

图 3.76 连接方式

（2）无线温度传感器的安装要求，如图 3.77 所示。一般情况下，仪表可以直接安装在测量管道的接口上，为便于安装和维修，管道内应安装保护套管，建议温度探头应该安装至被测体中心，并注意保证流体方向。

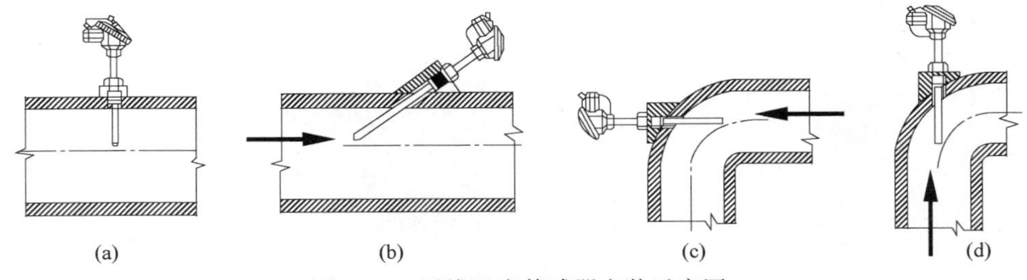

图 3.77　无线温度传感器安装示意图

（3）安装密封垫，密封方式为软密封和硬密封，密封材料如图 3.78 所示。一般 10MPa 以下，可以采用软密封。

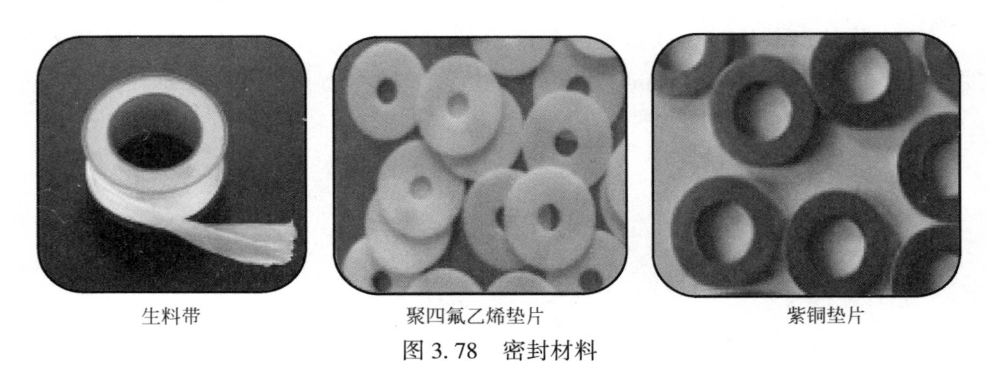

图 3.78　密封材料

（4）螺纹连接式安装变送器：

① 小心地把变送器接头插入活接头内，螺纹是右旋的，用两把开口扳手通过六角平面把设备拧紧，通过调整活接螺母，把设备调整到合适的方向。

② 警告：不要通过扳动设备壳体来拧紧或调整方向，这样会拉断传感器连线，破坏外壳的密封性，致使湿气进入，破坏设备。

（5）仪表应向上垂直于水平方向安装。

（6）若长时间不使用仪表，需将仪表关机，以节省电池功耗。

3.5.4　无线温度变送器调试

（1）按键功能，如图 3.79 所示。

（2）按键操作，如图 3.80 所示。

（3）校零操作。当仪表发生零位漂移时，在检测状态下按“Z”键可以自动修正零，如图 3.81 所示。按下“Z”建显示“-00-”，仪表进行零点校准，正常时自动退出并保存当前温度和显示“0℃”；如果温度与冰水混合物相差较大或仪表故障则显示“Erro0”，然后放弃保存并返回检测状态。此时应确认是否在冰水混合物校零，或联系厂家检测仪表是否正常。注：仪表校零功能必须在零摄氏度（冰水混合物）的状态下校零方可有效。

图 3.79　按键功能示意图

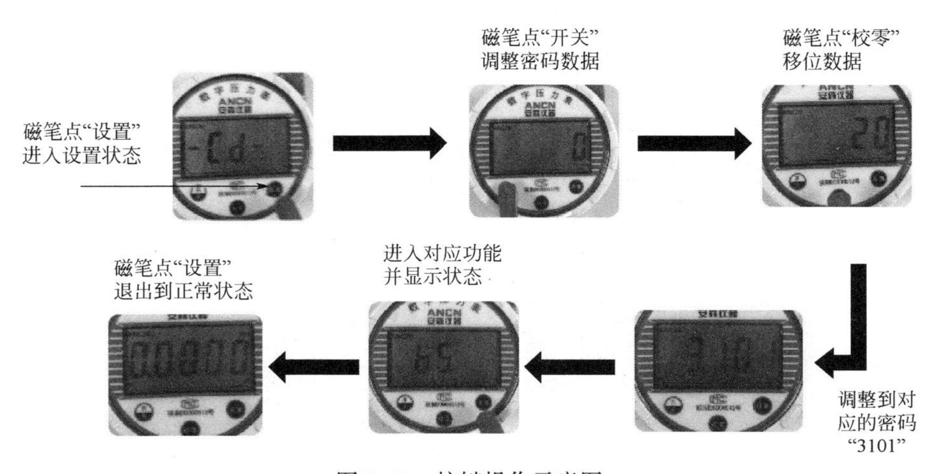

图 3.80　按键操作示意图

（4）设置仪表地址，如图 3.82 所示。注意：无线仪表存在多个设备时需要分配地址，保证无线网关在接收数据时按地址顺序分配。一个无线仪表可设置地址为 1。

（5）设置无线 ID，如图 3.83 所示。注意：务必确保无线仪表的网络 ID 和无线网关一致。

图 3.81　校零操作

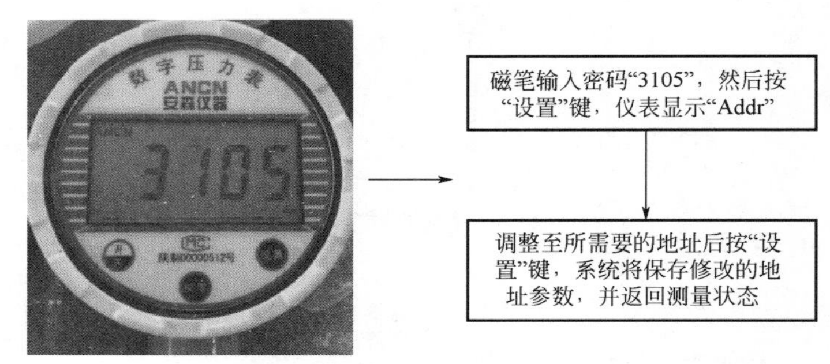

图 3.82　设置仪表地址

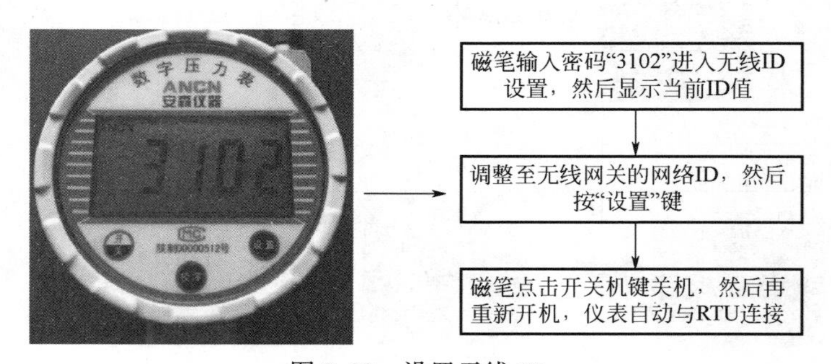

图 3.83　设置无线 ID

（6）无线数据发送间隔时间，如图 3.84 所示。注意：无线数据发送间隔时间有效范围为 1～6000s。

（7）无线状态查询，如图 3.85 所示。输入“3101”，密码确认后，仪表显示“bS”，表示进入无线仪表状态查询，然后显示当前状态对应的数值。不同数值代表不同的状态，见表 3.9。

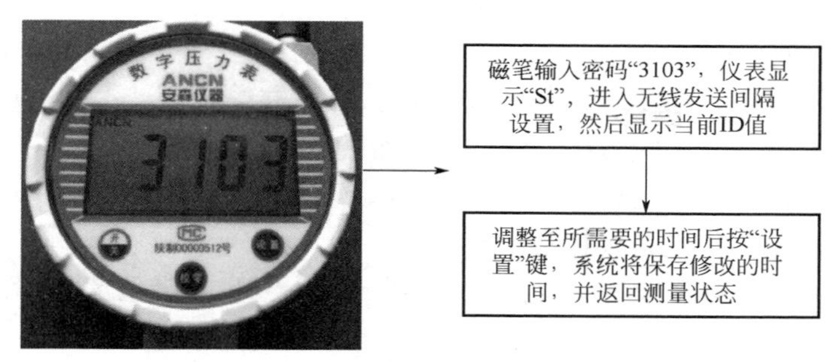

图 3.84　无线数据发送间隔时间

图 3.85　无线状态查询

表 3.9　状态和数值对照表

状态数值	状态说明
0	无线关断状态
1	无线连接关断，等待重新连接
2	无线复位等待状态
3	无线复位状态
4	无线连接状态
5	无线数据发送等待回复状态

3.5.5　无线温度变送器故障处理

3.5.5.1　故障类型 1

仪表无温度值显示，如图 3.86 所示，处理方法如下：

（1）打开电池仓盖，取出电池，检查电池是否有电；

（2）检查电池顶针是否接触良好；

（3）检查压力变送器是否有进水。

3.5.5.2 故障类型 2

仪表与网关无法连接，如图 3.87 所示，处理方法如下：

（1）检查变送器无线 ID 与网关 ID 是否一致；

（2）检查网关天线是否完好；

（3）检查网关供电是否正常；

（4）检查变送器与网关之间是否有遮挡严重或者无线网关天线过低现象。

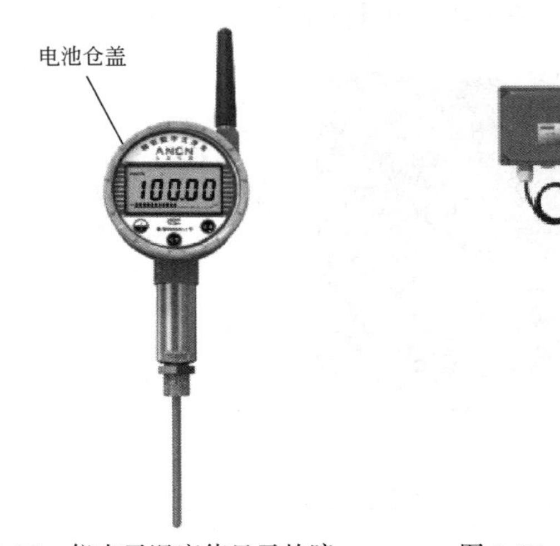

图 3.86 仪表无温度值显示故障

图 3.87 仪表与网关无法连接故障

3.5.6 无线温度变送器日常维护

3.5.6.1 电气连接处的检查

（1）定期检查接线端子的电缆连接，确认端子接线牢固；

（2）定期检查导线是否有老化、破损的现象。

3.5.6.2 产品密封性的检查

（1）定期检查取压管路及阀门接头处有无渗漏现象；

（2）定期检查电缆进线口是否有密封不严或密封圈老化、破损现象；

（3）定期检查壳体前后盖是否有未拧紧或密封圈老化、破损现象。

3.5.6.3 特殊介质下使用的检查

对于含大量泥砂、污物的介质，应当定期排污、清洗浮球。

3.6　质量流量计

3.6.1　基础概念

流体在旋转的管内流动时会对管壁产生一个力，它是科里奥利在 1832 年研究轮机时发现的，简称科氏力。在 1977 年由美国高准（Micro Motion）公司的创始人根据此原理研发出世界上第一台可以实际使用的质量流量计。质量流量计以科氏力为基础，在传感器内部有两根平行的流量管，中部装有驱动线圈，两端装有检测线圈；变送器提供的激励电压加到驱动线圈上时，振动管做往复周期振动，工业过程的流体介质流经传感器的振动管，就会在振动管上产生科氏力效应，使两根振动管扭转振动，安装在振动管两端的检测线圈将产生相位不同的两组信号，这两个信号的相位差与流经传感器的流体质量流量成比例关系。计算机解算出流经振动管的质量流量。不同的介质流经传感器时，振动管的主振频率不同，据此解算出介质密度。安装在传感器振动管上的铂电阻可间接测量介质的温度。

质量流量计可直接测量通过流量计的介质的质量流量，还可测量介质的密度及间接测量介质的温度。由于变送器是以单片机为核心的智能仪表，因此可根据上述三个基本量而导出十几种参数供用户使用。质量流量计组态灵活、功能强大、性能价格比高，是新一代流量仪表。

测量管道内质量流量的是流量测量仪表。在被测流体处于压力、温度等参数变化很大的条件下，若仅测量体积流量，则会因为流体密度的变化带来很大的测量误差。在容积式和差压式流量计中，被测流体的密度可能变化 30%，这会使流量产生 30%~40%的误差。随着自动化水平的提高，许多生产过程都对流量测量提出了新的要求。化学反应过程是受原料的质量而不是体积控制的。蒸气、空气流的加热和冷却效应也是与质量流量成比例的。产品质量的严格控制、精确的成本核算、飞机和导弹的燃料量控制，都需要精确的质量流量。因此质量流量计是一种重要的流量测量仪表。

3.6.2　质量流量计的原理

质量流量计采用感热式测量，通过分体分子带走的分子质量多少来测量流量。因为是用感热式测量，所以不会因为气体温度、压力的变化而影响到测量的结果。质量流量计是一个较为准确、快速、可靠、高效、稳定、灵活的流量测量仪表，在石油加工、化工等领域将得到更加广泛的应用，将在推动流量测量上显示出巨大的潜力。质量流量计是不能控制流量的，它只能检测液体或者气体的质量流量，通过模拟电压、电流或者串行通信输出流量值。但是，质量流量控制器，是可以检测的同时又可以进行控制的仪表。质量流量控制器本身除了测量部分，还带有一个电磁调节阀或者压电阀，这样质量流量控制器本身构成一个闭环系统，用于控制流体的质量流量。质量流量控制器的设定值可以通过模拟电压、模拟电流或者计算机、PLC 提供。

3.6.3 质量流量计的特点

质量流量计有以下特点：

（1）适用于多种介质；

（2）测量准确度高；

（3）无直管段要求；

（4）可靠性好；

（5）维修率低；

（6）具有核心处理器。

3.6.4 质量流量计的现场应用

现场通用的是科里奥利质量流量计。科里奥利质量流量计是利用科里奥利力效应进行质量流量测量的仪表。

3.6.4.1 科式质量流量计的优点

（1）直接测量质量流量，有很高的测量精确度。

（2）可测量流体范围广泛，包括高黏度的各种液体、含有固形物的浆液、含有微量气体的液体、有足够密度的中高压气体。

（3）测量管的振动幅度小，可视作非活动件，测量管路内无阻碍件和活动件。

（4）对迎流流速分布不敏感，因而无上下游直管段要求。

（5）测量值对流体黏度不敏感，流体密度变化对测量值的影响微小。

（6）可做多参数测量，如同期测量密度，并由此派生出测量溶液中溶质的浓度。

（7）可同时推算出体积流量，并计算双组分流体成分比。

3.6.4.2 液体质量流量计的适用场所

（1）汽油、柴油的计量，如各大油库及汽车、火车、船舶的装卸。

（2）原油的计量，如各油田的分站计量、联合站进出站的计量、厂区之间的计量。

（3）化工介质的计量，如各大炼化企业、化工厂、化工储运公司。

(4) 油田的单井计量，如油，油水混输，气体少于10%的油气水混输的计量。

(5) 各种场所的燃油锅炉的燃油计量。

(6) 船舶油水计量。

(7) 食用油和酒的计量。

(8) 药液混配的计量。

3.6.4.3 选型及注意事项

(1) 质量流量计获得良好使用的几个关键环节包括选型、安装、初次投运。

(2) 质量流量计的选型，包括被测流体的类型、安全性、流量范围、准确度、压力损失、其他因素。

(3) 被测流体的类型。

① 液体、气体、固液混合物。

② 黏度不高的纯净液体对测量管的形状要求不高。

③ 当测量高黏度液体时，宜采用弯曲较少的管型。

(4) 安全性。

① 腐蚀性介质。目前使用的316L不锈钢不能用于测量酸性介质和含卤素粒子（如Cl^-）的介质，但可用于碱性介质。

② C22哈氏合金可用于酸性环境。

③ 工艺压力，选型样本上提供有1.6MPa、2.5MPa、4.0MPa、6.4MPa、10MPa、16MPa、25MPa等数种选项。

④ 工艺温度为-40~250℃。

⑤ 防爆。

(5) 压力损失。

① 压力损失是指流体克服阻力（例如流过流量计）所引起的不可恢复的压力值。

② 质量流量计的压力损失，即质量流量传感器两端的压力差，它与流体的性质、流体的流动状态以及质量流量传感器的结构参数有关。

③ 当流体的密度、黏度和流量确定后，流量计的压力损失取决于结构。对于科氏力质量流量计，取决于口径、流通面积和测量管形状。

④ 介质的密度、黏度、流量。

⑤ 流量计的管型、口径。

⑥ 工艺管线中的流量以及允许的压力损失。

⑦ 高黏度介质。

⑧ 易汽化介质。

（6）压力损失对选型的影响。

① 工艺管线中的流量以及允许的压力损失。

② 传感器在允许压力损失条件下是否满足测量准确度的要求。

③ 过程流体黏度和密度的变化对压力损失的影响。

④ 避免因压力损失过大使液体汽化。

（7）高黏度介质的选型和使用。

① 对于高黏度介质，口径适当要选大些，避免压力损失过大。

② 为了更好地测量，一般采用在外壳上缠绕伴热带或者使用蒸汽伴热。

（8）其他因素。

① 附加测量性能的要求。

② 密度、温度。

③ 体积流量。

④ 双组分介质百分比。

3.6.4.4 质量流量计的安装

（1）避免或减少安装造成的应力（例如管道法兰端面不平，使用传感器支撑管道）。

（2）安装在管道最低处，保证工作时流体充满流量计。

（3）避免电磁和射频干扰（远离大电动机、射频发送设备、变压器、变频器、大功率电开关、高压电缆）。

（4）做好接地。

（5）避免振动。

（6）软管隔离，附加支撑。

（7）同一管线上安装两台以上质量流量计，应防止其互相干扰（拉长间距，2m 以上或 3 倍传感器长度，或者在其间加软管）。

（8）危险场所使用防爆型产品并正确安装。

（9）露天安装尽量使引线开口朝下。

3.6.4.5 质量流量计的使用

（1）安装完成后，检查管道和电缆连接情况，检查供电电压、供电连接、输出连接、接地情况。

（2）检查无误，上电预热 10~20min。

（3）上电预热的同时，让足够的工艺流体流过传感器，使测量介质充满测量管，并使传感器温度与工艺温度达到平衡。

（4）先关闭下游阀，再关闭上游阀，执行零点标定。

3.6.4.6 质量流量计的几个关键参数

（1）质量流量。

（2）密度，温度。

（3）频率，时间。

（4）驱动均值和峰值。

（5）驱动功率。

（6）左右幅值。

3.6.4.7 质量流量计的构造

质量流量计包括表头和传感器这两个基本结构，如图 3.88 和图 3.89 所示。

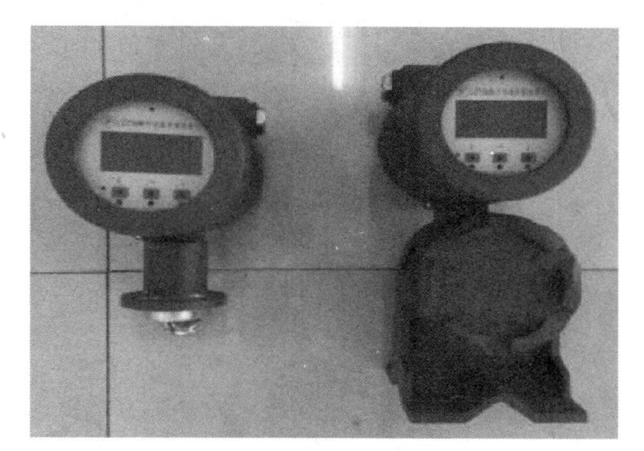

图 3.88 质量流量计表头

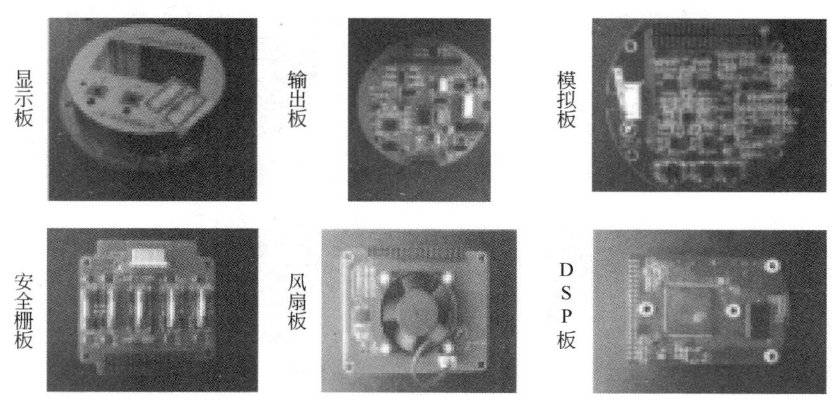

图 3.89 质量流量计表头结构

3.7 一体化差压流量计

3.7.1 一体化差压流量计的原理

充满管道的流体流经节流体时，流体会形成局部收缩，使流速加快，在节流体前后便产生压差，流速越高形成的压差越大，所以可以通过测量压差的大小反映流量的大小。这种测量方法是以流动连续性方程（质量守恒定律）和伯努利方程式（能量守恒定律）的原理为基础的，如图 3.90 所示。

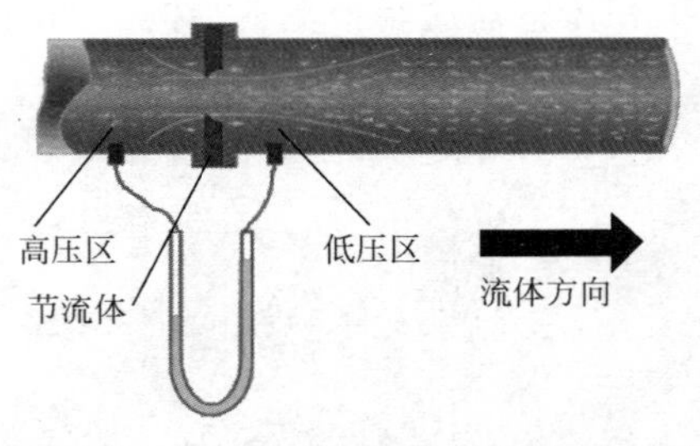

图 3.90 一体化差压流量计原理示意图

3.7.2 一体化差压流量计结构

一体化差压式流量计由一次装置（差压式流量计）和二次装置（多参量流量变送器）组成，如图 3.91 和图 3.92 所示。

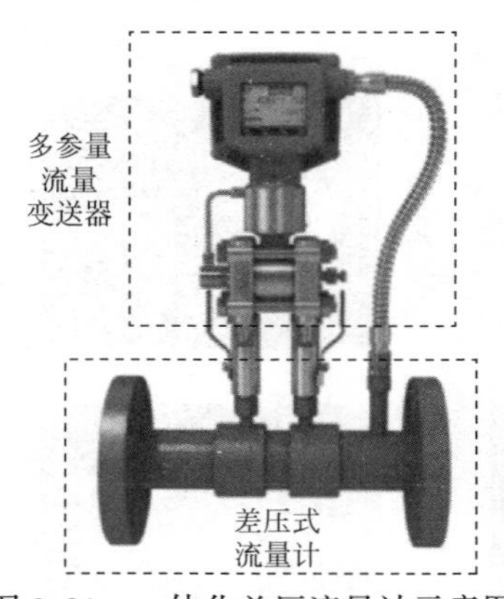

图 3.91 一体化差压流量计示意图

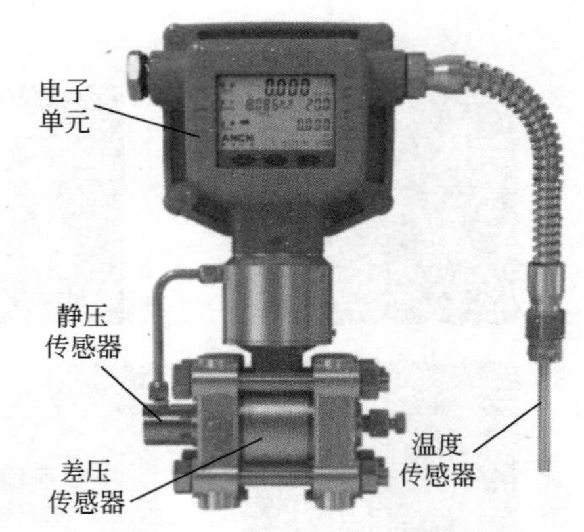

图 3.92 多参量流量变送器

节流装置（图 3.93）包括：

（1）标准节流装置：根据标准文件设计、制造、安装和使用，无须实流标定，包括孔板、喷嘴、文丘里管，如图 3.94 所示。

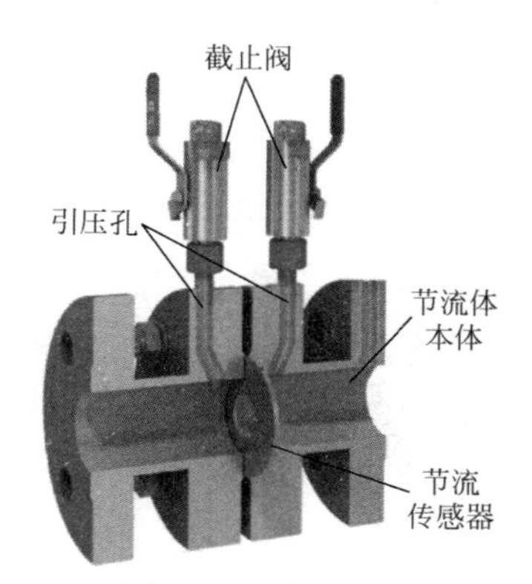

图 3.93　节流装置

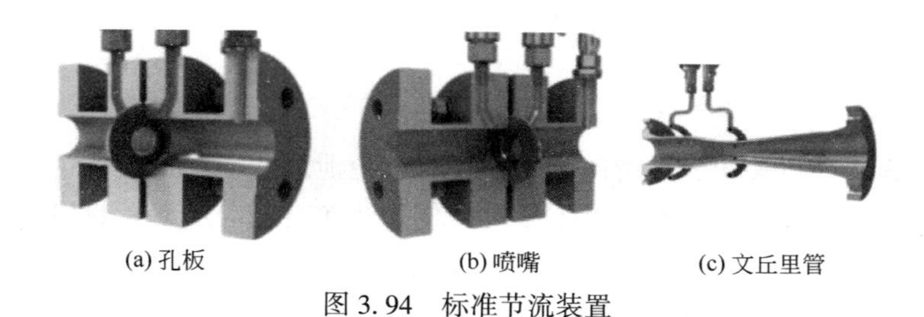

图 3.94　标准节流装置

（2）非标准节流装置：与标准节流元件相异，无标准文件，需实流标定，包括平衡、楔形、锥形、弯管、矩形、匀速管等类型，如图 3.95 所示。

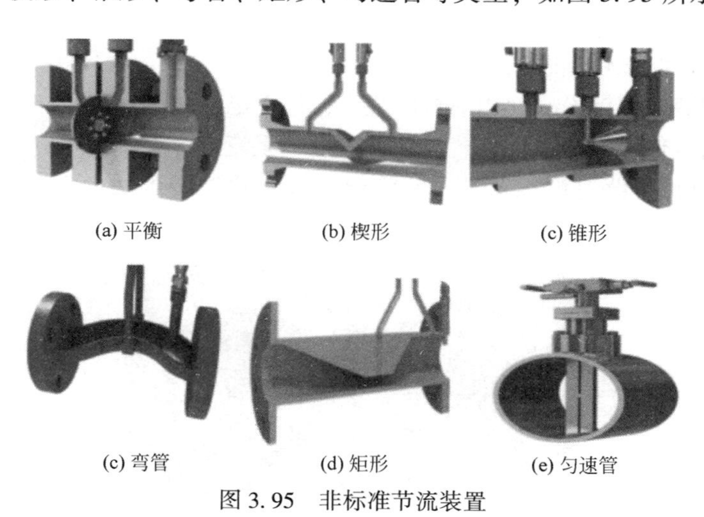

图 3.95　非标准节流装置

3.7.3 一体化差压流量计安装

3.7.3.1 工具、用具准备

工具、用具如图 3.96 所示。

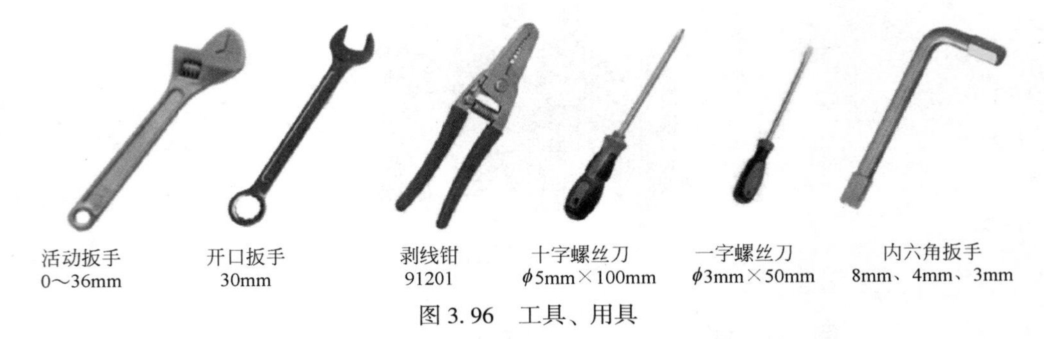

图 3.96 工具、用具

3.7.3.2 标准化操作步骤

（1）确认井口关闭、下游阀门关闭，对管道泄压放空；

（2）使用防爆工具打开法兰连接处，使用法兰盲板对上下游封堵；

（3）使用氮气对管线进行吹扫置换，用可燃气体检测器检测管道内可燃气体浓度小于 5%方可进行动火作业；

（4）对管线进行切割，焊接工艺法兰；

（5）对焊点进行质量检验；

（6）管道喷漆；

（7）水压测试焊接管线；

（8）铠装电缆铺设，使用前对电缆进行绝缘电阻测试；

（9）信号传输线穿镀锌管、防爆管，预埋至流量计安装位置；

（10）金属缠绕垫涂抹黄油，并将金属缠绕垫安装到法兰上，如图 3.97 所示，安装结果如图 3.98 所示；

图 3.97 金属缠绕垫

（11）用螺栓连接流量计法兰与管道法兰，对角紧固，并确保与管道同轴。

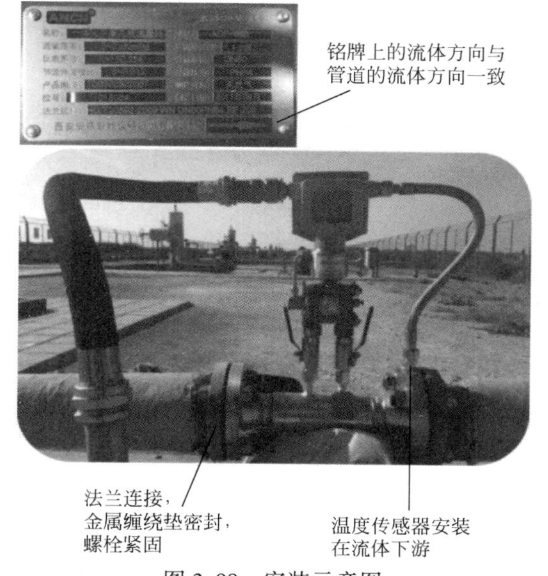

图 3.98　安装示意图

3.7.3.3　电气连接

根据电气接线图进行电气连接，如图 3.99 所示。

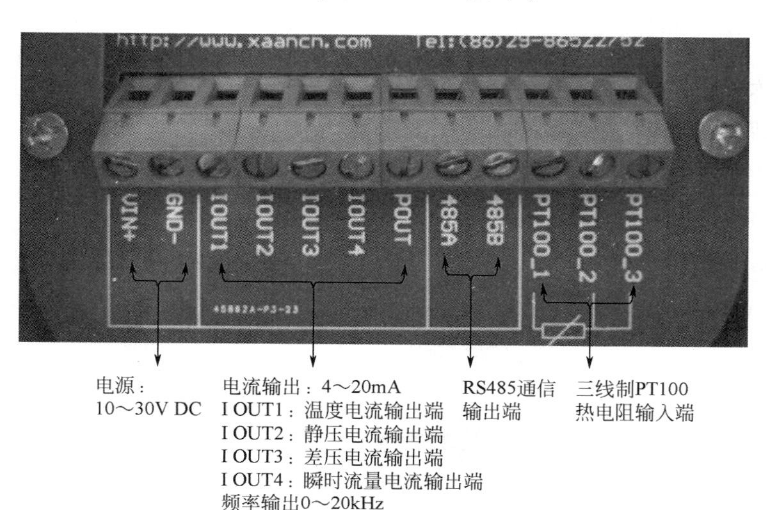

图 3.99　电气连接图

（1）安装后盖，紧固表头顶丝，安装流量计支架，现场安装结果如图 3.100 所示；

（2）关闭流量计泄压阀，打开流量计引压球阀。

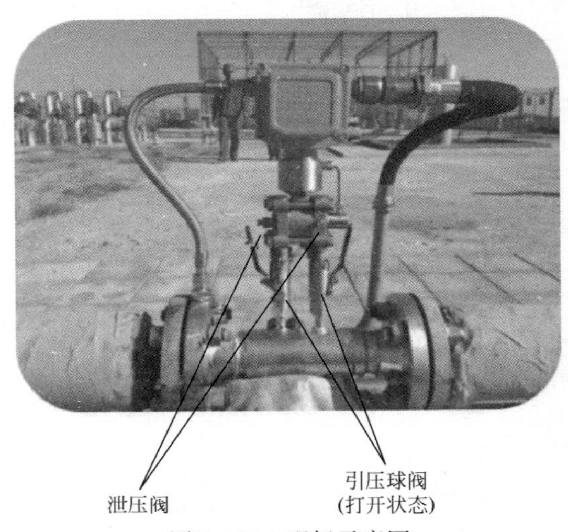

图 3.100　现场示意图

3.7.4　一体化差压流量计调试

3.7.4.1　按键操作

1）按键定义

按键如图 3.101 所示，其功能定义见表 3.10。

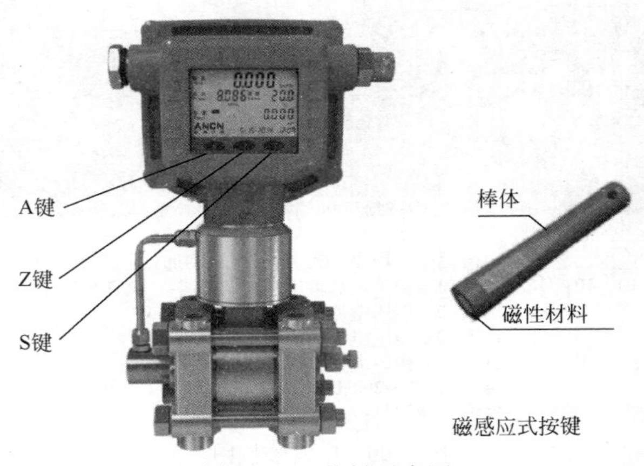

图 3.101　按键示意图

表 3.10 按键功能定义

按键	功能定义	
	显示状态/测量状态	设置状态
设置 S 键	进入设置状态	确认，保存，返回上一级菜单
开关 A 键	开机，关机	末尾数字累加 1
校零 Z 键	零位校准	数字位左移一位，末尾补 0

2）仪表解锁

解锁：输入密码“2704”后，按“S”键确定，将显示“unlock”，表示当前菜单已经解锁，可以输入其他密码，进入相应功能菜单。解锁 10min 后，系统自动将菜单上锁上，锁状态下，除了输入“菜单解锁”密码，其他密码均无作用。

3）通信参数设置

（1）地址设置。输入密码“485”后，按“S”键确定，提示“Addr”，延时 1s 后显示当前地址。按“A”键对个位数字进行向上累加，按“Z”键对整体数字向左移位，地址最多为 3 位，且有效地址为 1～255。待地址设置完毕后，按“S”键确定，若提示“Err”，则表示设置有误，本次操作无效并返回默认显示界面；若提示“done”，则表示设置成功，延时 1s 后返回默认显示界面。

（2）波特率设置。输入密码“1485”后，按“S”键确定，系统显示当前波特率对应的数值，按“A”键、“Z”键选择希望使用的波特率，按“S”键确定，提示“done”，表示设置完毕，延时 1s 后返回默认显示界面，数值对应的波特率表 3.11。

表 3.11 数值对应的波特率

数值	0	1	2	3	4
波特率	1200	2400	4800	9600	19200

4）流量系数设置

输入密码“1656”后，按“S”键确定，将显示当前流量系数（系数与对应计算书和节流装置牌系数设置一致）。按“A”键对最后一位数字进行向上累加，按“Z”建对整体数字向左移位，该系数为浮点型，最多为 3 位小数。待系数设置完毕后，按“S”键确定，将提示“done”，表示设置成功，延时 1s 后返回默认显示界面。

5）小信号切除

输入密码“3301”后，按“S”键确定，将显示当前差压小信号切除系数，该系数有效范围为 0～0.999（过滤差压零波动与零点修正范围）。按“A”键对最后一位数字进行向上累加，按“Z”键对整体数字向左移位，当系数输入完毕后，按“S”键确定，将提示“done”，延时1s后返回默认显示界面。

6）大气压设置

输入密码“1655”后，按“S”键确定，仪表将显示当前绝压系数，核对是否与当地标准大气压一致，如不一致将其更改为当地标准大气压。按“A”键对最后一位数字进行向上累加，按“Z”键对整体数字向左移位，该系数为浮点型，最多为3位小数。若要重新设置该系数，可一直按“Z”键对数字进行左移，直到显示为0（系统中系数清零的方法均为这样，后面不再描述），然后再进行设置。待系数设置完毕后，按“S”键确定，将提示“done”，表示设置成功，延时1s后返回默认显示界面。

7）时间设置

输入密码“1800”，当进入设置界面后，液晶显示屏右下方日期时间中待修改数字会闪烁，按“A”键进行向上累加，按“Z”键切换预修改的数字位，待全部日期时间数字位修改完毕，按“S”键显示“done”，延时1s后保存并返回默认显示界面。注：系统不会对所设定日期时间合理性进行检查。

8）数据格式设置

输入密码“3100”后，按“S”键确定，将显示当前值，当前值有效范围为0~1。按“A”键对当前值进行向上累加，当前值输入完毕后，按“S”键确定，将提示“done”，延时1s后返回默认显示界面。

3.7.4.2 通信测试

测试工具如图3.102所示。

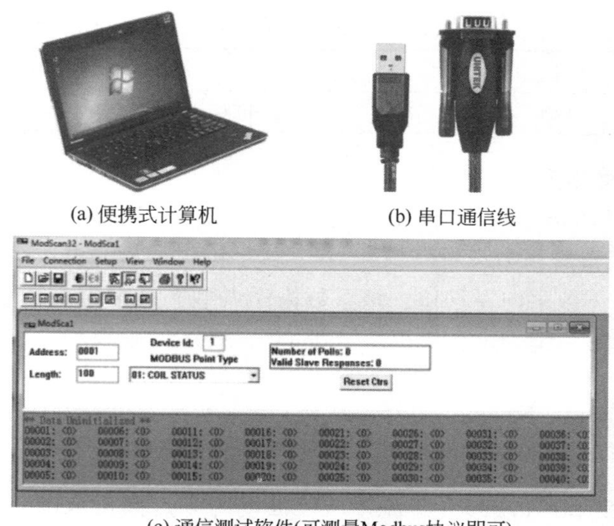

(a) 便携式计算机

(b) 串口通信线

(c) 通信测试软件(可测量Modbus协议即可)

图3.102 测试工具

测试方法如下：

（1）安装 ModScan32 软件。

（2）连接串口通信线。连接线 USB 转 485 通信线到仪表 485 通信口，注意连接 RS485A、RS485B 接线位置准确。USB 线插入计算机。

（3）仪表通电。

（4）查询 USB 串口端口号，如图 3.103 所示。

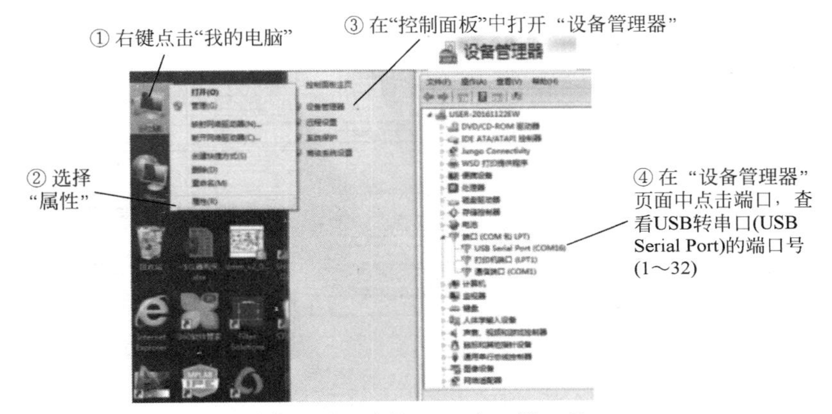

图 3.103　查询 USB 串口端口号

① 打开 ModScan32 软件，通信连接如图 3.104 所示。

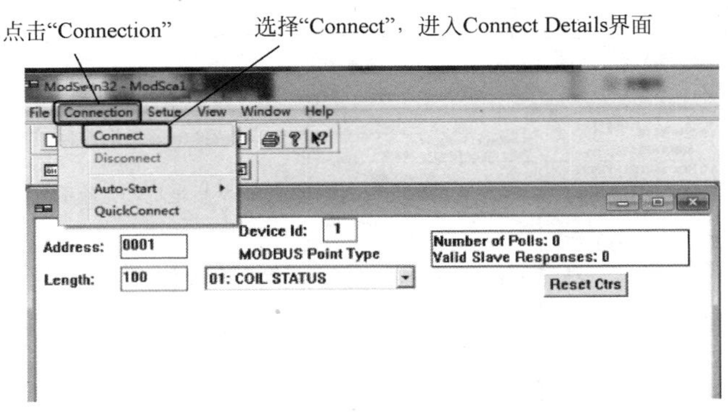

图 3.104　通信连接设置

② 设置连接参数，如图 3.105 和图 3.106 所示，不同功能的参数见表 3.12。软件设置如图 3.107 所示。

表 3.12　不同功能的参数表

功能	地址	字节数	数据格式
瞬时流量	40001	4	32 位浮点数

续表

功能	地址	字节数	数据格式
累计流量	40003	4	32 位浮点数
管道温度	40005	4	32 位有符号整型/32 位浮点数
管道绝对压力	40007	4	32 位有符号整型/32 位浮点数
管道差压	40009	4	32 位有符号整型/32 位浮点数

注：管道温度、管道绝对压力、管道差压出厂是 32 位有符号整型，可设置为 32 位浮点数；功能码为“03”。

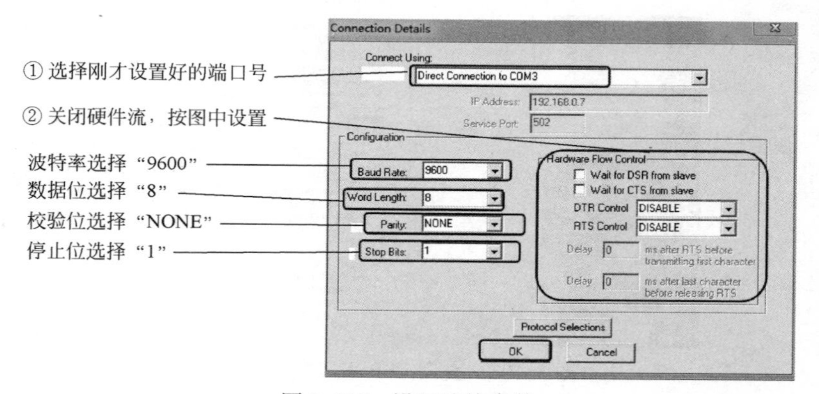

图 3.105　设置连接参数

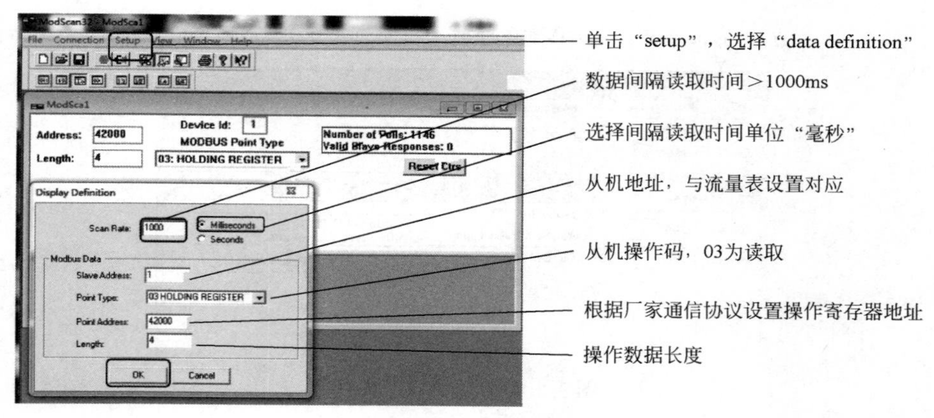

图 3.106　设置参数

3.7.5　一体化差压流量计故障处理

处理故障的基本思路是：(1) 检查静压、差压传感器的零位是否在设计范围内。静压为当地大气压（0.097MPa 左右），差压值在放空时为 0kPa。(2) 检查流量计仪表系数与铭牌数据是否相同。

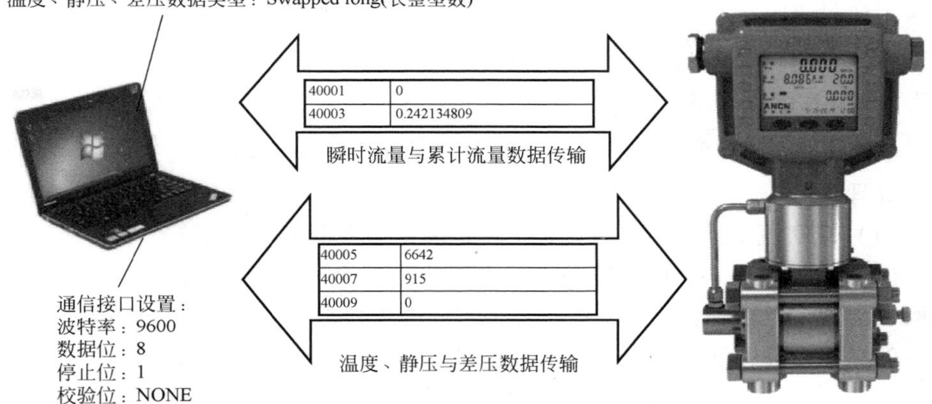

图 3.107　软件设置

3.7.5.1　故障类型 1

故障类型 1：差压、静压零点漂移现象。多参量流量计阀门如图 3.108 所示。

处理方法：

(1) 将高低压端引压管球阀转至水平位置，关闭，截流。

(2) 打开高低压端泄压阀对传感器内部进行放空，注意泄压孔位置，注意安全。

(3) 输入密码“2704”解锁，再输入密码“1255”进行差压零位修正；或者输入密码“1256”进行静压零位修正。

(4) 当静压、差压通大气时，若零点误差超过可修正范围，则需联系售后解决。

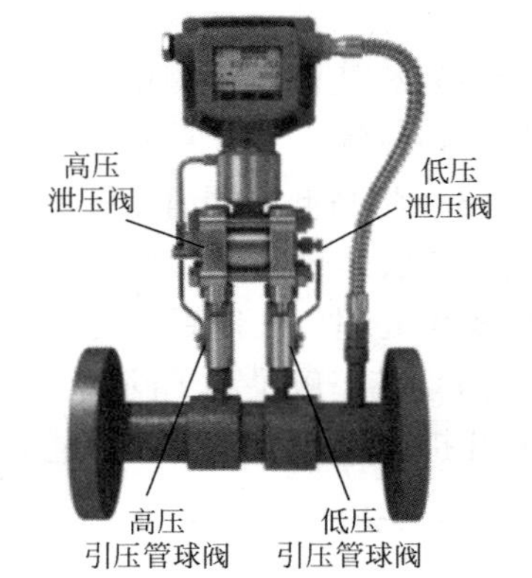

图 3.108　多参量流量计阀门示意图

3.7.5.2　故障类型 2

故障类型 2：正常生产，流量计无流量显示。

处理方法：

(1) 核实流量计流出系数设置是否正确，输入密码“1656”。

(2) 将高低压端引压管球阀转至水平位置，关闭流量计。

（3）放空传感器泄压阀，观察差压是否为零，静压是否为大气压，如果不是则进行差压零位修正和静压零位修正；处理后恢复正常测量状态，如果检测出流量则处理完成。

（4）使用扳手缓慢从流量计低压泄压阀排介质，模拟流体流动状态，同时观察差压是否随着介质流出速度增大而增大，如果正常判定流量计工作正常，故障判定为流量计测量范围超过配产值。

3.7.5.3 故障类型 3

故障类型 3：正常生产，流量计流量超过配产量。

处理方法：

（1）核实流量计流出系数设置是否正确，输入密码“1656”。

（2）将高低压端引压管球阀转至水平位置，关闭流量计；传感器部分放空，判断引压管是否堵塞，观察差压是否为零，静压是否为大气压，如果不是则进行相应的操作处理；处理后恢复正常测量状态，再次观察检测流量是否正常。

（3）需要判断流量计节流件是否堵塞，堵塞会导致节流开孔缩小、差压变大、测量值错误；整体拆除流量计，观察是否存在堵塞。

3.7.5.4 故障类型 4

故障类型 4：正常生产，流量计流量低于配产量。

处理方法：

（1）核实流量计流出系数设置是否正确，输入密码“1656”。

（2）核实流量计测量范围，如果配产值远低于流量计测量范围会导致差压测量在临界状态，需要更换节流装置。

（3）将高低压端引压管球阀转至水平位置，关闭流量计，传感器部分放空，判断引压管是否堵塞，观察差压是否为零，静压是否为大气压，如果不是则进行相应操作处理；处理后恢复正常测量状态，再次观察检测流量是否正常。

（4）若仍解决不了问题，需要判断流量计节流件是否磨损，磨损会导致节流开孔扩大、差压变小、测量值错误，整体拆除流量计，观察节流件是否破损。

3.7.5.5 故障类型 5

故障类型 5：正常生产，流量计波动较大。

处理方法：

（1）将高低压端引压管球阀转至水平位置，关闭流量计；观察流量计是否存在波动，如果不波动则认为管道内流通的介质波动，如果仍存在波动则流量计检测传感器故障。

（2）使用扳手缓慢从流量计高低压泄压阀排介质，观察介质内是否存在杂质，测量气体时如果存在水等液体时测量差压跳动比较大，随之流量波动会很大。

（3）若仍解决不了问题，需要判断流量计节流件是否磨损，磨损会导致节流开孔扩大差压变小测量值错误，整体拆除流量计，观察节流件是否破损。

3.7.5.6　故障类型 6

故障类型 6：停产，流量计显示流量。

处理方法：

（1）将高低压端引压管球阀转至水平位置，关闭流量计；传感器部分放空，观察引压管是否堵塞，观察差压是否为零，静压是否为大气压，如果不是进行相应操作处理。

（2）如果仍存在流量，使用扳手缓慢从流量计高低压泄压阀排介质，观察流出介质内是否存在大量杂质，一般情况测量气体如果存在水时，在介质不流动的情况下会堵塞在高压或低压端，造成差压、产生流量。

3.7.6　一体化差压流量计日常维护

3.7.6.1　电气连接处的检查

（1）定期检查接线端子的电缆连接，确认端子接线牢固；

（2）定期检查导线是否有老化、破损的现象。

3.7.6.2　产品密封性的检查

（1）定期检查取压管路及阀门接头处有无渗漏现象；

（2）定期检查电缆进线口是否有密封不严或密封圈老化、破损现象；

（3）定期检查壳体前后盖是否有未拧紧或密封圈老化、破损现象。

3.7.6.3　特殊介质下使用的检查

对于含大量泥砂、污物的介质，应当定期排污、清洗浮球。

3.7.6.4　电池

定期检查电池电量是否充足，对需要更换的应选择相同型号电池。

3.8　磁电式稳流测控装置

3.8.1　基础概念

磁电式稳流测控装置把插入式磁电旋涡流量计、流量调节器、智能化控制器等三部分组合成一体，特别适用于油田稳流注水。该产品具有结构简单美观、流量设置方便、信号远传输出、微电脑控制流量调节、耐腐蚀、耐高压、手动自动两用等特点。其独有的插入式磁电旋涡流量计机芯，防卡防堵，具有水平式高精度和角式易拆卸的特点，方便现场的使用和维护。磁电式稳流测控装置结构如图 3. 109 所示。

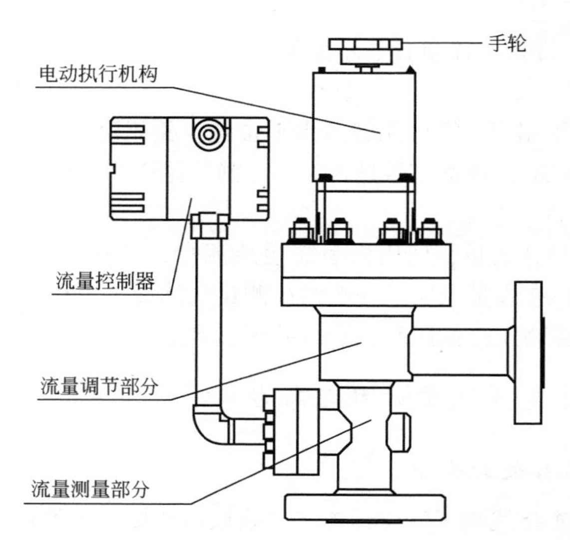

图 3. 109　磁电式稳流测控装置结构图

3. 8. 2　工作原理

磁电式稳流测控装置的工作原理是：智能控制器将流量设定值与流量计检测到的流量值进行比较，当检测到的流量值跟设定值不一致时，智能控制器开启，自动调节流量到设定值。磁电式稳流测控装置的流量计采用插入式磁电流量计结构，无叶轮等转动部件，防堵防卡，特别适用于油田污水回注。

插入式磁电流量计工作原理是：根据法拉第电磁感应原理，当导电流体通过独特的含有强磁力线管道时，就会产生电磁感应电动势，将电动势检出进行处理，即可实现对流量的测量。

3. 8. 3　特点

（1）独特的插入式磁电旋涡流量计机芯，把测量管、旋涡发生体与传感器合为一体，无叶轮等转动部件，防卡防堵，计量精度高，方便拆卸和日常维护，且可以独立标定。

（2）具备红外遥控功能，能方便地设定和查看流量参数（包括设定流量，查看日总流量、月总流量、日期、时间及流量百分比）。测控装置流量调节器采用高硬度合金，电动机与调节器一体化设计，稳流调节精度高。

（3）密封部分采用高硬度合金，提高抗冲蚀性能。

（4）高减速比的涡轮副使手动操作时感觉非常轻松。

（5）显示器配备电池，停电时能正常显示流量。

（6）测控装置带 485 标准信号输出，可以实现计算机和仪表的对话，直接在计算机上设置流量，便于远程监控。

3.8.4 使用说明

按键如图 3.110 所示，使用说明如下：

（1）模式键：由测量状态转换为参数设置状态。▲（加 1 键）——数据+1 或流量设定；▼（减 1 键）——数据-1。

（2）移位键：数据设置移位或手动/自动状态转换。

（3）手动/自动切换：在正常测量状态下，每按键一下，实现手动/自动转换。显示屏显示“HA”表示手动状态，无显示表示自动状态。

（4）自动状态下流量设定：选定自动状态，按▲键一下，显示屏左上角显示序号“80”，再按▲或▼键完成对控制流量值的设定，最后按“EXIT”键确认退出。

（5）手动状态下流量调节：选定手动状态，按住▲键，电动阀开始正调节，放开正调节结束。按住▼键，电动阀开始反调节，放开反调节结束。

（6）458 通信地址设置：在测量状态下，按▲键一下，进入参数设定状态，显示功号“00”，再按▲键一下，显示功号“11”，然后按“enter”键一下，第一位数开始闪烁，这时可以按▲或▼键更改数据，按键移位，设置完按键确认。

图 3.110 按键使用方式图

3.8.5 维修注意事项

（1）在各注水站和配水间维修仪表时，要多问多看，听从当班人员的安排，遵守油田的各种安全操作规程和制度。

（2）拆卸测控装置时，一定要先泄压和断电，以免发生危险。

（3）遇到问题时，首先要排除是不是注水流程上的问题，各个阀门是否已经打开，压力是否合适，再找仪表本身的问题。

（4）仪表系数千万不要随便更改。

3.9 雷达液位计

3.9.1 概述

雷达液位计属于通用型雷达液位计，它基于时间行程原理的测量仪表，雷达波以光速运行，运行时间可以通过电子部件被转换成物位信号。探头发出高频脉冲在空间以光速传播，当脉冲遇到物料表面时反射回来被仪表内的接收器接收，并将距离信号转化为物位信号。

雷达液位计发射能量很低的极短的微波脉冲，通过天线系统发射并接收。一种特殊的时间延伸方法可以确保极短时间内稳定和精确的测量。即使在工况比较复杂的情况下，存在虚假回波，用最新的微处理技术和调试软件也可以准确地分析出物位的回波。

E+H 雷达液位计是德国 E+H 公司的一款用于计量物位的仪表。

3.9.2 雷达液位计工作原理

3.9.2.1 测量原理

雷达液位计是依据时域反射原理（TDR）为基础的液位计，雷达液位计的电磁脉冲以光速传播，当遇到被测介质表面时，部分脉冲被反射形成回波并沿相同路径返回到脉冲发射装置，发射装置与被测介质表面的距离同脉冲在其间的传播时间成正比，经计算得出液位高度，如图 3.111 所示。

3.9.2.2 天线基础

在发射的时间间隔里，天线系统作为接收装置使用。仪表分析、处理运行时间小于十亿分之一秒的回波信号，并在极短的一瞬间分析处理回波。

1）天线的作用

（1）波阻匹配以优化能量传播；

（2）使发射的微波能量具有方向性；

（3）收集反射的微波能量。

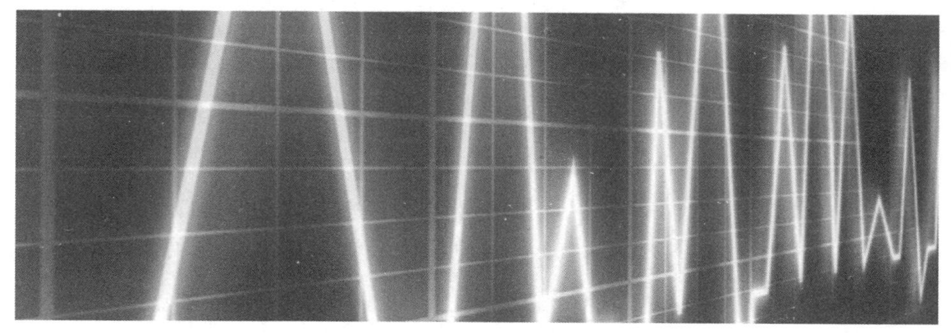

图 3.111　测量原理

2）大尺寸喇叭天线的优势

（1）变化的阻值会引起错误；

（2）更少的衍射以及更好的聚焦；

（3）喇叭越大，孔径越大，有更多的能量被接收，不同尺寸的天线测量效果如图 3.112 所示。

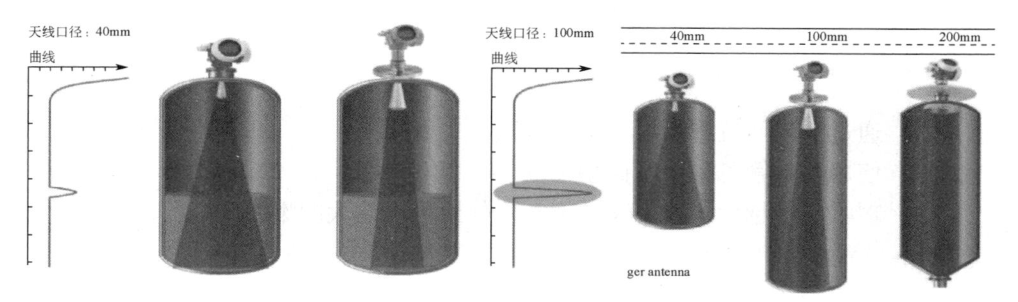

图 3.112　不同尺寸的天线测量效果示意图

3.9.3　雷达液位计的安装

3.9.3.1　工具、用具准备

安装及调试雷达液位计，需要准备的工具、用具有活动扳手、开口扳手、剥线钳、十字螺丝刀、一字螺丝刀、内六角扳手等。

3.9.3.2　接线

分离腔室外壳，接线柱如图 3.113 所示，需注意：

（1）供电必须和铭牌上的数据一致；

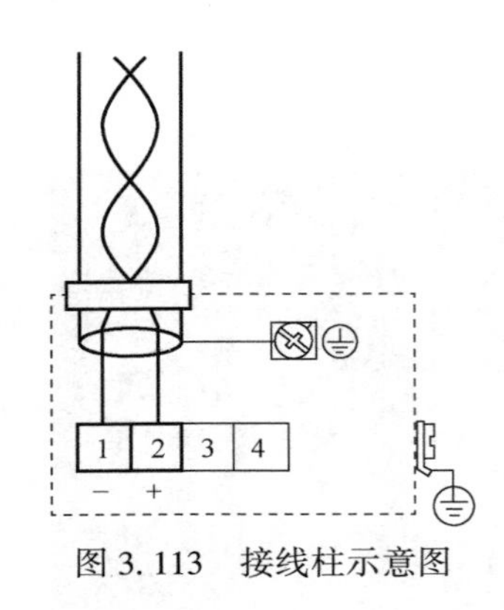

图 3.113　接线柱示意图

（2）接线前先关闭电源；

（3）使用带屏蔽的双绞线；

（4）接线后拧紧进线孔缆塞和表盖。

3.9.3.3　安装示例

安装位置选择示例如图 3.114 所示。

3.9.3.4　注意事项

若容器内有障碍物，注意事项如下：

（1）避免任何装置，如限位开关、温度传感器等，进入波速通道。

（2）对称结构的装置，例如加热盘管，挡板等，同样会影响测量。

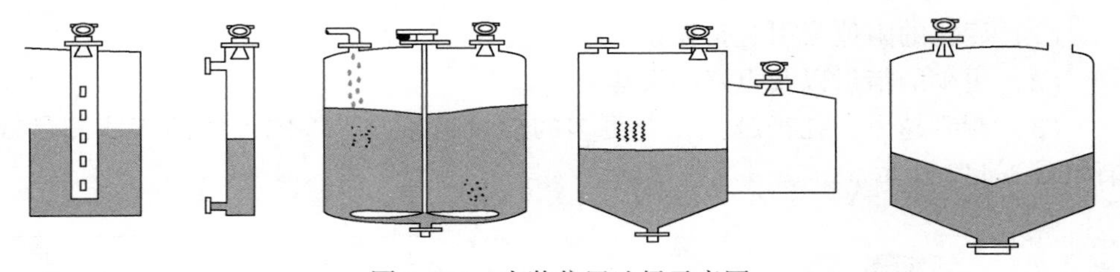
图 3.114　安装位置选择示意图

（3）通过使用回波抑制可以优化测量。

（4）使用导波管可避免障碍物干扰。

（5）喇叭天线越大，波束角越小，应使用尽可能大的喇叭天线。

安装位置如图 3.115 所示，注意事项如下：

（1）不要装在入料口上方。

（2）不要装在正中间，受到干扰会造成信号丢失。

（3）建议安装在距离罐壁至少约 1/6 罐径处。

（4）使用遮阳罩减小阳光直射及雨水对仪表的影响。

喇叭天线位置如图 3.116 所示，注意事项如下：

（1）天线末端伸出安装短管。

（2）如果现场无法实现，安装天线延伸管。

（3）选取尽可能大的喇叭天线。

（4）测量零点起始于螺纹口下沿或者法兰下沿。

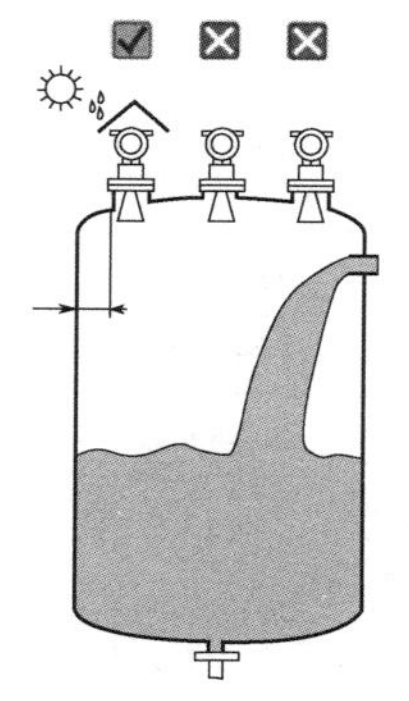

图 3.115　安装位置示意图

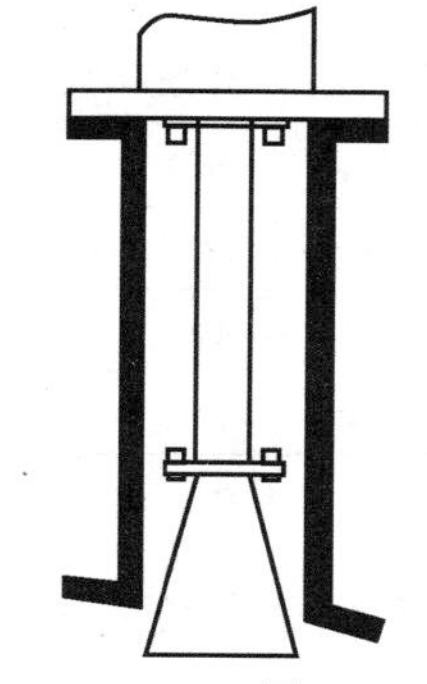

图 3.116　喇叭天线选择示意图

电磁场需考虑如下内容：

（1）优化 Micropilot，减小罐壁和障碍物的影响；

（2）容器内安装标记要对准容器壁；

（3）导波管中安装标记要对准导波管开孔；

（4）旁通管安装标记要垂直于罐体连接处。

3.9.4　雷达液位计的调试

3.9.4.1　显示面板操作

显示面板操作如图 3.117 所示。

（1）退出：在编辑参数时，不保存修改，退出编辑模式；在菜单导航时，返回上一层菜单。

（2）增加对比度：增加显示模块的对比度。

（3）减小对比度：减小显示模块的对比度。

（4）锁定/解锁：锁定仪表防止参数修改，再次同时按下可以解锁。

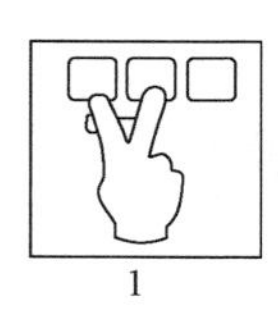

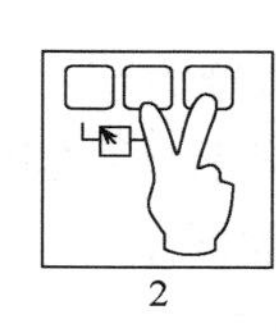

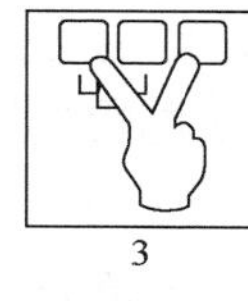

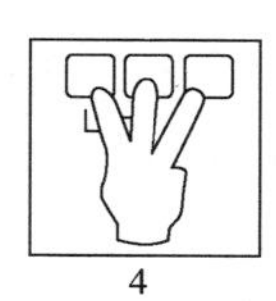

图 3.117　按键操作方法

3.9.4.2　基本设置

1）介质类型选择设置

介质参数见表 3.13。随着介质类型的选定，随后的“Basic Setup”输入参数会自动进行调整。

表 3.13　介质参数

类型	液体（liquid）	固体（solid）
tank shape	flat ceiling	metal silo
medium property	DC：4~10	DC：1.9~2.5V DC
process condition	fast change	fast change

2）设置过程

参数设置见表 3.14。关于介质介电常数的相关信息可以在“E+H DC handbook”中查找。改变“tank shape”“medium property”或者“process conditions”会直接影响内部参数。

表 3.14　参数设置

序号	tank shape	medium property	process condition
1	dome ceiling	unknown	standard
2	horizontally	DC：<1.9	calm surface
3	bypass	DC：1.9~4	turb. surface
4	stilling well	DC：4~10	add. agitator
5	sphere	DCz：>10	test：no filter

3）测量范围设置

（1）空标：从过程连接开始的距离（如法兰）；空标值被分配予 4mA（只对于 HART）。

（2）满标：起始点是之前设定的空标距离；满标值相当于 20mA（只对于 HART）。

4）回波抑制设置

（1）检查距离：

“distance = ok”——抑制范围为物位信号前部；

“distance too small”——所测得的距离不是真实的物位；

“distance too big”——物位信号可能被屏蔽；

“distance unknown”——无法进行回波抑制；

“manual”——手动选择抑制范围。

（2）抑制范围：对于“distance = ok”和“distance too small”会显示建议的抑制距离；“manual”用户必须输入所做抑制范围

（3）开始抑制：在回波抑制过程中，“W512-recording of mapping please wait”将会出现。

3.9.4.3　油罐的基本设置

油罐如图 3.118 所示，罐高 6m，目前是空罐。图 3.118 中，E 为空标（=零点），F 为满标（=量程）。设置过程如图 3.119 所示。

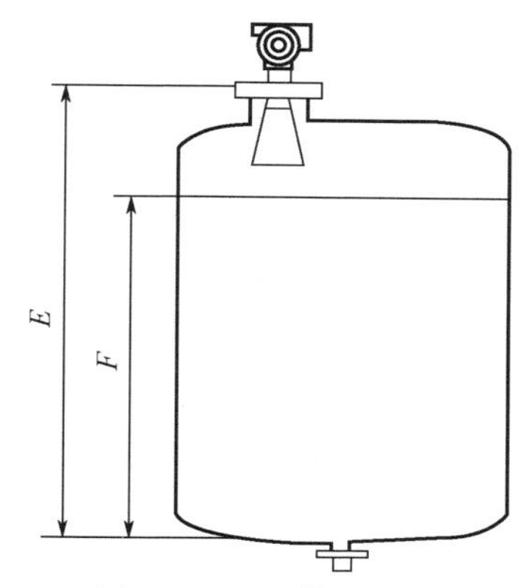

图 3.118　油罐示意图

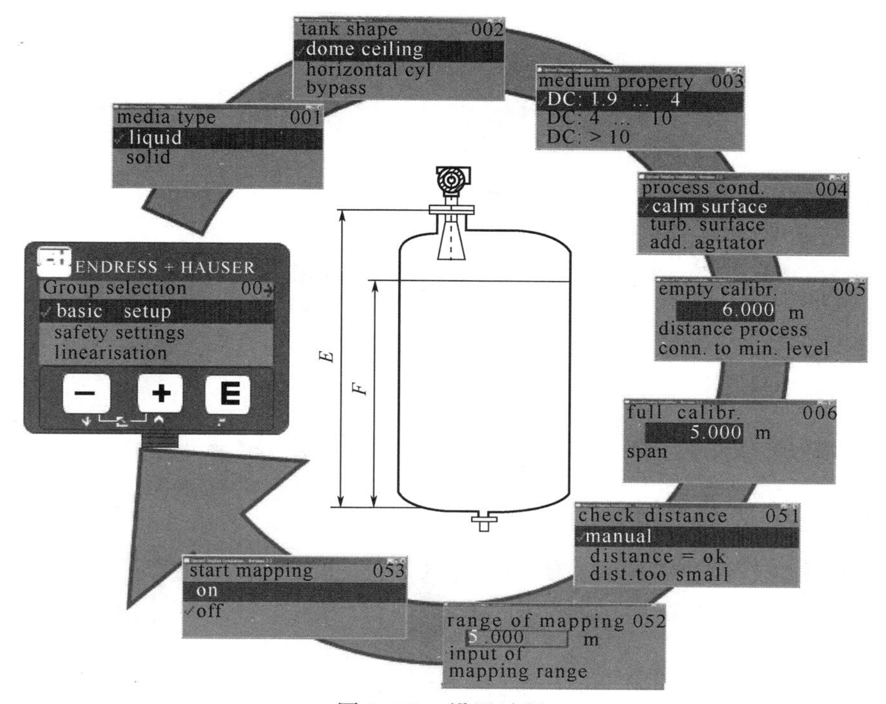

图 3.119　设置过程

3.10 磁致伸缩液位计

磁致伸缩液位计是一种可进行连续液位、界面测量，并提供用于监视和控制的模拟信号输出的测量仪表。

3.10.1 磁致伸缩液位计工作原理

磁致伸缩液位计主要由测杆、电子仓和套在测杆上的非接触的浮球或磁环（内装有磁铁）组成。磁致伸缩液位计的传感器工作时，传感器的电路部分将在波导丝上激励出脉冲电流，该电流沿波导丝传播时会在波导丝的周围产生脉冲电流磁场。在磁致伸缩液位计的传感器杆外配有一浮子，此浮子可以沿测杆随液位的变化而上下移动。在浮子内部有一组永久磁环。当脉冲电流磁场与浮子产生的磁环磁场相遇时，浮子周围的磁场发生改变，从而使得波导丝在浮子所在的位置产生一个扭转波脉冲，这个脉冲以固定的速度沿波导丝传回并由检出机构检出。通过测量脉冲电流与扭转波的时间差，可以精确地确定浮子所在的位置，即液面的位置，如图 3.120 所示。

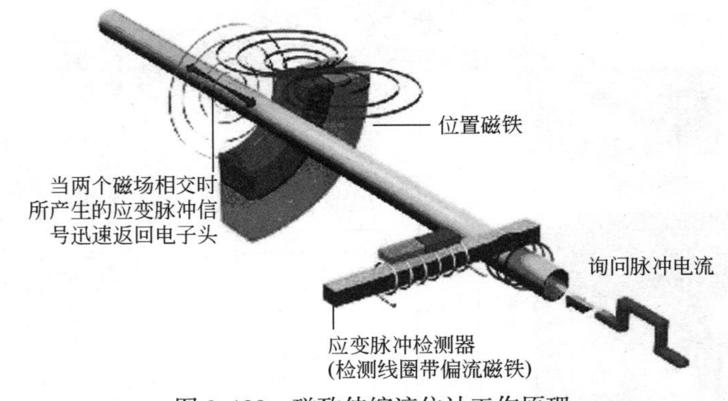

图 3.120 磁致伸缩液位计工作原理

3.10.2 磁致伸缩液位计结构

浮球液位计主要由表头、传感器（电子仓、测杆）、防腐管（选配）、浮球组成。根据测量介质分为单液位计、双液位计、三液位计；根据测量长度分为硬杆液位计（图 3.121）、柔性液位计（图 3.122）。

磁翻板液位计主要由内置传感器测杆、表头、浮球、浮筒、磁翻板、温控器部分组成，如图 3.123 所示。

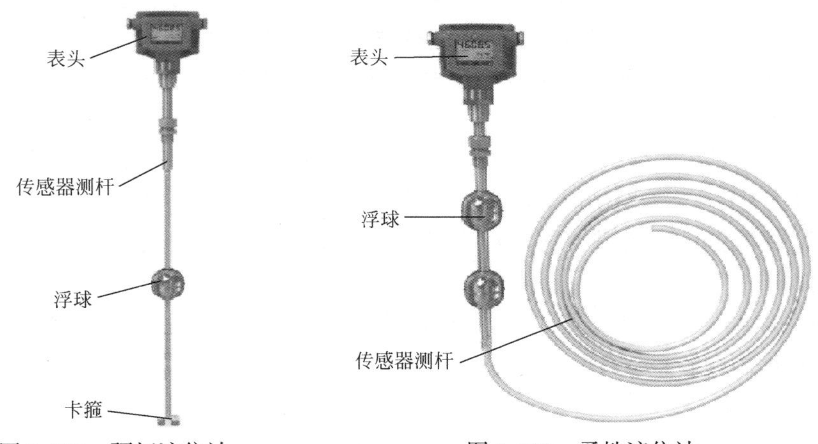

图 3.121　硬杆液位计　　　　图 3.122　柔性液位计

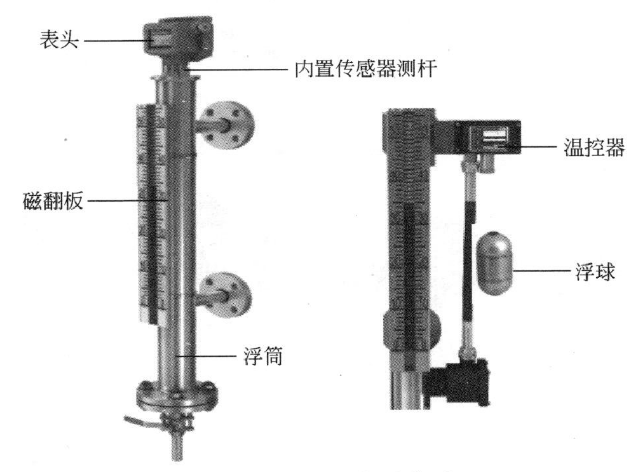

图 3.123　磁翻板液位计

3.10.3　磁致伸缩液位计安装

下面以安森公司的磁致伸缩液位计为例进行说明。

3.10.3.1　工具、用具准备

工具、用具如图 3.124 所示。

3.10.3.2　标准化操作步骤

(1) 核对产品型号、参数及其配件，如图 3.125 所示。

(2) 核对产品的连接方式及安装尺寸。安装连接方式如图 3.126 所示。安

装螺纹尺寸为：顶部法兰，M27mm×2mm（外螺纹）；顶部螺纹，M20mm×1.5mm（外螺纹）；侧边浮筒，M18mm×1.5mm（外螺纹）。

（3）将法兰安装到液位计传感器测杆上，法兰的密封面朝下，法兰螺纹尺寸必须与液位计的螺纹相符。

（4）根据浮球的标识将浮球安装到传感器测杆上，油密度的浮球在上，水密度的浮球在下，浮球的方向不可颠倒，测杆末尾用卡箍锁紧，如图3.127所示。

（5）将液位计安装进罐内，对准安装法兰并用螺栓对角紧固，必须加密封垫片，如图3.128所示。

（6）确认产品的接线方式：断开电源，严格按照仪表接线示意图接线，如图3.129所示，端子定义见表3.15。

（7）接通电源，检查仪表显示。

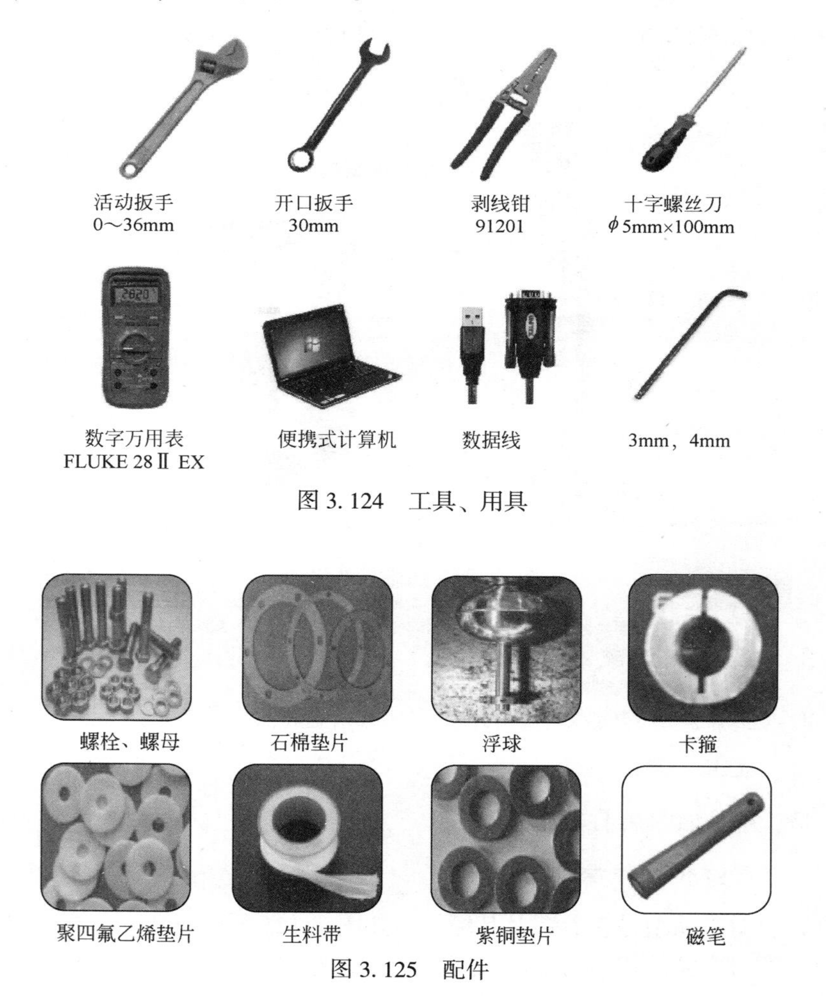

图3.124　工具、用具

图3.125　配件

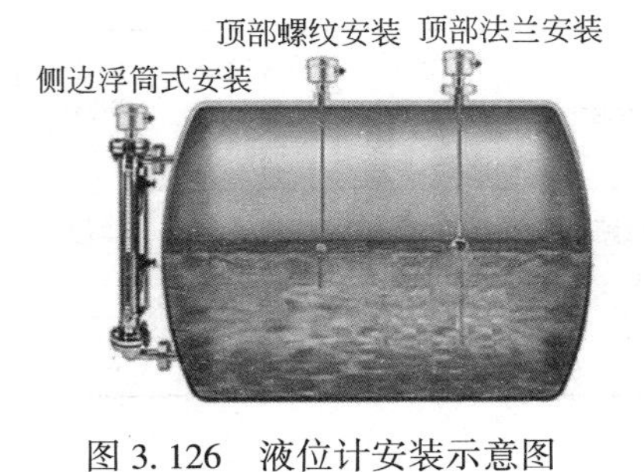

图 3.126　液位计安装示意图

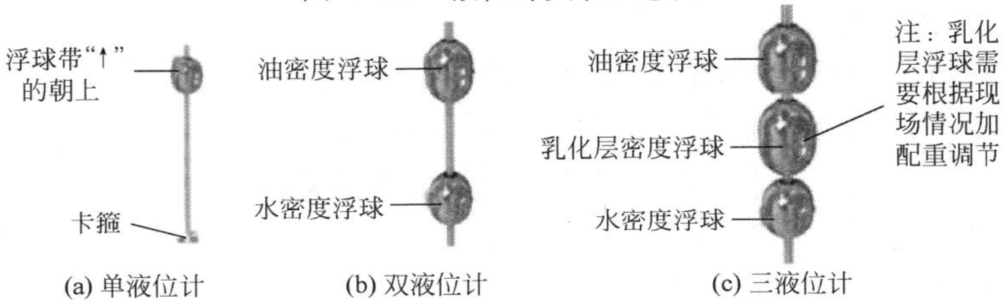

浮球带“↑”的朝上

卡箍

(a) 单液位计

油密度浮球

水密度浮球

(b) 双液位计

油密度浮球

乳化层密度浮球

水密度浮球

注：乳化层浮球需要根据现场情况加配重调节

(c) 三液位计

图 3.127　浮球安装示意图

图 3.128　法兰安装示意图

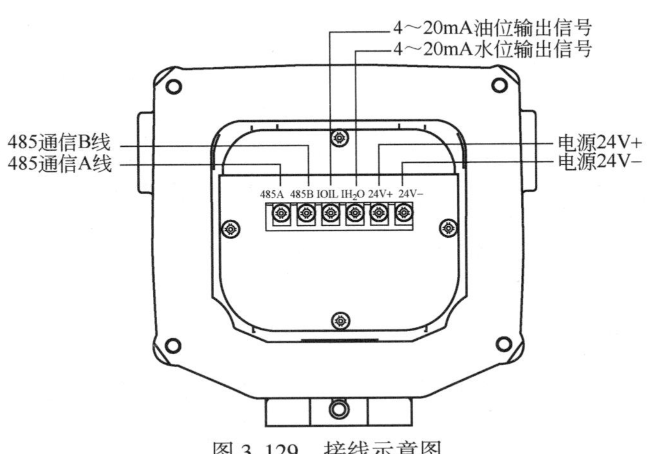

图 3.129　接线示意图

表 3.15　端子定义表

接线端子定义			485B	485A	IOIL	IH_2O	24V+	24V−
接线方法	单液位	输出：4~20mA	—	—	—	—	电源+	电源−
		输出：RS485	RS485B	RS485A	—	—	电源+	电源−
		输出：RS485+两路三线制 4~20mA 电流	RS485B	RS485A	—	液位电流输出	电源+	电源−

续表

<table>
<tr><td colspan="3">接线端子定义</td><td>485B</td><td>485A</td><td>IOIL</td><td>IH_2O</td><td>24V+</td><td>24V-</td></tr>
<tr><td rowspan="3">接线方法</td><td rowspan="2">双液位</td><td>输出：RS485</td><td>RS485B</td><td>RS485A</td><td>—</td><td>—</td><td>电源+</td><td>电源-</td></tr>
<tr><td>输出：RS485+两路三线制 4~20mA 电流</td><td>RS485B</td><td>RS485A</td><td>油位电流输出</td><td>水位电流输出</td><td>电源+</td><td>电源-</td></tr>
<tr><td>三液位</td><td>输出：RS485</td><td>RS485B</td><td>RS485A</td><td>—</td><td>—</td><td>电源+</td><td>电源-</td></tr>
</table>

3.10.3.3　技术要求

（1）避开障碍物，避免浮球被卡、活动不畅。

（2）避开强磁场，避开有剧烈机械振动的部位。

（3）避开进液口，否则进液时容易引起浮球跳动；

（4）有“↑”标记的浮球一端朝上；

（5）浮球下限高出油泥（淤泥）；

（6）对于柔性液位计，还应当安装重锤，予以将测杆拉直，可避免测杆随意移动。

（7）电气连接部分：

① 根据通信线路的远近，应当选用 0.5mm^2 以上带屏蔽的 4 芯或 2 芯电缆。如果要减小压降，应使用铜芯的导线。

② 防爆现场接线要求：拆装前必须断开电源后方可开盖；隔爆型设备，电缆需套上防爆管；本质安全型设备，需要增加隔离栅。

3.10.4　磁致伸缩液位计调试

3.10.4.1　按键功能

按键功能如图 3.130 所示。

图 3.130　按键功能

3.10.4.2 单位设置

输入“1131”进入单位设置页面。按“A”键在“mm、cm、m”之间切换，选择好单位后按“S”键保存并退出，进入检测状态。

3.10.4.3 设置仪表上下限及空高

1）单液位计

（1）输入“1134”进入参数设置界面；

（2）仪表显示“Z”键表示液位下限设置，默认为0mm，可以设置一个大于0的数值，输入方法同密码输入方法，但不能超过液位上限；

（3）设置完液位下限后按“S”键保存，并同时进入“DEEP”液位上限设置，默认为2000mm，根据实际探杆长度进行设置；

（4）设置完液位上限后按“S”键保存，并同时进入“CORR”空高设置，默认为0mm，可根据现场需求进行更改；

（5）按“S”键保存并退出，进入检测状态。

2）双液位计（三液位计设置同双液位计）

（1）输入“1134”进入参数设置界面；

（2）仪表显示“OIL”此时设置油密度，按“A”键增加，“Z”键减少，默认为0.723；

（3）设置好后按“S”键保存并进入下一参数“HO”，此时设置水密度，按“A”键增加，“Z”键减少，默认为1.000；

（4）设置好后按“S”键保存并进入下一参数“HOz”，此时设置空高，按“A”键增加，“Z”键减少，默认为0.050m，可根据现场需求进行更改；

（5）设置好后按“S”键保存并进入下一参数“SPAN”，此时设置总高度，按“A”键增加，“Z”键减少，根据实际长度进行设置；

（6）按“S”键保存并退出，进入检测状态。

3.10.4.4 RS485通信设置

传输参数设置见表3.16。通信地址设置见表3.17。

表3.16 传输参数设置

参数	选择范围	默认值
波特率	2400、4800、9600、19200	9600
数据位	8位、7位	8位
校验位	无、奇校验/Odd、偶校验/Even	偶校验
起始位	1位	1位
停止位	1位、2位	1位

表 3.17 通信地址设置

通信地址	使用说明
0	广播地址，禁止用户使用
1~250	表通信地址（ID），用户可随意设置
251~255	保留，禁止用户使用

设置步骤为：

（1）按“S”键，显示“-CD-”，按“A”键和“Z”键，输入“485”，进入设置菜单；

（2）按“S”键确认，显示“bPS”，按“A”键选择波特率，默认为9600；

（3）按“S”键确认，显示“Addr”，按“A”键和“Z”键，设置地址为1~255；

（4）按“S”键确认，显示“CF”，按“A”键选择通信协议类型；

（5）按“S”键，保存通信参数，并返回检测状态。

3.10.4.5 常用设置指令

常用设置指令见表3.18。

表 3.18 常用设置指令

指令	名称	说明
1234	设置量程	设置上下限、空高
1131	单位切换	有3种单位进行切换
485	设置通信参数	RS485通信前，需要设置

3.10.5 磁致伸缩液位计故障处理

3.10.5.1 导致磁致伸缩液位计损坏的原因

（1）由于被雷击或瞬间电流过大，导致液位计的电路部分损坏，无法显示或通信；

（2）黏污介质在液位计浮球处长时间堆积，浮球无法顺畅移动，导致液位计测量精度失准；

（3）由于介质的长期侵蚀和冲刷，使卡箍出现腐蚀或变形，导致液位计浮球脱落，液位计没有液位显示；

（4）液位计电气接口密封圈老化，导致电路部分长时间处于潮湿环境中，电路部分发生短路损坏，使其不能正常工作。

3.10.5.2　液位计显示值异常的故障

液位计显示值异常的故障如下：

（1）表头显示“-802-”异常代码，表示传感器液位测量故障；

（2）表头显示“-810-”异常代码，表示等待传感器应答超时；

（3）液位计显示值与实际值差异较大。

其处理方法是：

（1）检查浮球，液位计浮球可能存在卡球或掉球现象，清除污渍，重新定位浮球；

（2）检查供电电压，供电电压可能不满足液位计工作电压，调节到正常工作电压；

（3）检查通信，若表头主板通信口损坏，则返厂维修；

（4）检查液位传感器与表头连接是否失效，若失效则返厂维修。

3.10.5.3　液位计显示异常的故障

液位计显示异常的故障如下：

（1）液位计不显示；

（2）液位计数字显示不全。

其处理方法是：

（1）检查变送器供电是否正常，如供电正常，则需返厂维修；

（2）更换液晶显示器，如依然不正常，则返厂维修。

3.10.5.4　液位计输出或通信异常的故障

液位计输出或通信异常的故障如下：

（1）电流信号输出异常；

（2）RS485 通信异常。

电流信号输出异常的处理步骤是：

（1）检查输入输出线路是否有短路、破损、接错、接反现象；

（2）测量供电电压是否达到 24V；

（3）检查仪表量程与采集设备参数是否一致；

（4）检查采集设备的 AI 接口是否有损坏；

（5）若输出信号依然异常，则需要返厂维修；

（6）电流值与显示值的换算公式为：$电流值=\frac{仪表显示值}{仪表满量程值}\times16+4$，$仪表显示值=\frac{电流值-4}{16}\times仪表满量程值$。

RS485 通信异常处理步骤是：

（1）检查电源通信线路是否有短路、破损、接错、接反现象；

（2）测量供电电压是否达到 10～30V；

（3）检查仪表通信地址波特率与采集设备参数设置是否一致；

（4）检查采集设备的通信指令是否符合规定的通信协议；

（5）检查采集设备的通信接口是否有损坏；

（6）若输出信号依然异常，则需要返厂维修。

3.10.6 磁致伸缩液位计日常维护

3.10.6.1 电气连接处的检查

（1）定期检查接线端子的电缆连接，确认端子接线牢固；

（2）定期检查导线是否有老化、破损的现象。

3.10.6.2 产品密封性的检查

（1）定期检查取压管路及阀门接头处有无渗漏现象；

（2）定期检查电缆进线口是否有密封不严或密封圈老化、破损现象；

（3）定期检查壳体前后盖是否有未拧紧或密封圈老化、破损现象。

3.10.6.3 特殊介质下使用的检查

对于含大量泥砂、污物的介质，应当定期排污、清洗浮球。

3.11 RTU 基础知识

3.11.1 RTU 基础概念

RTU（remote terminal unit），远程终端控制系统，是构成企业综合自动化系统的核心装置，通常由信号输入/输出模块、微处理器、有线/无线通信设备、电源及外壳等组成，由微处理器控制，并支持网络系统。它通过自身的软件（或智能软件）系统，可理想地实现企业中央监控与调度系统对生产现场一次仪表的遥测、遥控、遥信和遥调等功能。

RTU 是一种耐用的现场智能处理器，它支持 SCADA 控制中心与现场器件间的通信，是一个独立的数据获取与控制单元。它的作用是在远端控制现场设备，获得设备数据，并将数据传给 SCADA（数据采集与监视控制）系统的调度中心。

RTU 的发展历程与“三遥”（遥测、遥控、遥调）工程技术相关。“三遥”系统工程是多学科、多专业的高新技术系统工程，涉及计算机、机械、无线电、自动控制等技术，还涉及传感器技术、仪器仪表技术、非电量测量技术、软件工程、条码技术、无线电通信技术、数据通信技术、网络技术、信息处理技术等高新技术。在我国，随着国内工业企业 SCADA 系统的应用与发展，RTU 产品生产也受到了重视。进入 21 世纪以来，由于一批新兴的高新技术产业的出现与发展，国内 RTU 产品正在形成应有的市场。

有两种基本类型的 RTU：“单板 RTU”和“模块 RTU”。“单板 RTU”在一个板子中集中了所有的 I/O 接口。“模块 RTU”有一个单独的 CPU 模块，同时也可以有其他的附加模块，通常这些附加模块是通过加入一个通用的“backplane”来实现的（类似在 PC 机的主板上插入附加板卡）。

3.11.2　RTU 主要功能

RTU 能控制对输入的扫描，且通常是以很快的速度。它还可以对过程进行一些处理，如改变过程的状态，存储等待 SCADA 监控中心查询的数据。一些 RTU 能够主动向 SCADA 监控中心进行报告，但多数情况下还是 SCADA 监控中心对 RTU 进行选择。RTU 还有报警功能。当 RTU 受到 SCADA 监控中心的选择时，它需要对如“把所有数据上传”这样的要求进行响应，来完成一个控制功能。其主要功能表现为：

（1）监控中心使用远端地址进行数据的安全传输，对数据变化的异常报告，以及高效地通过一种媒介与多个远端进行通信。

（2）对数字状态输入进行监控并在受到轮询时向监控中心汇报状态的变化。

（3）检测、存储并迅速汇报某一状态点的突发状态变化。

（4）监控模拟量输入，当其变化超过事先规定的比例时，向监控中心汇报。

（5）在可编程的执行过程中对每个基点在“选择—核对—执行”的安全模式下进行执行控制。

（6）模拟量设定点控制。

（7）对状态变化作 1ms 事件序列的标定。

（8）监控并计算从千瓦时计数器得到的累计脉冲。

3.11.3　RTU 的特点

（1）通信距离较长。

（2）用于各种恶劣的工业现场。

（3）模块结构化设计，便于扩展。

（4）在具有遥信、遥测、遥控领域的水利、电力调度、市政调度等行业广泛使用。

3.11.4 RTU的现场应用

因为RTU通常具有更优良的通信能力和更大的存储容量，更适用于恶劣的环境，所以RTU主要用于井场及无人值守站点，现以北京安控井场数字化设备为例进行介绍。

3.11.4.1 L206模块功能介绍

L206模块采用先进的32位处理器，不仅能完成现场信号的数据采集、控制输出，还能实现数据处理、PID运算、通信联网等功能。与同类RTU相比，具有更大的存储容量、更强的计算功能、更简便的编程与开发能力、更强大的通信组网能力和卓越的环境指标特性，能够适应各种恶劣工况环境。

3.11.4.2 L206模块特点

（1）采用32位处理器，为嵌入式实时多任务操作系统（RTOS）。

（2）采用一体化模块设计，集成AI、AO、DI、DO、PI等I/O通道与RS232、RS485、Ethernet等通信接口于一身，适用于多种有线和无线网络。

（3）具有16位分辨率A/D。

（4）使用OpenPCS编程开发工具，符合IEC 61131-3标准，支持LD、FBD、IL、ST、SFC五种程序语言。

（5）支持Modbus RTU/ASCⅡ/TCP等通信协议。

（6）具有看门狗及数据掉电保护功能，可长期保存设定参数及历史数据。

（7）具有大容量存储空间，满足就地运算和历史数据记录。

（8）电源、信号输入输出端均采取隔离保护，并与主控电路隔离。

（9）采用低功耗设计，特别适用于太阳能供电等场合。

（10）元器件选用工业级产品，经过严格测试和筛选。

（11）工作温度为-40～70℃，工作湿度为5%～95%RH，适应各种恶劣环境。

（12）产品通过CE认证，达到EMC电磁兼容3级标准。

（13）采用工业标准设计、DIN导轨安装结构，方便现场安装。

3.11.4.3 L206模块硬件性能指标

（1）处理器：32位处理器，运行频率32MHz，集成看门狗，内置系统时钟，支持PID。

（2）通信接口：2×RS232+1×RS485+1路10M/100M的网口，均支持Modbus RTU主从协议。

（3）IO接口：6AI+8DI+4DO。

（4）工作电源：24V DC±5%。

（5）外形尺寸：213mm×134mm×58mm（长×宽×厚）。

（6）所有对外接口均有防雷抗干扰功能，对外通信接口均采取光电隔离方式，EMC 达到 A 级标准。

3. 11. 4. 4　L206 模块接线

L206 模块接线如图 3. 131 所示。

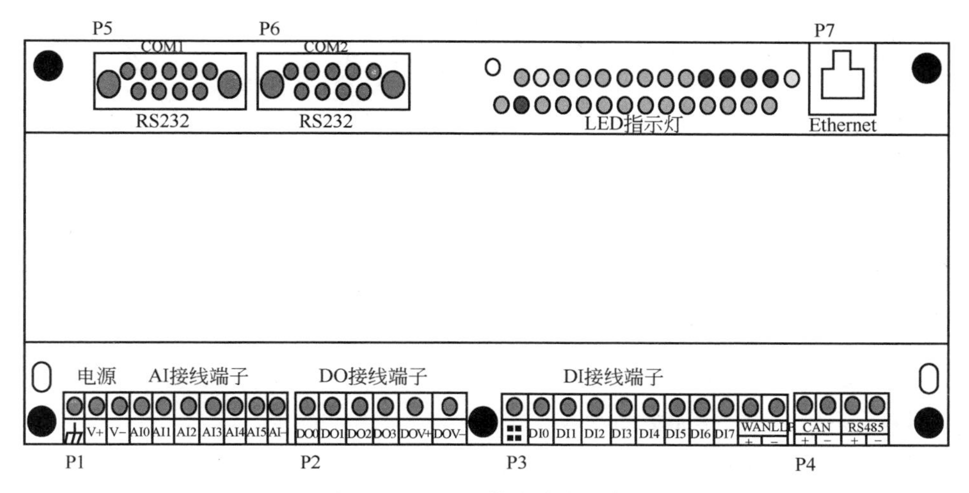

图 3. 131　L206 模块接线示意图

3. 11. 4. 5　L206 模块安装

按照下面的步骤，将控制器安装到 DIN 导轨上：

（1）如图 3. 132(a）所示，在控制器电路板两边的凹槽中有两个夹板固定螺钉。拧松这两个螺钉，直到控制器背面的夹板可滑动。注意：拧松螺钉时请不要过度，以避免螺钉从夹板脱落。

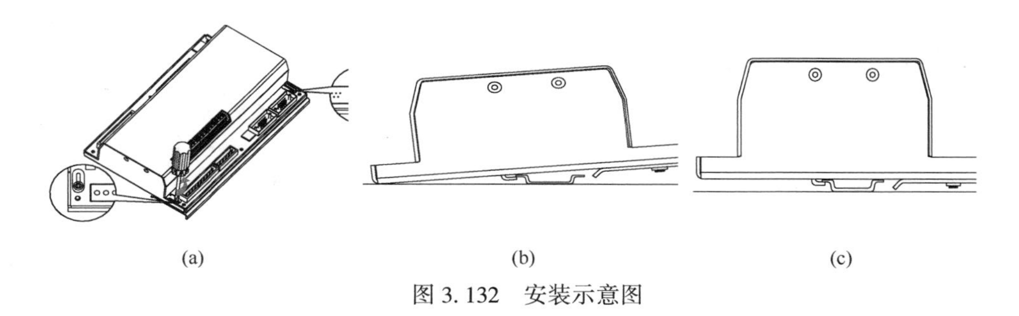

(a)　　(b)　　(c)

图 3. 132　安装示意图

（2）如图 3.132(b) 所示，尽量向外滑动 Super32-L206 底部的夹板。

（3）如图 3.132(c) 所示，将 Super32-L206 控制器放置在导轨上，使其背面的 2 个导轨挂钩能够卡在导轨的内沿上。

（4）如图 3.133(a) 所示，向里推滑动夹板，直到它插入导轨外沿的下面。此时，夹板下部的边沿与控制器下部的边沿平齐。

（5）如图 3.133(b) 和（c）所示，分别拧紧控制器两边的夹板螺钉。

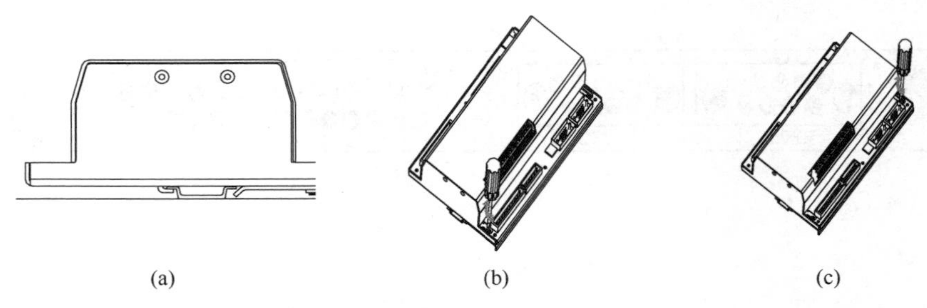

(a) (b) (c)

图 3.133 导轨固定示意图

3.11.4.6 L206 模块调试

1）ESet 配置简介

EOpen 安装软件分如下两部分：

第一部分为 OpenPCS 编程软件，需要先安装。安装这部分软件后可以进行编程和仿真运行程序。编程软件为 PS621cs.exe。

第二部分为 ESet 配置工具，只有安装了这部分软件才能对 Super E50 PLC 进行连接、参数及数据采集配置。Super E50PLC 的配置软件为 Eset2009.exe。

2）ESet 配置软件安装

第一步，安装编程软件 PS621cs.exe，默认路径安装即可。

第二步，安装配置软件 Eset2009.exe，默认路径安装即可。

第三步，选择“开始→程序→infoteam OpenPCS 2008→Licence”，输入授权序列号和授权码。

说明：

（1）在安装过程中弹出“infoteam OpenPCS Licences”对话窗口时，只需要在“Serial”和“Code”栏中输入许可序列号和序列码即可，其他栏可以不输入。如果没有 licence，应与北京安控自动化股份有限公司联系。

（2）在安装过程中弹出“OpenPCS 硬件添加工具”对话窗时，选择“退出”按钮即可。

3）ESet 配置运行

（1）启动 OpenPCS 软件。

在“开始”菜单中选择“程序→infoteam OpenPCS 2008”，即打开 ControlX 框架。

（2）运行 ESet 配置软件。

在菜单栏点击“其他→工具”按钮，出现下拉列表：

许可证编辑器：填写软件的序列号。

PC 通信参数设置：用于设置 PC 机与 CPU 模块建立连接时的方式及连接时的通信参数，如串口或网口等。

控制器通信参数设置：用于设置现场模块的基本通信参数，如网口通信参数、串口通信参数、热备选择等。

采集数据块设置：用于配置 I/O 模块的采集参数，如寄存器地址、模块通信地址、采集速率等。

事件参数设置：用于配置秒事件、闹钟事件、日历事件和时间事件。

控制器调试：用于在线/离线读写 CPU 模块的寄存器值，查看 CPU 模块或连接模块的运行状态，以及实现校时功能。

PID 寄存器配置：用于配置 PID 控制器各个参数的寄存器地址。

控制器初始化设置：用于连接控制器首次运行时的操作，如清除 OpenPCS、系统初始化、进入通信测试状态等。

4）PC 通信参数设置

在 OpenPCS 中设置 PC 通信参数的步骤为：在菜单中选择“其他→工具→PC 通信参数设置”。

（1）串口通信设置，如图 3.134 所示。

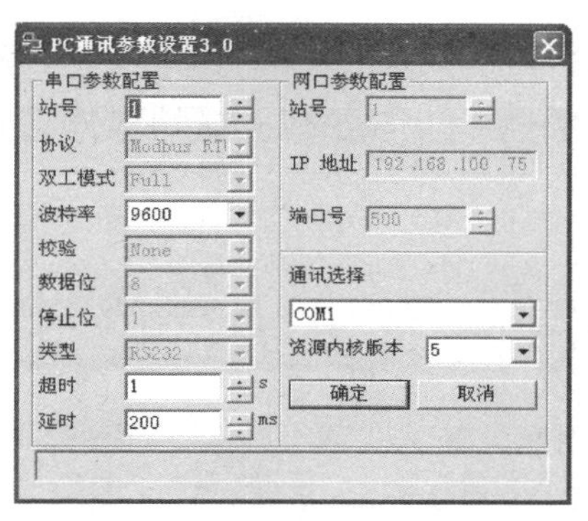

图 3.134　串口配置

站号：Modbus 协议站号，设置范围为 1~255，默认为 1。

波特率：根据实际使用的波特率进行选择，范围为 110~256000，默认为 9600。

超时：设置范围为 1~10，默认为 1。

延时：设置范围为 1~1000，默认为 200。

通讯选择：选择 PC 机的串口号，设置范围为 COM1~COM10。

(2) 网口通信设置，如图 3.135 所示。

通讯选择：TC P/IP　Server。

站号：Modbus 协议站号，设置范围为 1~255，默认为 1。

IP 地址：PLC 设备的 IP 地址。

端口号：设置为 500。

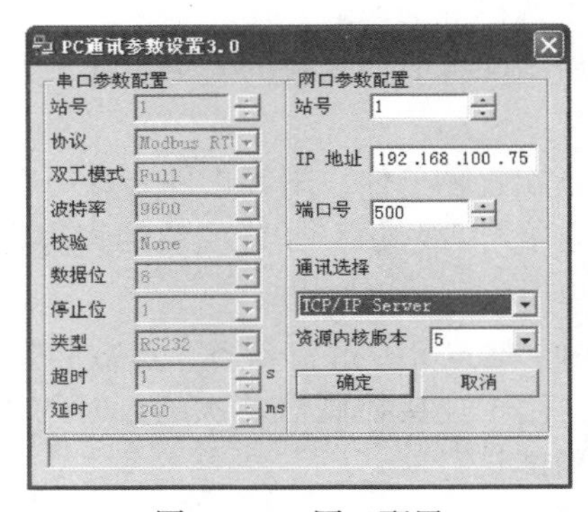

图 3.135　网口配置

5）控制器通信参数设置

在 OpenPCS 中设置控制器通信参数的步骤为：在菜单中选择“其他→工具→控制器通信参数设置”。

(1) 串口通信设置，如图 3.136 所示。以串口（COM2）通信为例介绍参数

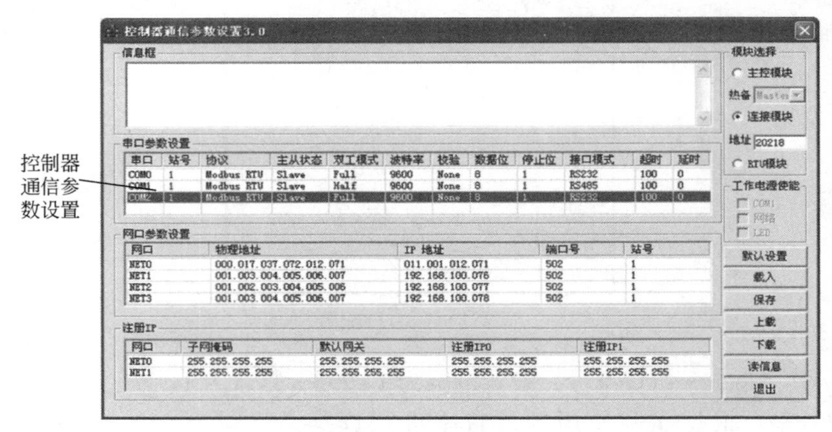

图 3.136　控制器通信参数设置

设置，此串口的参数设置必须与“PC 通讯参数设置”相同（波特率为 9600，校验为 None，数据位为 8，停止位为 1，接口模式 RS232）。

（2）网口通信设置，如图 3.137 所示。物理地址首位为“000”，IP 地址为 PLC 设备的 IP 地址，端口号为 502，站号默认为 1。

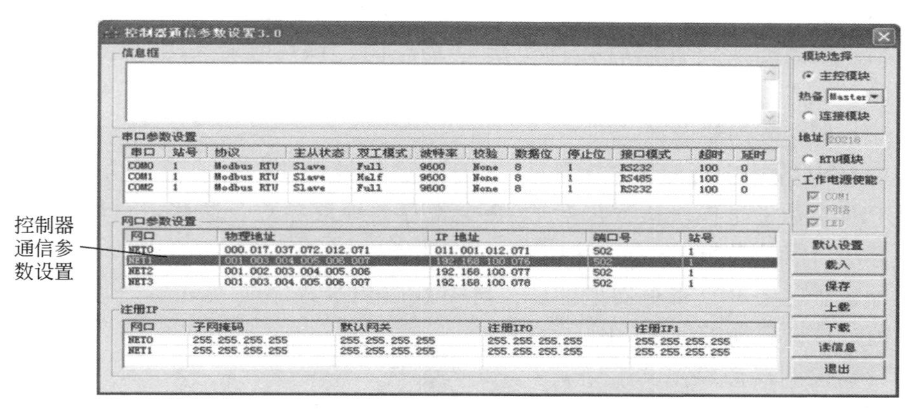

图 3.137　控制器网口配置

6）采集数据块设置

采集数据块设置主要用于设置 CPU 模块与用内部总线连接的 I/O 模块之间（Super E50）寄存器地址的一一对应关系。CPU 模块可通过总线读/写 FC 系列模块，其配置如下：

数据块类型：总线数据块。

模块地址：根据模块底座拨码确定。

信号类型：R_ Coil 读线圈寄存器（DO　0####），R_ State 读状态寄存器（DI　####），R_ Hold 读保持寄存器（AO　4####），R_ Input 读输入寄存器（AI　3####），W_ Coil 写线圈寄存器（DO　0####），W_ Hold 写保持寄存器（AO　4####）。

扫描时间：根据需要设定。

主寄存器：CPU 模块或连接模块中的寄存器。

从寄存器：I/O 模块或连接模块中的寄存器。

寄存器数量：读/写寄存器的个数。

7）事件参数设置

事件参数对应用户编写的 OpenPCS 应用程序中各个中断任务。

8）编辑任务规范

在 OpenPCS 编程环境中，增加任务后，对着资源对话框点右键选择“属性”，在弹出对话框中可改变任务属性。

“中断”栏下拉菜单中包括：

RESET——复位事件，RTC_ Check——校时事件，RTC_ Alarm——闹钟事件，RTC_ Second——秒事件，RTC_ Time——时间事件，RTC_ Calendar——日历事件，MS_ Switch——热备切换事件，SYS_ ERR——系统错误事件。

9）控制器调试

当采集数据块设置完后并且连接上 PLC 时，即可在控制器调试界面看到数据。

10）PID 寄存器设置

在 CPU 模块中可配置最多 32 个 PID 参数地址模块，模块编号为 0~31。每一个 PID 参数地址模块参数包括了 12 个寄存器地址参数，这些寄存器存放 PID 控制算法所需的参数。

配置了这些 PID 寄存器地址后，再用 OpenPCS 程序或 Modbus 工具设置 PID 参数值。这样就能够使用 PID 了。

11）控制器初始化设置

控制器初始化设置主要用于初始化控制器。当不知道 PC 通信设置，如波特率和 IP 地址时，可使控制器进入“通讯测试”状态，然后读取控制器的参数；当需要删除控制器中的 OpenPCS 程序时，可使用“OpenPCS 初始化”工具；当需要将系统参数初始化为缺省值时，可使用“系统初始化”工具；当想知道控制器的版本时，可使用“系统信息”工具。

界面如图 3.138 所示，其操作步骤如下：

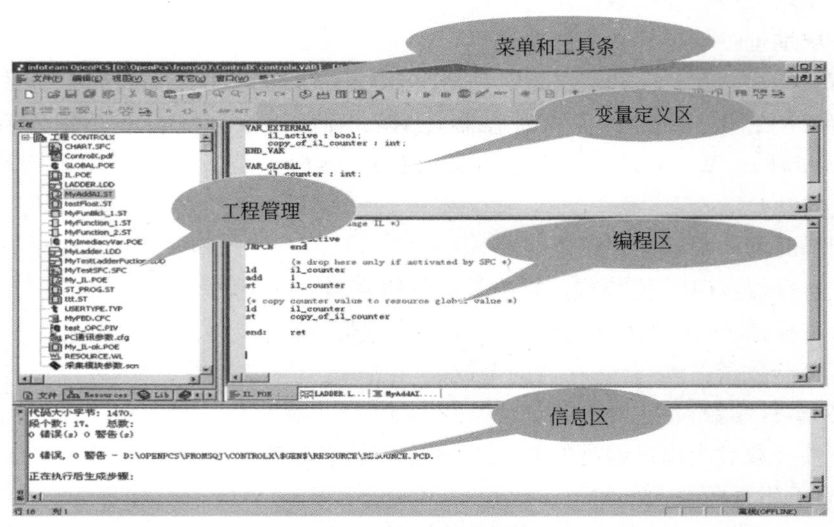

图 3.138 OpenPCS 编程界面图

PLC，即可编程控制器，具备编程的能力，能够通过代码实现所要实现的功能。

目前安控PLC支持世界范围内通用的5种标准语言，即通信梯形图、指令表、顺序功能图、功能块图、结构化文本。安控PLC支持在线调试功能和仿真功能。

（1）建立一个新工程。启动OpenPCS，选择菜单“文件→新建”，在弹出对话框中选择“工程…空白工程”，填入工程名称（字母和小写数字是可用的名称）。

（2）编写代码。选择菜单“文件→新建”，在弹出对话框中选择“POU…ST\程序”，填入程序名称。

（3）建立连接。选择菜单“PLC→连接”，单击“新建”按钮创建新的连接，键入连接名称“testRS232”，单击“新建”按钮，选择驱动“RS232”，点击“确定”。

（4）设置资源属性。选择工程管理器的资源选项卡，点击“资源”，右键选择“属性”，弹出属性设置框。设置资源属性的内容，包括连接形式、模块类型、任务类型。

（5）编译下载。点击菜单栏“PLC”下的“重新生成当前资源”进行编译，如果无错误在状态栏进行显示；点击菜单栏“PLC”下的“联机”命令，如果PLC内的装载程序不是最新的，则提示下载。

（6）运行程序。点击工具栏上的冷启动按钮或者重新给PLC上电，则PLC开始运行，进行程序观察及修改，从而完成程序功能。

3.12　旋进旋涡智能流量计

3.12.1　基础概念

旋进旋涡智能流量计集温度、压力、流量显示于一体，具有测量范围较宽、线性误差和重复性误差较小的特点，并能进行温度、压力、压缩因子自动补偿；采用先进的微机技术与微功耗高新技术，功能强、结构紧凑、无机械可动部件、不易腐蚀，采用独特的双压电传感器技术和电路处理技术，有效地抑制因压力波动和管道振动对仪表带来的影响，使计量更为准确可靠。

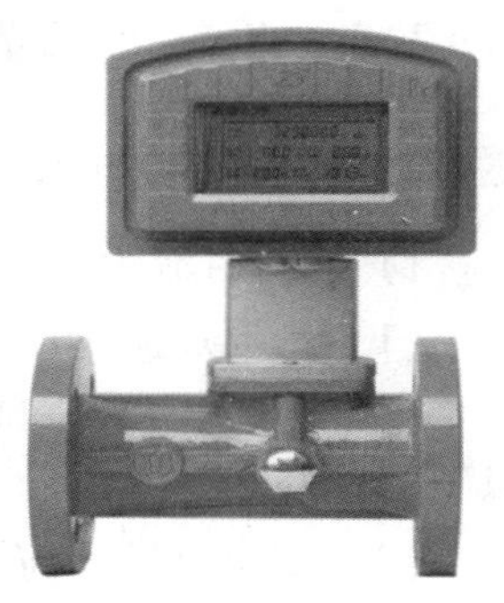

图3.139　旋进旋涡流量计

如图3.139所示，目前现场安装使用的有LUXZ

（1999年以前）和TDS（1999年以后）系列旋进旋涡流量计，主要使用的是TDS型流量计（2004年以后）。

3.12.2 工作原理

旋进旋涡智能流量计的测量原理是：进入流量计的气体在旋涡发生体的作用下，产生旋涡流，旋涡流在文丘里管中旋进，到达收缩段突然节流，使旋涡加速；当旋涡流突然进入扩散段后，由于压力的变化，使旋涡流逆着前进方向运动；在进动区域内该信号频率与流量大小成正比。根据这一原理，采取通过流量传感器的压电传感器检测出这一频率信号，并与固定在流量计壳体上的温度传感器和压力传感器检测出的温度、压力信号一并送入流量计算机中进行处理，最终显示出被测流量在标准状态下的体积流量。

3.12.3 结构

旋进旋涡智能流量计主要由计量组件（壳体、流量传感器、旋涡发生体、整流器）、温压传感器、流量积算仪三大部件组成。

3.12.4 安装

（1）为了便于维修，不影响流体的正常输送，必须安装旁通管道，并保证流量计前直管段≥5DN，后直管段≥1DN（对前直管段前有弯管、异径管、调压阀等安装方式均适合）。

（2）气体内含有较大颗粒或较长纤维杂物时，必须安装过滤器。

（3）流量计可以垂直安装或任意角度倾斜安装。

（4）室外安装时上部应有遮盖物，以免雨水侵入而影响流量计使用寿命。

（5）流量计周围不能有强的外磁场干扰及强烈的机械振动。

（6）流量计必须可靠接地，但不得与强电系统地线共用。

3.12.5 故障处理

3.12.5.1 流量

1）无瞬时流量

（1）当通过流量计气量比较小时，调整流量计下限截止频率（下限截止频率是指厂家把小于最小流量的流量值人为截掉。例如，最小流量为10m^3，10m^{3}以下不计量）。

（2）测量流量计前置放大器黑、红端子之间电压（3V），电池电量充足时（大于3V），主板供电电路或流量传感器（流量传感器两根线之间电阻为无穷大）有问题，需更换主板或流量传感器。

（3）前置放大器电压正常时，测量前置放大器是否有频率输出。测量 S1、S2 端子时，将要测量的端子拆下，若 S1、S2 端子都有频率输出（根据测出频率可算出工况流量），主板有问题，需要更换；若无频率输出，测量流量传感器电阻（无穷大）。

（4）将流量计拆下后，检查旋涡发生体及流量传感器是否被杂物堵塞或油污污染，有则清理干净。

2）瞬时流量与实际流量（或估计流量）偏差较大

（1）检查流量计仪表系数输入是否正确。

（2）检查流量计所处的工况压力是否波动较大，造成介质本身不稳定，使计量不准确，若有则需改进供气条件。

（3）检查流量计是否工作在强振动情况下，若有则增强流量计稳定性；若有电流干扰，对流量计作绝缘处理（频率为 50Hz）。

（4）检查流量计前后直管段是否符合要求，前直管段为 $3D$，后直管段为 $1D$（D 为流量计法兰直径）。

（5）检查流量计显示压力值是否正确，显示压力值为介质压力和当地大气压之和。

（6）检查流量计显示温度是否正确（介质温度）。

（7）检查流量计是否超出计量范围。

3）无流量时有自走现象

（1）检查流量自检开关是否被打开。

（2）检测流量计前置放大器 S1、S2 端子频率是否为 50Hz（无测量频率工具时，可根据流量计算公式算出频率值），有则为外电流干扰，应排除。

3.12.5.2　温度（Pt100 铂电阻）

温度显示与实际值偏差较大时，可测量温度传感器电阻计算温度示值，若不正确，应更换温度传感器。

当温度传感器坏时，液晶屏中“温度”两字闪烁；温度显示“150℃”。

3.12.5.3　压力

（1）在带压情况下，压力仍显示大气压，应检查压力传感器下密封杆是否打开（打开状态为左右都有一定旋转度），若没开应打开。

（2）当大气压力显示不准确时，调节主板正面左下方温压回路中的电位器（只有一个）。电位器顺时针旋转为减小压力显示值。

（3）判断压力传感器好坏，可以测量信号线之间的电阻值。瑞士凯乐型（5 线）黑对红、蓝之间为 2～4kΩ，黑对黄、白之间为 4～8kΩ；诺鑫型（4 线）黑对黄为 2~4kΩ，红对兰为 4~25kΩ。

（4）当压力显示“80kPa”或“上限压力”时，为压力传感器坏；当压力显示为“101.3kPa”或液晶屏中“压力”两字闪烁时，为压力传感器坏或流量计压力参数设定为固定值（将厂家压力参数中对应的参数“1”改为“0”）。

3.12.5.4 显示

1）液晶不显示

（1）检查电池是否有电。

（2）检查主板与液晶板是否良好接触，有无进水情况导致主板损坏。对此可先用一块好的液晶板来试出主板是否正常。

（3）当更换电池后，流量计在较短时间内电量用完，应测量仪表供电电流和电池电压，计算出整机功耗（平均功耗约 1MW）；若过大，应测量流量计地线与壳体之间电阻（无穷大）；正常说明液晶板坏，应更换。

2）显示不清晰

对于液晶板，板上有一个可调节对比度的电位器。对比度太高时，显示会有重影，应选择合适的对比度；当调节后仍不清楚，应更换液晶板。

3.12.5.5 电流输出

无电流输出时，检查接线是否正确；检查外电源是否正常（24V）；若电流输出坏，需更换主板或更换电流输出模块。

电流输出不准确时，检查计算机中 20mA 对应流量值是否与流量计内设定值相同；20mA 对应流量值出厂设定为最大值，该值可根据实际情况改为合适的值；测量回路电阻是否大于 550Ω（二线制），三线制是否大于 1100Ω。

3.12.5.6 压力、温度、瞬时量、总量始终不变

当压力、温度、瞬时量、总量始终不变，说明仪表出现死机。原因是上电复位电路工作不正常，应将仪表断电 10s 后重新上电。

3.13 紧急切断阀

3.13.1 基础概念

紧急切断阀又称为安全切断阀，是指在遇到突发情况的时候，阀门会迅速地关闭或者打开，避免事故的发生。与可燃气体泄漏监测仪器连接，当仪器检测到可燃气体泄漏时，自动快速关闭主供气阀门，切断燃气的供给，及时制止恶性事故的发生。陕西航天切断阀如图 3.140 所示。

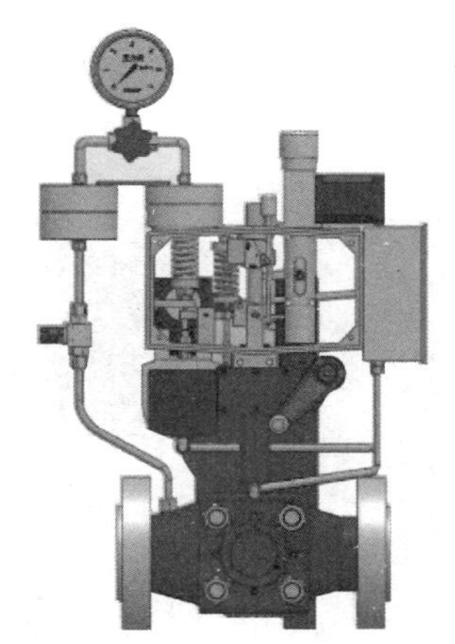
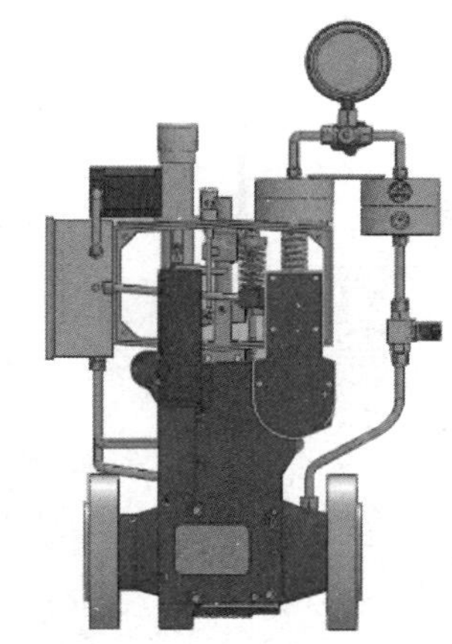

图 3.140 陕西航天切断阀

3.13.2 工作原理

以陕西航天 SHZQD 电动远控紧急切断球阀为例介绍。

3.13.2.1 开关机构的动作与阀门的关闭

SHZQD 电动远程控制紧急切断阀所配用的开机构为压力/远控电动开关。它是一种定型的独立配套机构，适用于相对规格的紧急切断球阀。

压力/远控电动开关在下述三种情况下均可操纵阀门实施截断动作。

1）超压保护

如图 3.141 所示，当导压管将采集到的管线压力信号传输至压力传感器内，使其中的推杆力大于由弹簧力所设定的超压保护值时，在气（液）力的作用下推杆向下运动，使得平衡杆围绕平衡杆销轴顺时针转动；销钉被推着向上运动，从而使平衡块绕轴平衡块销轴顺时针旋转，因此平衡块的挂钩将失去对控制杆的约束，有回坐弹簧力推动阀瓣快速向阀座运动的动作。这样，阀瓣便切断管线气流，起到超压保护作用。

2）欠压保护

如图 3.141 所示，当导压管将采集到的管线压力信号传输至压力传感器内，使其中的推杆力小于由弹簧力所设定的欠压保护值时，在弹簧力的作用下推杆向上运动，使得平衡杆围绕平衡杆销轴逆时针转动，销钉被推着向下运动，从而使平衡块绕轴平衡块销轴顺时针旋转。因此，有回坐弹簧力推动阀瓣快速向阀座运动的动作。这样，阀瓣便切断管线气流，起到欠压保护作用。

3）意外紧急切断

压力/远控电动开关设有紧急切断按钮，如图 3.142 所示。以便在发生其他未预见的危难工况条件下，实施人为干预来切断管线的气（液）流，而进入安全状态。

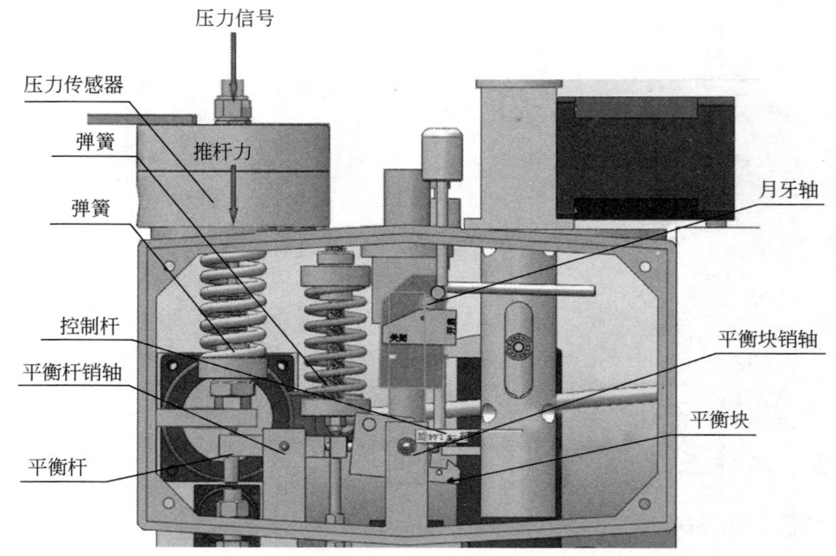

图 3.141　紧急切断阀执行机构

当人为干预按下紧急切断按钮时，紧急断按钮推杆随即向下运动，它便触及并推动着安装在平衡块上的紧急切断销钉向下运动，从而带动平衡块逆时针旋转（与前述观察位置相差 180°）。因此，也可达到切断管线气流的目的。

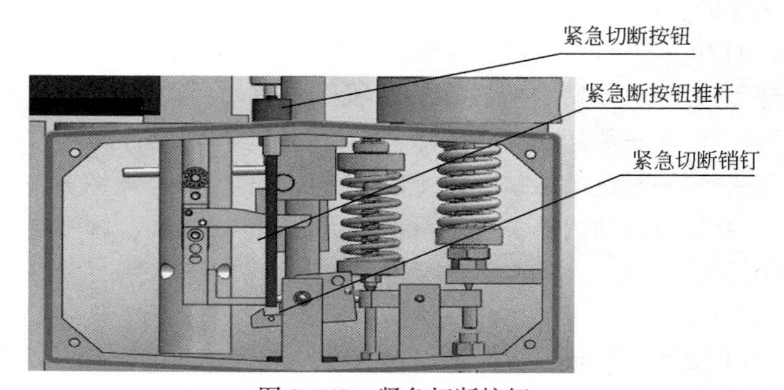

图 3.142　紧急切断按钮

3.13.2.2　开关机构的复位与开启阀门的条件

SHZQD 电动远程控制紧急切断阀是为避免管线因超、欠压而导致事故的安全阀门。因此，一旦阀门实施了安全锁闭管线压力，恢复正常工作压力前阀门是不能被随意开启的。

1）开关机构复位的条件

想要使开关机构复位及阀门开启，系统必须具备以下两个条件：

（1）系统的故障已经排除，远控开关机构的压力传感器读取了正常的压力信号值（控制压力信号值恢复到超压设定值和欠压设定值之间）后。其表现为平衡块恢复水平状态，可以重新对控制杆实施约束。

（2）通过操作管线系统而使紧急切断阀关闭件上、下游（即阀前、阀后）的压力值不大于阀门允许的开启压差。

2）阀门开启的条件

（1）管线故障已经排除。

（2）使压力传感器所接收的压力信号（一般为管线压力）保持在设定的超压压力值与设定的欠压压力值之间的正常压力。

（3）利用管线系统的其他网络，使已经关闭了的紧急切断阀阀前与阀后（关闭件的上游和下游）的压力差达到阀门所允许的开启压差范围。

3）操作步骤

（1）将提升手柄沿其转轴向内推压，使提升齿轮与提升齿条啮合。

（2）顺时针旋转提升手柄，使得拉曳提升齿条上升。

（3）按下复位按钮，使控制杆末端嵌入平衡块的挂钩内，控制杆被卡牢（当采用远程自动开启阀门方法时，不必进行此项操作），如图3.143所示。

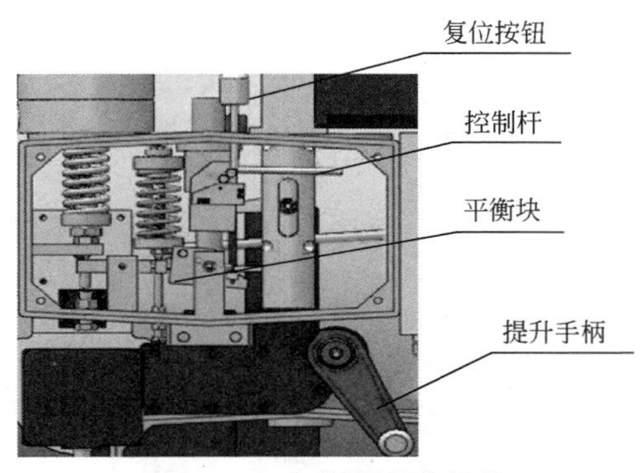

图3.143　切断阀复位机构

3.13.3　电气控制单元

切断阀电气控制单元对井场当地实时的技术参数及装置状态，如油压、套压、温度、流量、阀前/后压力、切断阀的开/闭状态等的数据读取并通过无线传输到达控制中心，控制中心依据井场实时状态发出相关指令，如图3.144所示。开/闭阀门的指令也可通过无线传输而到达现场来实现对井场阀门的远控操作。

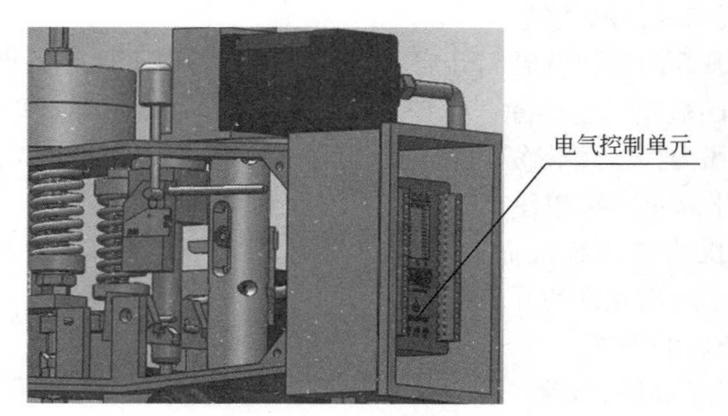

图 3.144　切断阀电气控制单元

阀门配有电气控制箱，其内装有无线传输部件及控制电路部件，全部由无触点电子集成电路构成。该部分是指令下达、参数回输的通道，其高度集成的无触点固体电路结构极大提高了装置运行的安全性。

SHZQD 电动远程控制紧急切断阀采用了电动机为执行器的驱动元件。这一部分的各个元件接收由电子控制及传输部分的指令信号而完成各自状态的变化，驱动电动机为永磁无刷防爆直流电动机，免维护性能极佳。

电动机驱动元件与机械元件构成完整的执行器，如图 3.145 所示，其执行动作有两个：

（1）远程电动开启阀门过程：开启指令→提升电动机工作→机械传动系统工作→阀门开启→辅助电动机工作→阀门开启状态锁定。

（2）远程电动关闭阀门过程：关闭指令→辅助电动机（反向）工作→下橇杆下行→平衡块旋转→释放控制杆锁定状态→阀门关闭。

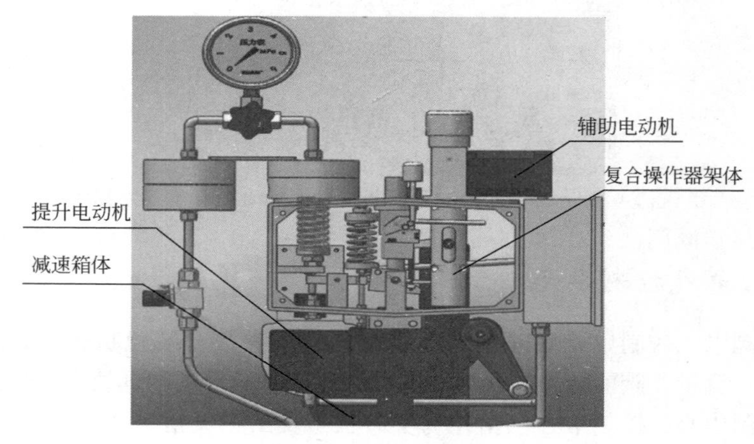

图 3.145　电气控制单元

关键特征：

（1）无论在阀门的开启过程还是在阀门的关闭过程，指令直至最终的执行元件之间的传动链中均无由涡轮/蜗杆、丝杠/螺母及其他可产生“自锁”的传动副。

（2）当手动开启阀门（自动操作亦然）时，操作人员所完成的最后一个动作为压下“复位按钮”来锁定已完成的阀门开启状态。

以上关键结构特征的意义在于：

（1）在阀门开启过程中，一旦电源因某种故障而缺电，阀门关闭件可以在蓄能元件作用下无障碍地回坐而使阀门关闭。关闭件不可能处于半开启状态而致管线处于危险之中（使用丝杠/螺母传动副的阀门则存在这一隐患）。

（2）完成阀门开启动作后，随意（无意）旋转提升手柄，不会破坏为阀门关闭而预留的运动空间，从而影响阀门的可靠关闭（使用丝杠/螺母传动副的阀门必须预留足够的关闭运动空间，否则存在阀门不能完全关闭的隐患）。

3.13.4　安装调试

手动/自动操作互为独立操作，无须刻意切换。手动操作时按下“复位按钮”即告操作完成，不必再进一步继续倒转手轮做“阀门关闭准备（预留关闭件运动空间）”，切换“手动/自动操作离合器”，也不必进行“手动/自动操作开关（电气开关）”的转换，这就不可能遗漏操作过程而造成阀门不能关闭的危险局面（有些阀门需要在按下复位按钮后，再进行上述的冗余操作）。

对阀门的基本保护条件是：阀门安装前应对上游管线予以吹扫，且在阀门投入运行的初期阶段还需在紧急切断阀上游安装过滤器。若管线在运行中长期存在机械杂质，则不应拆除过滤器。

阀门安装的方向性：安装紧急切断阀时，要使阀体（标牌）上的箭头指向与管线中介质流动的方向相一致。

导压管的连接需注意以下内容：

（1）产品出厂时不带导压管路，客户有需要时可在合同中注明而增订；客户要求配带导压管但未有其他特殊说明时，产品仅带有一端连接于压力传感器而另一端连接于阀门出口端（阀门关闭件阀瓣下游）、管径为 $\phi10\times1.5$ 的导压管路。导压管路的连接具有多种方式，例如，可以将管线中某一处管线的压力经导压管导入传感器。如有需要还可以跨线导压，以满足特殊工艺需求。

（2）若客户需要将压力传感器与导压管中的介质予以隔离时，可在产品上带有膜片式隔离器，但应在订货时注明增订。产品出厂时，在隔离器与压力传感器之间的空间里均已加注了 45 号变压器冷却油。

（3）阀门的导压管回路及旁通管回路不得作为阀门装卸、运输、安装时的起吊和推拉的着力点，以免致使阀门功能失效。

3.13.5 操作与维护

SHZQD 电动远程控制紧急切断阀依然通过阀门的导压管路将所在输气管路的压力传输给机械式压力传感器，当输气管线出现超压或欠压时紧急切断阀都会关闭。这一功能独立于阀门的远程控制功能。因为计算机系统、电源、气源等大系统中的任何环节出现的故障均不能对该阀门的这一功能产生丝毫影响。因此，它对气田的安全生产具有极其重要的意义。这一功能的调整与操作完全与 SKJD 紧急切断阀相同。

如图 3.146 所示，SHZQD 电动远程控制紧急切断阀远程自动控制操作主要体现在集气站或所设的控制室。本集成系统由安装于计算机中的应用软件来操作。

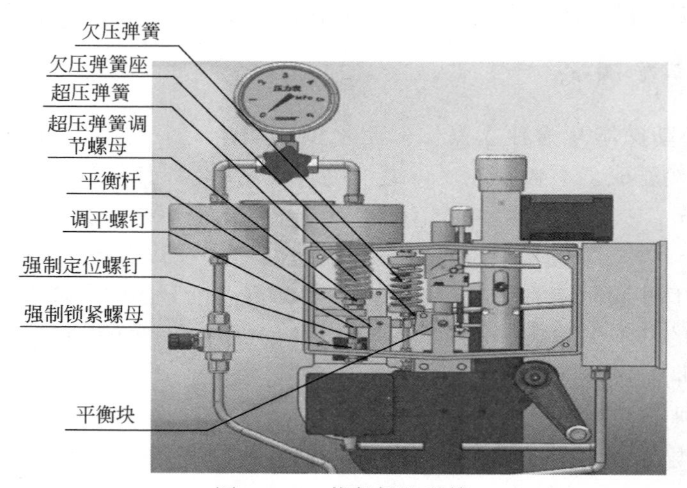

图 3.146 截断保护弹簧

3.13.5.1 设定阀门欠压截断保护的压力值

(1) 旋转欠压弹簧的欠压弹簧座，欠压弹簧座下行，直使欠压弹簧仅受到轻微的压缩。

(2) 旋转超压弹簧的超压弹簧调节螺母，超压弹簧调节螺母上行，直使超压弹簧并圈，但不得压死（否则可能损坏机构元件）。

(3) 向压力传感器中加压，将压力加至想要设定的欠压设定值和超压设定值之间。

(4) 松开锁定螺母、旋转调平螺钉，直至平衡杆成水平状态，此时的超压弹簧将提升手柄沿其转轴向内推压，使提升齿轮与提升齿条啮合，再顺时针

(操作者与提升手柄处于装置的同一侧)旋转提升手柄，使得阀杆上升。然后按下复位按钮，使控制杆末端嵌入平衡块的挂钩内而被卡牢。

3.13.5.2 设定压力传感器的欠压值

完成设定截断保护压力的操作后，将传感器中的压力减低到想要设定的欠压保护压力值并使其保持稳定。旋转欠压弹簧座上行，使欠压弹簧逐渐压缩直至控制杆从平衡块的挂钩内脱出，致使阀门的阀杆落下，阀门关闭。至此，阀门的欠压保护压力值设置完毕。

3.13.5.3 设定阀门超压截断保护的压力值

(1) 设定阀门超压截断保护的压力值必须在设定阀门欠压截断保护的压力值以后方可进行；再次向压力传感器中加压，将压力加至想要设定的欠压设定值和超压设定值之间。

(2) 还需将提升手柄沿其转轴向内推压，使提升齿轮与提升齿条啮合，再顺时针旋转提升手柄使得阀杆上升。然后按下复位按钮，控制杆末端进入平衡块的沟槽内而被卡牢。

(3) 将传感器中的压力加压到想要设定的超压保护压力值并使其保持稳定。旋转超压弹簧调节螺母下行，使超压弹簧逐渐放松直至控制杆从平衡块的沟槽内脱出，致使阀门的阀杆落下，阀门关闭。至此，阀门的超压保护压力值设置完毕。

3.13.5.4 加注导压管路中的隔离液

若在订货时增加订购带有隔离器的导压管路，产品出厂时会在导压管隔离器之后的导压管中加注 45 号变压器油作为隔离液。为便于在使用中补加隔离液，或因膜片损坏需重新加注隔离液，在此详细叙述加注隔离液的步骤:

(1) 管线停气放空且关闭导压管路中的导压阀；

(2) 拆除导压管上的堵头，使导压管中的压力与大气压相同；

(3) 拆除导压管上的压力表，使导压管在加注隔离液时可排气，打开压力表开关；

(4) 卸下针阀护盖，打开注液针阀；

(5) 用油枪在油嘴处缓慢注油，要保证导压管中的气体完全排出；

(6) 注意观察压力表座处的隔离液溢出且无气泡逸出，则隔离液加注完毕，严密关闭注液针阀，拧好针阀护盖；

(7) 安装好压力表，关闭压力表开关，安装堵头，不得漏气；

(8) 检查并确认以上步骤操作无误后，最后再开启导压管路中的导压阀。

3.13.5.5 强制定位螺钉的使用

如果因自身的特殊工艺要求或其他原因的需要，想要使紧急切断阀不因管线欠压而使其强行处于开启状态，或者对于某一端的某一欠压（或超压）保护功能予以限制时，可运用强制定位螺钉。

3.13.5.6 操作紧急切断按钮

紧急切断按钮是凹陷式的按钮机构，它的外壳是不能掀动的。需要按下时必须以手指触压其顶部的弹性膜并用力下按。该按钮既能避免人为不经意的误操作，又能在其他意外情况发生时实施紧急切断动作。操作人员应对紧急切断按钮详细了解。

3.13.5.7 开启阀门

开启阀门的条件已在“开关机构的复位与开启阀门的条件”中做了叙述。开启阀门的程序及要领已在前述的有关章节叙述。导压阀如图3.147所示。

图3.147 导压阀

3.13.5.8 阀门投入运行

在前述各项工作完成后，阀门即可投入运行。在此之前可在管线上模拟管线压力失常的状态，来检查和复核阀门的工作状态是否正常及压力控制数据的重复精度是否满足要求。

3.13.6 故障分析判断

应对切断阀进行定期检查，检查切断阀的切断压力是否为设定值，检查切断阀关闭是否严密。

切断阀设有紧急切断按钮，在进行维修或检查时，按下手动紧急按钮，检查手动紧急按钮是否有效。

3.13.6.1 切断阀常见故障

（1）切断阀不能正常复位。

① 如有超低压切断，应检查取压信号是否接上；

② 如有超低压切断，应检查取压信号值是否在规定范围内；

③ 检查出口压力是否超出切断范围。

（2）切断阀密封不严。

① 检查阀口垫有无损坏；

② 检查阀口垫表面有无脏物；

③ 检查阀座 O 形圈有无损坏；

④ 检查法兰端面垫片是否压实。

3.13.6.2　定期检查

定期检查切断阀工作使用情况，主要检查以下项目：

（1）切断关闭测试。

① 关闭切断阀出口阀门；

② 降低导压管压力，直至切断阀低压切断，检查切断阀是否在设定压力点切断；

③ 开启切断阀；

④ 升高导压管压力，直至切断阀高压切断，检查切断阀是否在设定压力点切断；

⑤ 如切断阀未能在设定压力点切断，应重新设定切断阀切断压力。

（2）切断阀密封检查。

① 关闭切断阀出口阀门；

② 按下手动紧急按钮，使切断阀立即切断关闭；

③ 打开放空阀，直至排空切断阀至出口阀门管道内气体，然后关闭放空阀；

④ 观察导压管压力表，检查压力是否变化；

⑤ 若压力没有变化，证明切断阀关闭良好，若压力有变化，则应对切断阀进行检修。

3.13.7　新投产阀门维护保养和注意事项

因刚投产的新井，气流中含砂量比较大，切断阀在开启或关断过程中会造成中腔阀座与球体产生的摩擦力过大，扭矩增大，导致切断阀无法正常工作。因此，切断阀在新井投产时应注意以下事项：

（1）新井启用时应尽量先开启紧急切断阀，再开节流阀（特殊情况除外），以免切断阀在开启或关闭过程中砂子进入阀座浮动部件，而造成阀门扭矩过大。在前期 1~2 个月生产过程中，应尽量不关断紧急切断阀（紧急情况除外），以免管线气流中的砂子造成紧急切断阀主阀的摩擦力过大，增大扭矩，从而使切断阀不能正常开启或关断。

（2）切断阀投产后，第一次维护和保养的周期为 2~3 个月，之后的维护和保养周期为 6 个月一次。

（3）在现场由于积砂造成紧急切断阀发生卡堵，而需要现场对紧急切断阀进行保养和维护时，首先将注脂阀防护螺母拆下来，并完全泄掉中腔积压，将阀门置于半开状态后，从注脂阀口向阀体中腔注入比较稀的清洗液，接下来手动对紧急切断阀进行 3~5 次开关作业（图 3.148）。正常运行后再从注脂阀向阀体中腔注入二硫化钼清洗液，直到紧急切断阀开启和关闭满足现场使用要求。

（4）对紧急切断阀现场保养完成后，尽量先开紧急切断阀，然后再开启节流阀（除特殊情况外）。

图 3.148　注脂阀

3.14　磨砂模块

3.14.1　磨砂模块概念

UC-7101-TP 磨砂模块是一款基于 RISC 架构的工业级嵌入式计算机，它配备有 1 个 RS-232/422/485 串口和 10/100Mbps 以太网口，如图 3.149 所示。

3.14.2　磨砂模块功能

（1）作为井场主 RTU，通过 Zigbee 方式连接北京安控、中油瑞飞、贵州凯山、西安安特、北京长森、中恒永信、西安长实、联拓科技等多家井口 RTU 厂家；

（2）作为井场主 RTU，通过 M2 方式连接西安安特的井口 RTU；

图 3.149　磨砂模块

（3）在数字化油田的站控系统连接陕西鑫联、上海自仪九仪表、哈尔滨胜达、合肥利都等厂家的流量计、压力表；

（4）在数字化油田的井场连接兰州庆科、陕西靖昇机械等厂家的油井含水分析仪。

3.14.3　磨砂模块调试工具

7101 相关调试软件包括设备管理软件和 Zigbee 配置软件。

设备管理软件功能如下：

（1）主 RTU 配置；

（2）Zigbee 调试；

（3）井口 RTU 配置（数据查看）；

（4）设备软件升级。

Zigbee 配置软件主要用于调试符合 SCADA 标准的 Zigbee 模块，其功能如下：

（1）打开软件，选择对应的串口号（若未找到对应的串口号，点击扫描）。

（2）选择波特率 9600（默认）。

（3）点击打开串口。

（4）点击打开串口后，如果连接正确，软件界面将显示 Zigbee 的主要信息。

（5）据现场井场主 RTU 连接 Zigbee 模块的 PAN ID 和 SC 更改，保持两个相同。

（6）根据现场需要对 SC 进行更改，输入数据后点击更改，出现更改成功页面说明已成功更改。

（7）根据 Zigbee 通信模块使用的场合对其进行模式设置，软件提供了四种模式，其用法如下：

① 井场主 RTU-7101——使用了 UC-7101-TP 的井场主 RTU 模式使用该模式。

② 井场主 RTU——没有使用 UC-7101-TP 的井场主 RTU 使用该模式。

③ 井口 RTU（API）——井口 RTU 使用该模式。

④ 井口 RTU（AT）——阀组间使用 Zigbee 模块的使用该模式。

3.14.4 磨砂模块安装连接

井场主 RTU 在井场通信方式有：Zigbee 通信、M2/M4 通信、接井口 RTU、接阀组、485 布线。

井场主 RTU Zigbee 通信调试步骤如下：

（1）连接好 7101 和 Zigbee 调试模块；

（2）修改主 RTU 配置信息；

（3）在 Zigbee 调试界面，点击搜索查看主 RTU Zigbee 信息；

（4）修改生成 PAN ID 和 SC；

（5）将上述 PAN ID 和 SC 配置到井口 Zigbee 模块；

（6）回到 Zigbee 调试界面，点击搜索查看 Zigbee 连接拓扑图。

设备管理软件——Zigbee 调试步骤如下：

（1）在 Zigbee 调试界面，点击搜索查看主 RTU Zigbee 信息；

（2）修改生成 PAN ID 和 SC；

（3）将上述 PAN ID 和 SC 配置到井口 Zigbee 模块；

（4）回到 Zigbee 调试界面，点击搜索查看 Zigbee 连接拓扑图。

3.14.5 现场常见故障处理

（1）故障类型 1：设备 ping 不通。处理方法：首先检查设备工作状态，硬件连接情况，确定连接电脑和设备在同一网段。若状态灯不亮，表明设备硬件或软件有问题。

（2）故障类型 2：Zigbee 连接不通。处理方法：在设备管理软件中查看 Zigbee 状态，同时看 Zigbee 的参数，如图 3.150 所示。确定与主 RTU 连接的设备 Zigbee 信息的正确性，查看井口 RTU Zigbee 的配置是否与主 RTU 一致，主要看两个参数，一是 PAN ID，二是 SC，如果 OI 值一样，则可以确定 Zigbee 网络建立好了。

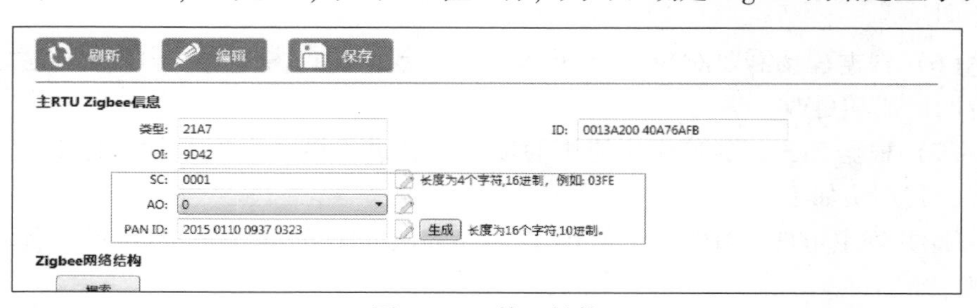

图 3.150　管理软件

（3）故障类型3：Zigbee连接不通。处理方法：通过设备管理软件查看设备情况。通过搜索，查看连接Zigbee数量和连接RTU数量，看是否与井场情况一致；如果Zigbee数量和井口RTU一致，则说明Zigbee网络连接没有问题。

（4）故障类型4：井口RTU连接不上。处理方法：如果Zigbee网络没有问题，首先确定井口RTU配置，确保没有重复配置ID。

（5）故障类型5：电参数据有，示功图不刷新。处理方法：示功图每5min刷新一次，等待5min即可。

（6）故障类型6：查看数据只有电参数据，没有示功图数据，如图3.151所示。处理方法：这种情况一般有两个原因，一是通信原因，M2传输距离太近，距离较远或天线没有调试合适导致，由于示功图数据比较多，并且要连续传输，电参数据较少，且1~2两个数据包传输完毕；二是通信干扰，传输距离太远，一般都是距离较近的井场，M2模块采用同一通道，井场主RTU发送数据时，有两个井口RTU返回数据，致使数据错乱，井场主RTU校验错误，井场主RTU收不到数据。

UC-7101-TP工业嵌入式计算机控制页面

- 首页
- 设备状态
- 通信状态
- 重启系统

M2通信质量

序号	设备地址	收/发数量	功图收/发数量	M2通信质量(%)
1	1	40/47	2/2	85
2	2	40/48	4/4	83
3	3	37/46	3/3	80
4	4	9/60	1/2	15
5	5	40/43	3/4	93
6	6	0/57	0/0	0
7	7	28/45	4/5	62

图3.151　监控界面

3.15　常规仪器仪表操作规程

3.15.1　3051压力变送器检定规程

3.15.1.1　准备工作

（1）劳保上岗。

（2）工用具（齐全）：250mm活动扳手2把，开口螺丝刀和十字螺丝刀各1个。

（3）仪器设备（完好在有效期内）：过程校验仪FLUKE 744，通信终端，通信电阻，绝缘电阻表，一等标准活塞压力计，3051压力变送器。

（4）材料准备：生料带，标签，面纱。

3.15.1.2 检查工作

（1）目力观测外观：铭牌应完整清晰，零部件完好无损。

（2）记录实验室环境条件：满足环境温度（20±5）℃，每10min变化不大于1℃，相对湿度为45%～75%；应无影响输出稳定的机械振动和影响其正常工作的磁场。

（3）根据检定规程JJG 882—2004《压力变送器检定规程》进行检查。

3.15.1.3 检定前的必要工作

（1）调节活塞压力计的水平。

（2）被检变送器和标准器连接：将变送器的高压侧与活塞压力计正确地连接。

（3）被检变送器和FLUKE743B及通信电阻连接：正负极连接正确，使用熟练。

（4）被检变送器和通信终端连接。

（5）供电和查看参数：用FLUKE 744供电，用通信终端查看量程。

（6）选择检定点。

（7）均匀分布检定点：全量程内不少于5点。

（8）计算每个检定点对应的输出理论电流值。

3.15.1.4 检定工作

（1）变送器和管路密封性检查：平稳地升压，让测量室压力达到测量上限值，密封15min，应无泄漏。

（2）进行两个行程检定：正行程，加压至各检定点，到达高限后稳压15min，填写记录；反行程，降压至各检定点，填写记录。

（3）在检定过程中不允许调整零点和量程，不允许轻敲和振动变送器。

（4）在接近检定点时，输入压力信号应足够慢，避免过冲现象。

（5）绝缘电阻检定：变送器各组端子（包括外壳）之间绝缘电阻不小于20MΩ。

（6）完善记录和分析：正确、完整、规范填写；正确计算变送器的示值误差和回程误差。

3.15.1.5 最后工作

（1）FLUKE停止供电并拆线，通信终端拆线，变送器下线；

（2）出具合格证并粘贴；

（3）清洁工具，收回并放齐，恢复标准器，清理现场卫生。

3.15.2 3051差压变送器校验规程

3.15.2.1 准备工作

（1）劳保上岗。

（2）工用具（齐全）：250mm 活动扳手 2 把，开口螺丝刀和十字螺丝刀各 1 把。

（3）仪器设备（完好在有效期内）：过程校验仪 FLUKE 744，通信终端，通信电阻，绝缘电阻表，浮球压力计，3051 差压变送器。

（4）材料准备：生料带，标签，面纱，氮气瓶（压力符合要求）。

3.15.2.2 检查工作

（1）目力观测外观：铭牌应完整清晰，零部件完好无损。

（2）记录实验室环境条件：满足环境温度（20±5）℃，每 10min 变化不大于 1℃，相对湿度为 45%～75%；应无影响输出稳定的机械振动和影响其正常工作的磁场。

（3）根据检定规程 JJG 882—2004《压力变送器检定规程》检查。

3.15.2.3 校验前的必要工作

（1）对被校验变送器进行吹扫及清洗；

（2）正确连接浮球压力计与被检变送器；

（3）观察气瓶输出压力并调整合适；

（4）调整浮球压力计水平，浮球压力计水泡在规定位置；

（5）打开气源阀和输出阀，并加载被检查变送器满量程砝码，对连接处进行试漏。

3.15.2.4 校验过程

（1）为变送器加载 24V DC 电源、通信电阻：加载电源，连接通信电阻；

（2）关闭浮球校验仪的输出压力开关，打开排液螺钉和平衡阀；

（3）用通信终端查看变送器零点是否在合适范围；

（4）用通信终端调整变送器零点；

（5）打开浮球校验仪的输出压力开关，关闭平衡阀和正压室一次阀门以及关闭排液螺钉；

（6）用浮球校验仪对变送器满量程 25%、50%、75%、100%的压力进行校验；

（7）用浮球校验仪对变送器满量程 75%、50%、25%、0%的压力进行校验；

（8）反复调整，直至变送器各点的输出都合适。

3.15.2.5 出具记录及恢复

（1）正确填写检定记录，出具检定合格证（有原始记录、有正式检定记录，对被检变送器出具合格证）；

（2）按照断电→关闭气源→拆卸→装箱步骤进行恢复。

3.15.3 YSH-131B 型数字压力变送器操作规程

3.15.3.1 投运步骤

（1）仪表出厂时已内装电池，即使没有外供电，也可进行现场压力值的读取（无外供电时信号不能远传）。

（2）实际使用压力值上限应为变送器量程的70%左右为宜。

（3）如果要变送电流输出，三线制接线：一根接24V+，一根接IO，一根接COM，端子柜对应。

（4）送电投用。

3.15.3.2 仪表调零

在无施加压力的情况下，接通电源室仪表进入工作状态，用一字螺丝刀调整显示面板上的电位器，使其恢复到“0”，在校验室用标准器重新检定后方可使用。

3.15.4 BUWZ 防爆电热液位计操作规程

3.15.4.1 投运步骤

（1）液位计投入操作时，应先打开上阀门，然后慢慢打开下阀门，避免容器内受压介质快速进入筒体，使浮子急速上升，造成现场指示器失灵。

（2）如果介质有沉淀或不清洁物存在，应定期清洗。

（3）停运仪表时，关闭上、下游阀门，打开排液阀。

3.15.4.2 调校方法

（1）将指示管中的液体排掉，让浮子处于零位，此时调节“零位”电合器，使输出为4mA。

（2）将传感器两端用金属导线短路，此时电阻为0，调节“量程”电合器，使输出为20mA。

（3）反复调节，使“零位”和“量程”达到要求。

3.15.4.3 投运操作

（1）操作前，应提供24V DC的供电电源，并检查仪表的指示和位移是否准确。

（2）启动时，应缓慢打开旁通管路上的平衡阀，稳定后再开上游阀门。

（3）稳定后，关闭平衡阀并用下游阀门进行调整。

（4）在正常操作时，上游阀门应处于常开状态。

（5）测量液体时，流量计启动后要先打开仪表上端的密封塞，排除锥管内部的气体再封死，仪表长期停用再次启动时，也应首先排气。

（6）测量气体时，被测气体压力一般不小于0.1MPa。流量计上游阀门全开，下游阀门调节流量用。

3.15.4.4　停运操作

（1）正常停运可不做任何操作。

（2）如仪表发生故障，则首先打开旁路平衡阀，再依次关闭上下游阀门，进行检查。

（3）注意：流量计传感器的锥管必须垂直安装，流体方向必须由下至上，不得倒流。

3.15.5　Fisher调压阀操作规程

3.15.5.1　操作方法

（1）调节阀后工作压力：打开指挥器盖帽，顺时针方向旋转调节螺钉可以增大阀后的工作压力，逆时针方向旋转调节螺钉可以减小阀后工作压力，目前控制压力调节在0.5kPa。

（2）调节切断压力：打开Fisher调压阀下面的操作盒，用扳手顺时针方向旋转调节螺钉可以增大切断压力，逆时针方向旋转调节螺钉可以降低切断压力，目前控制的切断压力为0.1kPa。

3.15.5.2　操作中的检查及操作

（1）定期对过滤器进行排污；

（2）检查阀门指示是否正常；

（3）需要定期对调压阀导压管进行吹扫。

3.15.6　YSH-131B型数字压力变送器操作规程

3.15.6.1　投运步骤

（1）仪表出厂时已内装电池，即使没有外供电，也可进行现场压力值的读取（无外供电时信号不能远传）。

（2）实际使用压力值上限应为变送器量程的70%左右为宜。

（3）如果要变送电流输出，三线制接线：一根接24V+，一根接IO，一根接COM，端子柜对应。

（4）送电投用。

3.15.6.2 仪表调零

在无施加压力的情况下，接通电源室仪表进入工作状态，用一字螺丝刀调整显示面板上的电位器，使其恢复到“0”，在校验室用标准器重新检定后方可使用。

3.15.7 YS型活塞压力计操作规程

YS型活塞压力计如图3.152所示，其操作参数见表3.19。

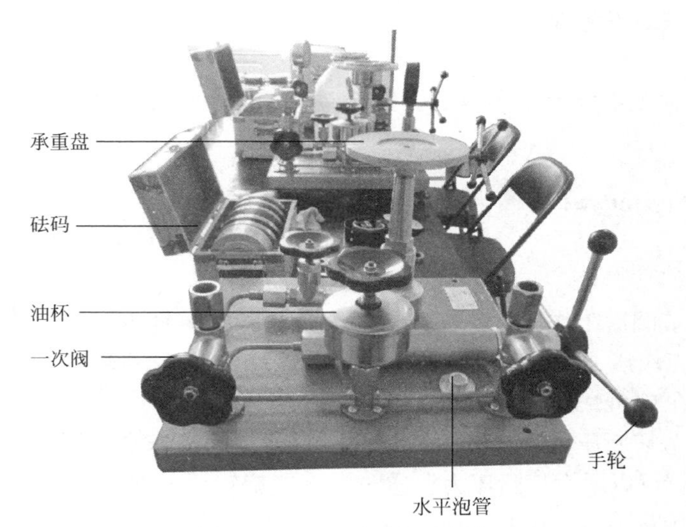

图3.152 YS型活塞压力计

表3.19 活塞压力计操作参数

工作介质	工作温度	工作湿度	工作压力
蓖麻油或变压器油	(20±2)℃	不大于85%RH	大气压

开车及停车操作如下：

（1）压力计安装在便于操作、牢固且无振动的工作台上。

（2）新购置和使用中的仪器，要用航空汽油对活塞系统和校验器进行清洗并待汽油全部挥发后注入清洁的工作介质（变压器油或蓖麻油），最后将内腔中的气体全部排出。

（3）调节专用螺钉，使水准器泡处于中间位置。

（4）关闭其他阀门，打开油杯，左旋手轮将油杯中的工作介质抽入泵中。

（5）关闭油杯，打开校验阀门，右旋手轮，产生初压使底盘升高。

（6）在承重盘上放置所需的砝码，同时按顺时针方向以30～60r/min的速度转动砝码，缓慢升压（降压），使活塞处于工作平衡位置，此时可进行校验工作。

（7）使用完毕后将手摇泵中的工作介质再压回油杯中。用防尘罩罩好，防止灰尘和异物落在仪器上。

操作时需注意以下事项：

（1）压力计使用时，应缓慢升压和降压。

（2）给活塞上加砝码时，必须轻取轻放，轴线要对中，绝对禁止与承重盘发生碰撞。

（3）在升压过程中不能有降压现象，在降压过程中不能有升压现象。

（4）操作中，如发现有异常情况，应立即停止工作，排除故障后方可重新进行。若不能正常升压或降压，应检查油路或阀门开关位置是否正常；若传压介质刺漏，应立即泄压并进行整改。

活塞压力计保养周期见表3.20。此设备检定周期为两年。

表3.20　活塞压力计保养周期

保养级别	保养周期	保养部位	保养项目	技术要求
日常维护	24h	设备本体	设备表面清洁，设备本体各密封部位无漏油现象，手轮转动灵活，各阀门无泄漏现象	无

3.15.8　靶式流量计操作规程

靶式流量计一般无须进行任何操作，在运行中无流量或停运时有流量，说明流量计零点产生了漂移，需进行以下操作。

3.15.8.1　靶式流量计在运行过程中传感器零点输入操作

（1）按菜单核对或恢复输入原始参数，核对或恢复完后，让其恢复到正常运行时的流量界面。

（2）从上到下按第一个OK键进入CH界面，随即按第二个FC键进入LF界面，停止操作。不用担心它会自动返回流量界面，进入下一步。

（3）通知中控室，先将控制参数调低并迅速直接将调节阀开度置零，并及时通知现场仪表人员，关闭调节阀的信息后，现场仪表人员默数5s后，在第二步的 LF 界面下，迅速按流量计按钮的第三个键和第四个键（从上到下数），等待返回到流量界面。

（4）立刻通知中控人员将调节阀根据正常参数的控制情况，迅速往之前开度方向走，正常情况下应该就会有流量显示了。

3.15.8.2 靶式流量计在停运过程中传感器零点输入操作

（1）按菜单核对或恢复输入原始参数，核对或恢复完后，让其恢复到正常运行时的流量界面。

（2）从上到下按第一个 OK 键进入 CH 界面，随即按第二个 FC 键进入 LF 界面，由于无流体流过（必须确保），紧接着按流量计按钮的第三个键和第四个键（从上到下数），等待返回到流量界面。

（3）正常情况下，瞬时流量应该为 0。

3.15.9 差压变送器操作规程

3.15.9.1 变送器的启动

（1）启表前必须确认正负取压一次阀、排污阀是否关闭，变送器三阀组正负压截止阀是否关闭，平衡阀是否打开。

（2）缓缓打开取压一次阀，将介质引入。

（3）缓慢打开高压侧取压截止阀（确认平衡阀全开），将过程流体引入测压部。

（4）打开低压侧取压截止阀，使测压部分完全充满过程流体。

（5）关闭平衡阀，仪表启用。

3.15.9.2 变送器的停用

（1）打开平衡阀。

（2）关闭低压侧取压截止阀，关闭高压侧取压截止阀。

（3）关闭高低压侧取压一次阀。

（4）变送器停用。

3.15.9.3 注意事项

变送器在使用前应进行单校，在现场安装之前，应清楚变送器本身的正负压侧是否与引压管的高低侧相对应，如果不对应，必须进行调整，否则安装后变送器的取压方向将无法改变。

3.15.10 差压计操作规程

3.15.10.1 差压计的启动

（1）启表前必须确认正负取压一次阀是否关闭，平衡阀是否打开。

（2）缓慢打开高压侧取压截止阀（确认平衡阀全开），将过程流体引入测压部。

（3）打开低压侧取压截止阀，使测压部分完全充满过程流体。

（4）关闭平衡阀，仪表启用。

3.15.10.2 差压计的停用

（1）打开平衡阀。

（2）关闭高低压侧取压一次阀。

（3）变送器停用。

3.15.10.3 注意事项

差压计在使用前应进行单校，在现场安装之前，应清楚差压计本身的正负压侧是否与引压管的高低侧相对应。

3.15.11 差压液位（双法兰）变送器操作规程

3.15.11.1 变送器的启动

（1）确认双法兰螺栓紧固。

（2）启表前必须确认正负取压一次阀是否关闭。

（3）两人操作，同时缓缓打开高低压侧取压一次阀，将介质引入双法兰受压膜片，避免单向受压。

（4）用手操器 HART475 进入变送器菜单，根据高低压法兰间距及介质密度进行液位量程设置。

3.15.11.2 变送器的停用

（1）分别缓慢关闭高低压侧取压一次阀。

（2）变送器停用。

3.15.11.3 注意事项

在现场安装之前，应清楚变送器本身的正负压侧是否与引压管的高低侧相对应，如果不对应，必须进行调整，否则安装后变送器将无法正确传送液位数据。

3.15.12 超声波流量计操作规程

3.15.12.1 投运前准备工作

（1）流量计安装到位、紧固，检查流量计外观、有效期完好，流量计内部接线及流量计算机接线完好；

（2）流量计本体压力和温度变送器安装完好、在有效期内，变送器内部接线完好，压力变送器取压一次阀打开；

（3）流量计上游截断阀关闭，和中控联校本管路的气量调节阀，完毕后将调节阀全关，倒通调节阀上下游的截断阀；

（4）在工程师站，将化验取样分析数据输入 PKS 系统（分析数据将自动写入流量计）。

3.15.12.2 投运操作

（1）运行前，应提供 24V DC 的供电电源，并检查流量计算机供电指示灯正常。

（2）启动时，应缓慢打开调节阀，将气量调至外供气量。

（3）稳定后，对整个计量输差进行检查，对流量计算机 S600 进行参数检查。

（4）运行 24h 后，将化验取样的最新分析数据在工程师站进行更新。

3.15.12.3 停运操作

（1）正常停运可不做任何操作。

（2）如流量计发生故障，则首先投运备用计量干线，将故障流量计隔离后进行检查。

3.15.13 磁电式旋涡流量计操作规程

3.15.13.1 投运前准备工作

流量计安装到位、紧固，法兰连接处紧固、无泄漏，检查流量计外观、有效期完好，流量计内部接线完好。

垂直安装时，液体流向必须由下到上，与流量计壳体上的箭头一致。

3.15.13.2 投运操作

（1）运行前，应确保三线制接线正常，并检查流量显示正常。

（2）启动时，应缓慢打开其进口阀门，将流量调至正常。

（3）稳定后，对表头和中控的流量数据进行核对。

3.15.13.3　停运操作

（1）正常停运可不做任何操作。

（2）如流量计发生故障，则启用备用流量计管路，关闭故障流量计上下游一次阀进行检查或进入流量计菜单进行参数核查。

3.15.14　电磁流量计操作规程

3.15.14.1　投运前准备工作

（1）流量计安装到位、紧固，法兰连接处紧固、无泄漏，检查流量计外观、有效期完好，流量计内部信号线、220V 供电电源线接线完好；

（2）液体流向必须与流量计壳体上的箭头一致；

（3）进入流量计内部菜单，核对表内量程与中控一致。

3.15.14.2　投运操作

（1）运行前，应确保接线正常，供 220V 电源，并检查流量零点显示正常。

（2）启动时，应缓慢打开其进口阀门或调节阀，将流量调至正常。

（3）稳定后，对表头和中控的流量数据进行核对。

3.15.14.3　停运操作

（1）正常停运可不做任何操作。

（2）如流量计发生故障，则切出到旁通管路，关闭故障流量计上下游一次阀进行检查或进入流量计菜单进行参数核查。注意在开盖进行流量计检查时，应切断流量计供电电源，以免发生触电事故。

3.15.15　电动浮筒液位计操作规程

3.15.15.1　工作原理

DLC3000 系列电动浮筒液位变送器由浮筒室、浮筒和扭管系统组成的传感部分、变送器的转换部分组成。当浮筒室内液位升降变化时，引起沉浸在液体中的浮筒浮力的变化。在不同的浮力作用下，扭管扭转的角度不同，从而使液体液位与扭转角成比例变化。当扭管发生一个转角，就引起波纹管转动并一直传递到一个由簧支撑的杠杆组件，使固定在杠杆组件上的一对磁铁摆动。摆动信号被霍尔元件感知，转变成霍尔电势信号，经过处理转换成 4～20mA 信号输出。

3.15.15.2　技术参数

测量范围：0～2000mm；

精度：±1.0%F.S；

输出信号：4～20mA DC；

供电电压：24V DC；

负载电阻：700Ω；

环境温度：-40～85℃；

介质温度：常温型为-40～150℃，高温型为150～350℃。

3.15.15.3 调试

调试方法一般有挂重法、水测法及干校法三种方法。

1）挂重法

挂重法一般适用于内装型（内浮筒），是利用液体浮力对浮筒重量的影响进行复现的一种调试方法。在调试之前，按照相关要求进行安装和电气接线，通电30min之后进行测试。分别在挂盘上挂上零点重量的砝码，对其输出信号进行测量，然后调整“ZERO”使输出为4mA。减少砝码至“量程”重量，并对“SPAN”进行调节，使输出信号为20mA。反复调整，直至两点都符合要求为止。

2）水测法

将仪表安装、通电之后，根据其具体参数，将水灌至“ZERO”处，进行零点调整；然后将水灌至“SPAN”，并进行上限调整。反复调整，直至各点输出都合格为止。

3）干校法

干校法一般只用于检验变送器输出，不用来进行精度校准。在投用之前，利用旋转干校盘对变送器的零点和量程进行检验。如输出合格，将盘旋转至自动即可。

3.15.15.4 操作方法

在标定时一般以清水的数据进行标定，在实际操作过程中，应根据所测介质的相对密度对仪表的零点和量程进行修正。在使用过程中应注意以下事项：

（1）必须保证仪表的现场垂直安装。

（2）安装时要轻拿轻放，避免浮筒的损伤。

（3）年度检修时应对浮筒进行清洗和检查，看有无泄漏、损伤现象。

（4）至少每年应对仪表进行重新标定和调校。

3.15.16 Rotork电动球阀操作规程

罗托克电动球阀一般应用于处理厂干线或者支干线上作为紧急切断阀使用，其视窗如图3.153所示。

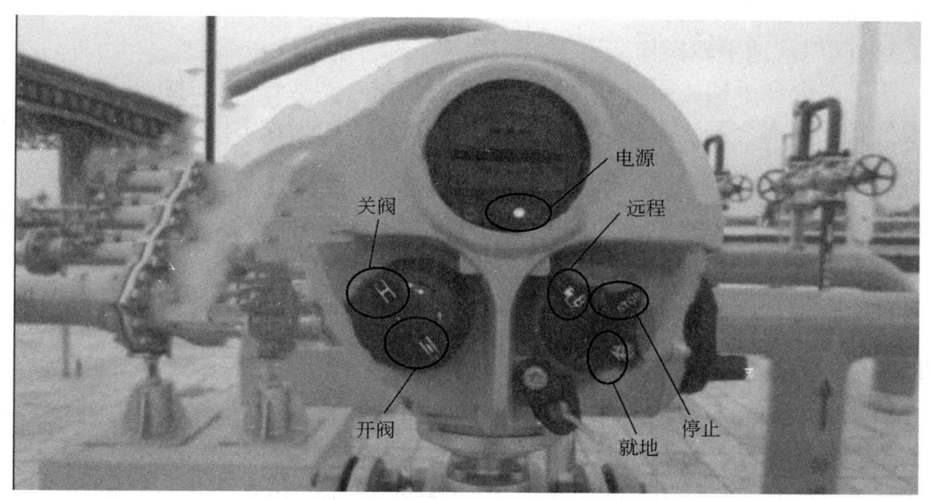

图 3.153　罗托克电动球阀视窗

3.15.16.1　操作模式

（1）中控室远程操作：机构上的红色位选择开关打到“远程”。

（2）就地电动操作（电动开关阀门）：把执行机构上的红色位选择开关打到“就地”。

（3）就地手轮操作：通过离合杆和手轮进行操作。

（4）禁用或暂停阀门的电动动作：把执行机构上的红色位选择开关打到“STOP”（停止）位置。

3.15.16.2　操作步骤

1）中控室远程操作

（1）首先为电动球阀送电，电源指示灯会亮；同时将把执行机构上的红色位选择开关打到“远程”，中控人员点击阀图标，在弹出操作面板 OP 下拉框中选择“OPEN/CLOSE”按钮，远程对电动球阀进行开关。

（2）中控室能看到阀的开位、关位、远程、就地及故障这五种状态。

2）阀门就地电动操作

（1）首先为电动球阀送电，电源指示灯会亮。

（2）开阀：把执行机构上的红色位选择开关打到“就地”，拨动黑色控制旋钮到“开阀”，进行开阀操作。

（3）关阀：把执行机构上的红色位选择开关打到“就地”，拨动黑色控制旋钮到“关阀”，进行关阀操作。

（4）停止：在开阀和关阀过程中，旋转红色模式选择旋钮至“停止”，则开阀或关阀动作立即停止。

3）阀门就地手轮操作

压下离合器手柄，同时慢慢旋转手轮直到离合器啮合，此时松开手柄，弹回原来位置，但离合器已由弹簧加载的插销保持在手轮操作方式，此时可以用手轮手动操作。

3.15.16.3　注意事项

离合器在执行器被电动操作时会自动脱离，回到电动机驱动状态，手轮操作不宜用力过大，感到阻力明显变化时应适时停止，防止损坏阀门。

3.15.16.4　应急操作

由于电动球阀属于失电保位阀，在断电后能保持当前开关状态，所以在失电后若出现开关需求，则可以利用电动球阀自带的手轮进行操作。而且，燃料气区4台电动球阀由中控室的UPS供电，因此若外电中断UPS未中断，则仍可以远程对阀进行控制；但若外电中断且UPS中断时，则只能使用现场手轮对电动球阀进行开关操作。

除燃料气区之外的9台电动球阀，在外电中断后，中控无法对其进行远程开关操作，只能去现场用手轮进行开关操作。

3.15.17　电接点压力表操作规程

3.15.17.1　电接点压力表拆卸前的准备和确认工作

（1）准备扳手、螺丝刀、对讲机、万用表和绝缘胶布；

（2）确认作业人员劳保上岗，工艺人员到位并进行流程确认；

（3）电工切断该表电源并确认无电。

3.15.17.2　电接点压力表的拆卸

（1）确认电接点压力表原始接线；

（2）正确拆下电接点压力表接线；

（3）关闭取压阀、开放空阀，对压力表进行泄压；

（4）缓慢平稳拆卸压力表。

3.15.17.3　电接点压力表的安装

（1）正确安装校验合格的电接点压力表；

（2）按原始接线正确进行电接点压力表的接线；

（3）调节压力表上下报警限；

（4）关闭放空阀，打开取压阀，对压力表进行冲压，检查有无泄漏。

3.15.18　浮球压力计操作规程

浮球压力计如图 3.154 所示，其操作参数见表 3.21。

表 3.21　浮球压力计操作参数

规格型号	工作介质	工作温度	工作压力	工作湿度
AMETEK PK2-201N-SS	氮气	(20±2)℃	0.001～0.25MPa	不大于 85%RH

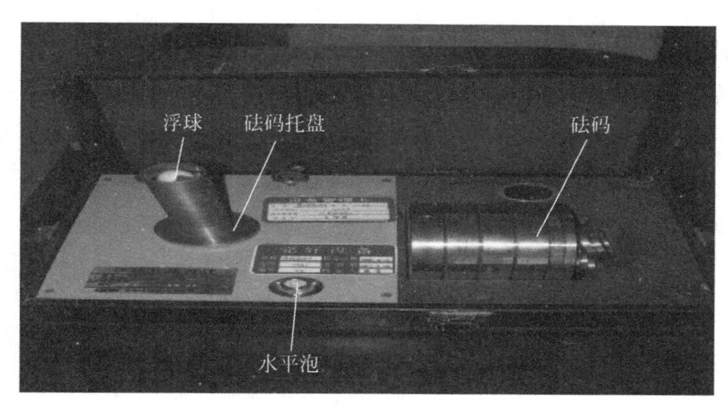

图 3.154　浮球压力计示意图

开车操作如下：

（1）调节水平调整螺钉，使压力计保持水平放置。

（2）用导压管将压力计的输入端与气源输出端相连，压力计的输出端与被检仪表相连接。

（3）缓慢开启气源，将气源压力调至额定气源压力 0.5MPa。将浮球轻放在喷嘴座上，并放置砝码架，待气源稳定后，将砝码轻置于砝码架上，使压力计操作在最大工作压力，检查各连接处有无泄漏。

（4）检查完毕后，将砝码架与浮球轻轻取下，压力泄至零。

（5）关闭油杯，打开校验阀门，右旋手轮，产生初压使底盘升高。

（6）开始检定，将浮球与砝码架罩于喷嘴座上，将砝码轻置砝码架上，待浮球悬浮，气流稳定后，读取被检表的示值，然后按照被检表的检定规程选择检定点，继续检定。

停车操作如下：

（1）检定完毕后，将砝码、砝码架、浮球从喷嘴座上轻轻取下，擦拭干净放置好。关闭气源及压力计的输入阀、输出阀，将被检表卸下。

（2）将设备整理、清洁后，盖上盖子妥善保管。

操作时需注意以下事项：

（1）检定过程中，砝码要轻拿轻放。

（2）一等浮球式压力计的检定周期为24个月。

（3）每次使用前后要检查浮球是否光滑无划痕，并将浮球与砝码用丝绸擦拭干净。

（4）气源要求是洁净的空气或氮气，严禁用含有杂质的气体。

（5）定期用酒精或氟里昂清洗喷嘴、气流管路。

（6）操作中应调节专用螺钉，使水准器泡处于中间位置。

（7）操作中应检查浮球的完好程度。

（8）检定过程中，砝码要轻拿轻放。

（9）浮球不得有破损或碰撞现象，如果有破损需要进行检定合格后方可投入操作。

（10）若高压氮气刺漏，应立即关闭氮气瓶进行整改。

浮球压力计的保养周期见表3.22。此设备检定周期为两年。

表3.22 浮球压力计保养周期

保养级别	保养周期	保养部位	保养项目	技术要求
日常维护	24h	设备本体	设备表面清洁，设备本体各密封部位无漏气现象，浮球及砝码外观良好	无

3.15.19 高级孔板计量装置操作规程

3.15.19.1 准备工作

（1）劳保上岗，专人监护。

（2）工用具和材料：250mm活动扳手1把，对讲机，接液盒，验漏瓶，无铅汽油，密封脂，面纱，胶皮垫。

（3）通知中控停计量点。

3.15.19.2 操作步骤

1）提升孔板步骤

（1）拧开平衡阀。

（2）打开滑阀，用摇柄顺时针方摇齿轮轴，直至摇不动为止。

（3）提升孔板，逆时针方向摇下腔室孔板提升摇柄，手感孔板导板已咬合齿轮轴为止。

（4）再摇上腔室孔板提升柄，将孔板提升至上腔室。

（5）关闭滑阀。

（6）关闭平衡阀。

（7）缓慢打开放空阀，排净上腔室余压。

（8）取下防雨帽，拧掉螺钉，取掉顶板、压板。

（9）逆时针摇提升柄，将孔板提出。

2）放入孔板步骤

（1）按介质流向将孔板装入导板，顺时针方向摇动提升柄将导板放入上腔室。

（2）装上顶板、压板。

（3）依次装上密封垫片、压板、顶板，拧紧顶板上的螺钉，盖好防雨帽。

（4）关闭放空阀。

（5）打开滑阀。

（6）依次顺时针方向摇动上腔室、下腔室孔板提升柄，将孔板导板放入下腔室。

（7）关闭平衡阀。

（8）关闭滑阀。

（9）注入密封脂。

（10）缓慢打开放空阀，放掉上腔室压力，关闭平衡阀。

3.15.19.3　日常维护、保养

（1）装置在正常使用时必须每月操作一次。

（2）在正常使用过程中，要定期对孔板进行检查，清除孔板表面污物，检查孔板有无损伤，密封件有无变形损伤。

（3）拆装孔板，不得用硬物直接和孔板进行接触，禁止用金属器具清除孔板污物。

（4）在使用过程中，如发现孔板表面有结晶沉淀，必须打开排污阀或排污堵头排净污物。

（5）在操作过程中，应避免脏物、杂质掉入控板腔体内，以免划伤滑阀。

3.15.20　可燃气体探测器操作规程

以无锡格林通生产的点型可燃气体探测器 IR2100 为例介绍。

3.15.20.1　可燃气体探测器安装前工作

（1）使用专用支架将探测器安装稳固，并按正确步骤进行内部接线；

（2）仪表进行可靠接地；

（3）探测器在中控室机柜间的 FGS 机柜端子排接线正确；

（4）探测器表盖安装紧固。

3.15.20.2　探测器的供电和运行

（1）首次给仪表供电前，应仔细核对该表说明书所要求的项目。

（2）给仪表供电，供电前需再次确认接线无误，供电电压符合仪表要求。

（3）首次通电，仪表至少要稳定 15min。启动过程中，设备将进入约 2min 的启动模式，此时仪表进行自动检查各项功能，因此现场探头应处于洁净空气中，以确保自动调零的正确。

（4）启动完毕，仪表如正常，则输出 4mA 电流，核对中控操作站上数据显示是否正常。

（5）为了避免误报警，在维修、取下或替换传感器时应和自控工程师联系并切断电源。

（6）探测器的标定需专业人员使用专用工具进行标定并出合格证书。

3.15.21　普通压力表校验规程

3.15.21.1　准备工作

（1）劳保上岗，按操作规程 JJG 52—2003《弹簧管式一般压力表、压力真空表和真空表鉴定规程》安全操作。

（2）材料准备：面纱 0.1kg，变压器油 1 瓶，鱼线少许，铅封 1 个，B 类合格证 1 个。

（3）工具、用具准备：75mm×3mm 平口螺丝刀 1 把，75mm×3mm 十字螺丝刀 1 把，250mm 活动扳手 2 把（或 24~27mm 和 17~19mm 开口扳手各 1 把），起针钳 1 把，铅封钳 1 把。

（4）仪器和设备：压力校验仪 YS-60 型 1 套（或其他标准仪），Y-1000-10MPa 普通压力表 1 块。

（5）环境条件：温度为（20±5）℃，相对湿度不大于 85%，环境压力为大气压，压力表应在以上环境条件下至少静置 2h 以上方可检定。

3.15.21.2　校验前的必要工作

（1）选用活塞压力计：根据压力表量程及精度正确选用在有效期内的活塞压力计并将其置于便于操作、牢固且无振动的工作台上。

（2）活塞压力计的检查工作：外观是否正常，有无漏油现象；油杯油面是否在 1/3~2/3 处；专用砝码检查确认。

（3）压力表检查工作：观察压力表外观部件是否正常，刻度与读数是否清晰，量程与分度值是否正确；打开表门，将表门及内部清洁干净，轻轻撕下合格证；检查压力表内部机构，紧固所有螺钉。

（4）压力表安装，调水平，管路排空：

① 正确安装压力表至活塞压力计；

② 调节专用螺钉，使水泡处于中间位置；

③ 打开油杯，校验截止阀和平衡阀，关闭非选择校验截止阀；

④ 左旋手轮将油杯中工作介质抽入泵中，并随即右旋手轮将油推入油杯，此过程目的是判断推杆工作是否正常，并将管路气排空。

3.15.21.3　校验过程

（1）根据所选压力表量程均匀地选择校验点，不得少于5点。左旋手轮将油杯中的工作介质抽入泵中，关闭油杯。

（2）被检表进行正反行程检定。正行程（即加压）检定步骤为：选择第一个校验点压力所需砝码并轻放到活塞上，将左手轻放在砝码上，右旋手轮产生初压，看到并且手感觉到使底盘升高，然后将活塞筒顺时针以30～60圈/min速度进行旋转，直到活塞筒上升到第一个校验点的压力（底层砝码下边缘与圆柱标尺对齐），等待压力稳定后读取数值，然后进行下一个点的校验。反行程（即降压）检定步骤为：降压时先降压后再取砝码，降压时应缓慢降压。

（3）在每个检定点上，必须对压力表的轻敲位移进行检查和数据读取，并注意指针偏转平稳性是否达标。

（4）根据误差进行原因分析，对压力表正反行程误差进行读取并计算后，对误差进行校验。

（5）针对线性误差的调整，可以通过重装指针、盘紧游丝、调整连杆和拉杆的位置进调整。

（6）针对非线性误差的调整，如示值前慢后快、前快后慢等的调整，可以通过对压力表座夹板的调整进行克服，同时检查中心齿轮、扇形齿轮是否有弯曲、变形等现象。每经过一次调整都要对压力表进行正反行程的重新校验。

（7）误差分析：对校验数据进行读取、分析，若压力表各项误差在精度范围之内，出示合格证明；若压力表某项误差不在精度范围之内，且又非硬件原因，反复进行调整、校验直至合格；当因硬件原因无法调整时则报废，并出具不合格通知书。

3.15.21.4　最后工作

（1）压力表：贴好合格证（注明校验人、校验日期、合格证号），恢复压力表并打上铅封；

（2）活塞压力计：使用完毕将手摇泵中的工作介质再压回油杯中；

(3) 将校验设备、场地进行恢复和清洁后，用防尘罩罩好校验设备，防止灰尘和异物落在仪器上；

(4) 在送检记录上记录齐全。

3.15.21.5 注意事项

(1) 拆卸、安装指针规范；

(2) 压力计使用时，应缓慢升压和降压；

(3) 升压过程要先加砝码后升压，降压过程要先减压后减砝码；

(4) 在升压过程中不能有降压现象，在降压过程中不能有升压现象；

(5) 砝码在校验过程中要轻拿轻放，轴线要对中，绝对禁止与承重盘发生碰撞；

(6) 操作中，如发现有异常情况，应立即停止工作，排除故障后方可重新进行；

(7) 读值正确，估值根据分度值正确修约。

3.15.22 气动连锁阀反馈器的现场调校（BDV-0231）

3.15.22.1 准备工作

(1) 劳保上岗。

(2) 工用具：75mm 平口螺丝刀 1 把。

(3) 设备及仪器：反馈器（回信器）1 台；FULUKE 187 万用表 1 台。

(4) 通知和确认：通知调度室和中控室要调校气动连锁阀反馈器，需要工艺人员配合；工艺人员到现场后，让中控人员确认 SDV-0111 旁路（即连锁旁路）能进行调校。

3.15.22.2 调校过程

(1) 打开反馈器顶部防尘盖，取下现场指示器；

(2) 打开接线盒，检查接线有无松动；

(3) 让中控给气动连锁阀 SV1108 开关信号，看凸轮运转是否正常，当给开信号时看有无信号输出，当给关信号时看有无信号输出；

(4) 根据信号输出，来回调整凸轮位置，直至开关位置输出合适。

3.15.22.3 收尾工作

(1) 恢复设备并做好校验记录；

(2) 严格操作步骤、劳保穿戴。

3.15.23 罗托克气动切断阀操作规程

3.15.23.1 中控远程操作

（1）在中控气动阀的操作面板上选择“AUTO”（自动）操作模式，则阀受连锁条件控制，当连锁条件触发后，将自动开关此气动阀；

（2）在中控气动阀的操作面板上选择“MAN”（手动）操作模式，则可以通过 OP 下拉框中的 OPEN/CLOSE 对阀进行开关操作；

（3）对于单作用带液压机构气动阀和双作用气动阀，要确保现场的液压回路阀打在自动位置，仪表风一次阀打开，且压力在 0.4~0.6MPa。

3.15.23.2 现场就地操作（手轮或液压杆开关阀门）

（1）联系中控室要工艺人员配合。

（2）检查连锁阀的过滤减压阀和气路是否完好。

（3）关闭仪表风，打开减压阀排污螺钉，对阀内仪表风进行泄压；带液压机构的单作用气动阀和双作用气动阀，其液压回路各阀门处于现场手动操作位置。

（4）单作用弹簧复位气动球阀的操作，未失气或失电状态下的现场操作从步骤（1）开始，当失气或失电状态即阀门为原始状态时，则直接从步骤（3）开始。

（5）关闭连锁阀进口仪表风阀门。

（6）按下减压阀排污螺钉，对阀内进行泄压，这时阀门的状态即为阀门的原始状态。

（7）使用手轮对阀门进行开或关操作。通过手轮操作改变了阀门的原始状态，因此要想再次返回手轮操作前的状态，即原始状态，则要将手轮按相反方向旋转，直至手轮丝杆完全退出（对于手轮的旋向，其实和开关阀门的旋向一致，即顺时针关，逆时针开）。

（8）使用液压杆对阀门进行开或关操作。要将其液压回路各阀门处于现场手动操作位置（回油阀关闭，液压回路阀在水平位），然后通过液压杆插入液压泵进行开和关操作；通过液压杆改变了阀门的原始状态，因此要想再次返液压杆操作前的状态，即原始状态，则需将液压回路各阀门缓慢打回自动操作位置，将液压油退回油缸即可将此阀恢复到原始状态。

3.15.24 热电偶温度变送器就地校验规程

3.15.24.1 准备工作

（1）劳保上岗：穿工作服、穿防静电劳保鞋。

（2）工用具（齐全）：螺丝刀，对讲机。

（3）仪器设备（完好、在有效期内）：FLUKE 744。

（4）材料准备：绝缘胶布。

（5）工艺和中控：如需调校，需与工艺人员配合，同时通知中控人员记录改点值并将该点转换控制模式。

3.15.24.2 测得正确温度

（1）将信号线拆线并用胶布做好绝缘；

（2）将热电偶与 FLUKE 744 TC 接头连接；

（3）将 FLUKE 744 开机并打到 TC 测量挡，进行热电偶温度测量。

3.15.24.3 判断和恢复

（1）根据现场其他工艺测温设备，判断所测温度是否准确；

（2）检查现场显示温度是否与控制室显示一致；

（3）判断热电偶温度变送器故障，拆回室内进行校验；

（4）无故障则恢复仪表接线，通知中控将控制模式改为自动。

3.15.25 热电阻温度变送器就地校验规程

3.15.25.1 准备工作

（1）劳保上岗：穿工作服、穿防静电劳保鞋。

（2）工用具：FULUKE 744，开口螺丝刀，绝缘胶布，对讲机。

（3）通知中控室要检查热电阻温度，将控制模式转换为手动。

3.15.25.2 测得正确电阻值

（1）拆开信号线并及时用绝缘胶布缠裹；

（2）将 FLUKE 744 与热电阻接线柱进行连接；

（3）将 FLUKE 744 开机并打到电阻测量挡，进行热电阻电阻测量（电阻值精确到小数点后 2 位）。

3.15.25.3 温度换算

应用内插公式换算出正确的温度值。

3.15.25.4 判断和恢复

（1）根据现场其他工艺测温设备，判断所测温度是否准确；

（2）检查现场显示温度是否与控制室显示一致；

（3）判断热电阻温度变送器故障，拆回室内进行校验；

（4）无故障则恢复仪表接线，通知中控将控制模式改为自动。

3.15.26 双金属温度计检定规程

3.15.26.1 准备工作

（1）劳保上岗；

（2）仪器设备（完好在有效期内）：温度校验炉，双金属温度计。

3.15.26.2 检查工作

（1）目力观测外观：表盘玻璃应完整清晰，零部件完好无损。

（2）记录实验室环境条件：满足环境温度（20±5）℃，每10min变化不大于1℃，相对湿度为45%~75%；应无影响输出稳定的机械振动和影响其正常工作的磁场。

（3）根据检定规程JJG 226—2001《双金属漏度计检定规程》进行检查。

3.15.26.3 校验前的必要工作

（1）选用、检查、启动温度校验炉；

（2）将双金属温度计放入温度校验炉。

3.15.26.4 校验过程

（1）检定点应均匀分布在整个测量范围上（必须包括测量上限、下限），不得少于4点。有0℃点的温度计应包括0℃点。

（2）后续检定和使用中检验的温度计，检定点应均匀分布在整个测量范围上（必须包括测量上限、下限），不得少于3点。有0℃点的温度计应包括0℃点。

（3）温度计的检定应在正、反两个行程上分别向上限或下限方向逐点进行。测量上限、下限值时只进行单行程检定。

（4）在读被检温度计示值时，视线应垂直于度盘。读数时应估计到分度值的1/10。

（5）可调角温度计的示值检定应在其轴向位置进行。

（6）0℃点的检定待示值稳定后即可读数。

（7）计算示值误差、出角度调整误差、回差和可重复性等是否符合要求。

3.15.26.5 出具记录及恢复

正确填写检定记录，出具检定合格证。

3.15.27 调节阀的调校操作规程

3.15.27.1 准备工作

（1）劳保上岗。

（2）工用具：验漏瓶1个，防爆小活动扳手1把，开口螺丝刀和梅花螺丝刀各1把，50mm通针1个，毛刷1个，对讲机。

（3）仪器设备：MACAL信号发生器1台，HTS气动薄膜调节阀1台，电/气阀门定位器1台。

（4）材料准备：绝缘胶带。

（5）中控控制模式打手动，并由工艺人员对调节阀旁通切换正常。

3.15.27.2 确认检查

（1）与工艺人员联系落实，确保调节阀可以校验（如流程改到旁通、控制模式改手动）；

（2）检查仪表风管路无漏气，压力满足要求（0.14~0.28MPa）；

（3）检查并打扫定位器及调节阀卫生；

（4）紧固定位器所有螺栓，疏通恒节流孔。

3.15.27.3 校验过程

（1）确定标牌：手动检查行程，确定标牌位置；

（2）检查反馈杆水平度和垂直度：联系中控室给50%开度，检查并调整定位器反馈杆的平行度及垂直度符合要求；

（3）拆卸信号连接线，并及时用绝缘胶布包缠；

（4）正确连接信号发生器和阀门定位器正负极；

（5）调校定位器零点：MACAL输出0%，调整定位器零位；

（6）调校定位器行程：用MACAL发送4mA、8mA、12mA、16mA、20mA信号，调整调节阀行程应在0、25%、50%、75%、100%，操作步骤正确，精度符合要求，会排除调节阀故障；

（7）检查调节阀是否全关到位。

3.15.27.4 校验完毕

（1）恢复控制室连线，进行联校；联校合格，通知工艺和中控将阀投入使用。

（2）清理现场卫生，清洁工具并收回、放齐。

3.15.28 旋进旋涡流量计操作规程

旋进旋涡流量计一般无需进行任何操作，在运行中若瞬时流量与实际流量（或估计流量）偏差较大，则需进行以下操作：

（1）检查流量计仪表系数是否正确，按流量计后盖所标仪表系数重新输入。

（2）若被测介质每小时流量低于或高于选用流量计的正常流量范围，则调整管道介质流量使其正常或选用适合规格型号的流量计。

（3）检查流量计所处的工况压力是否波动较大，若是则改变流量计所处的工况压力使之平稳。

（4）检查流量计是否工作在强振动情况下，若有则增强流量计稳定性或改变流量计安装位置（主要为 LUXZ 型）；检查有无电流干扰，若有消除干扰源或对流量计作绝缘处理。

（5）检查温度传感器，温度传感器为 Pt100 铂电阻，检查该传感器显示值是否与实际值相符，偏差较大时，需更换温度传感器。

（6）检查流量计压力传感器，当 LUXZ 型流量计压力显示“80”或上限压力与实际压力偏差很大时，打开流量计后盖，测量压力传感器 5 根输出线中黑线对红线、蓝线阻值应基本相同，且都为 3.0kΩ 左右，黑对黄线、白线阻值都为 7.0kΩ 左右；当黑线对这 4 条线阻值两两不相等或对任一线的阻值为兆欧，则说明电桥不平衡，压力传感器坏，需更换。

（7）LUXZ 型液晶屏闪烁时，说明电池电压≤2.9V，需更换电池。

3.15.29　压力表拆装操作规程

3.15.29.1　压力表拆卸前的准备和确认工作

（1）准备扳手、棉纱、验漏瓶；

（2）确认作业人员劳保上岗，监护人员到位。

3.15.29.2　压力表的拆卸

（1）站在上风侧，关闭取压阀、开放空阀，对压力表进行泄压；

（2）对压力表进行缓慢平稳拆卸。

3.15.29.3　压力表的安装

（1）正确安装校验合格的压力表，对于取压一次阀进口为螺纹连接和活套连接的，要注意不能在带压情况下使其退丝或松动，避免介质喷出。

（2）由于取压一次阀压力表接口为反丝，安装时，先将一次阀的压力表接口顺时针旋转，使其退丝一半，后将压力表顺时针旋进压力表接口，再逆时针将压力表接口连带压力表旋紧，将压力表面调正安好。

（3）各部位连接紧固后，关闭放空阀，打开取压阀对压力表进行冲压，用验漏瓶检查无泄漏即正常安装投运。

3.15.30　仪表故障检查操作规程

当一个回路由正常工作状态突然变成故障状态（非工艺参数波动引起）时，

按以下思路及方法进行检查排除。

3.15.30.1 对于 AI 监测类仪表

首先检查确认故障处于哪一个回路区段。整个回路可以分为两个大区段：仪表段，从中控室端子接线排到现场仪表；自控段，从中控室端子排到控制柜。检查方法为：将该仪表信号线从端子柜拆下（一般只拆正极即可），用 FLUCK 或其他测试工具，检查现场仪表有无信号反馈以及反馈数值是否正常。如果无信号反馈或反馈信号不正常（偏高、偏低、跳跃波动等），则说明故障点处在仪表段；如果信号正常，则说明故障点处在自控段。

当确定故障点处在仪表段时，按下面步骤进行检查确定故障点的具体位置和排除故障：

（1）检查仪表本身有无问题。用 FLUCK 及其他标准测试仪器直接测试变送器的输出信号，如果输出不正常，则说明仪表本身有问题，需要维修或更换；如果输出一切正常，则进行一下步检查。

（2）检查从现场表头到端子柜之间的仪表电缆有无问题。通过短接测电阻法或测电压法确定电缆通断情况，如果电缆不通则确定为电缆问题，用相同的方法逐段测试、确定断点并进行恢复，检查仪表回路接线有无松动或断裂，依次检查紧固端子柜接线排、表头、中间接线盒内接线柱；如果电缆通断正常则进行下一步检查。

（3）检查仪表电缆的正极有无接地现象。用万用表测试正极电缆对地电阻，正常时应该是无穷大或在 200MΩ 以上，如果发现正极接地，可以通过调换正负极电缆来解决；如果有备用电缆最好更换一条电缆。

当确定故障点处在自控段时，按下面步骤进行检查确定故障点的具体位置和排除故障：

（1）用标准信号发生器（FLUCK 743 等工具）从卡件通道直接给信号，看组态程序是否有正常的数据显示。如果有正常数据，则说明问题在端子柜和卡件之间的接线上，测试电缆是否畅通，接线是否牢固，正极电缆有无接地，并排除故障；如果无正常数据显示，则说明自控柜有问题，进行下一步检查。

（2）检查组态程序和卡件、通道是否处于激活状态。如果没有激活，应对其进行激活；如果卡件激活失败，进行下一步检查。

（3）检查卡件是否有电，确认电源指示灯和工作指示灯是否正常。如果不正常，则说明卡件故障或供电有问题，检查恢复供电或更换卡件，重新激活卡件。

3.15.30.2 对于 AO 控制类设备

首先检查确认故障处于哪一个回路区段。检查方法为：将该仪表信号线从端子柜拆下（一般只拆正极即可），用万用表或其他测试工具，检查从卡件到端子柜接线排上有无24V DC电压，并检查输出的4~20mA电流值与控制回路的输出值是否一致。如果输出正常，则说明故障点处在仪表段；如果输出信号不正常，则说明故障点处在自控段。

当确定故障点处在仪表段时，按下面步骤进行检查确定故障点的具体位置和排除故障：

（1）检查执行机构本身有无问题。用标准信号发生器直接驱动执行机构，如果执行机构工作不正常，则说明执行机构有问题，需要维修或更换；如果执行机构工作正常，则说明信号电缆有问题，进行下一步检查。

（2）检查确认信号电缆有无问题。用万用表直接测试回路的输出电压值和电流信号，如果输出正常则说明接线有问题；如果输出不正常则进行一下步检查。

（3）检查从现场表头到端子柜之间的仪表电缆断点所在。通过短接测电阻法或测电压法确定电缆通断情况，逐段测试、确定断点并进行恢复，检查仪表回路接线有无松动或断裂，依次检查紧固端子柜接线排、执行机构接线柱、中间接线盒内接线柱。

（4）检查仪表电缆的正极有无接地现象。用万用表测试正极电缆对地电阻，正常时应该是无穷大或在200MΩ以上，如果发现正极接地，可以通过调换正负极电缆来解决，如果有备用电缆最好更换一条电缆。

当确定故障点处在自控段时，按下面步骤进行检查确定故障点的具体位置和排除故障：

（1）检查在端子柜和卡件之间的接线，测试电缆是否畅通，接线是否牢固，正极电缆有无接地，并排除故障。如果一切正常，则说明自控柜有问题，进行下一步检查。

（2）用万用表直接测试通道输出的电流信号是否正常，在程序中给定标准的输出值，测试电流输出是否正常。如果不正常进行下一步检查。

（3）检查组态程序和卡件、通道是否处于激活状态。如果没有激活，应对其进行激活；如果卡件激活失败，进行下一步检查。

（4）检查卡件是否有电，确认电源指示灯和工作指示灯是否正常。如果不正常则说明卡件故障或供电有问题，检查恢复供电或更换卡件，重新激活卡件。

对于DI类回路，检查原理和步骤与AI一样，只是通过测试有无电压和回路通断情况来排除故障。对于DO类回路，检查原理和步骤与AO一样，只是通过测试电压是否正常和回路通断情况来排除故障，其执行机构对应为电磁阀或接触器。

当一个新组建的回路工作不正常时，按以下思路及方法进行检查排除：检查步骤应该从自控组态查起，一步一步推向现场，特别要注意所分配的通道与接线端子和现场仪表一一对应，正负极不能接反，以及仪表的量程和一些特殊参数的设置、计算转换等。

3.15.31 仪表联校操作规程

3.15.31.1 带 HRAT 通信仪表的回路联校

1）注意事项

（1）作业时，确保无天然气泄漏，否则不能打开变送器表盖。

（2）仪表后盖必须妥善放置，防止损坏仪表后盖螺纹。

2）操作步骤

（1）拧开仪表后盖，妥善放置（图 3.155）；

（2）使用 HRAT 通信线连接 HRAT 通信接口与仪表电源正极端子和仪表电源负极端子；

（3）按过程仪表认证校准仪电源开关开机；

（4）按 HRAT 通信键进入仪表 HRAT 通信界面；

（5）选择功能键中的 Service 键，再选择回路测试（Loop Test），进入信号输出界面；

（6）分别选择功能键中 4mA、12mA、20mA；

（7）核对计算机显示的信号是否与现场给出的信号相符；

（8）填写仪表回路联校记录。

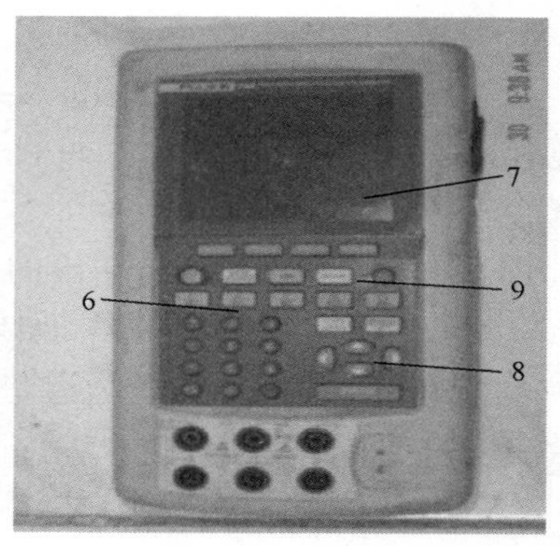

图 3.155 仪表回路测试

1—仪表壳体；2—仪表后盖；3—仪表电源正极端子；4—仪表电源负极端子；5—测试端子；6—过程仪表认证校准仪电源开关；7—HRAT 通信接口；8—HRAT 通信键；9—功能键

3.15.31.2 不带 HRAT 通信仪表的回路联校

1）注意事项

（1）作业时，确保无天然气泄漏，否则不能打开变送器表盖。

（2）仪表电源线路拆下后不能与仪表壳体接触，否则会烧坏自控设备。

2）操作步骤

（1）拧开仪表盖，妥善放置；

（2）拆下仪表电源正极端子和仪表电源端子，不能与壳体接触；

（3）用测试线红表笔夹住仪表电源线路正极，黑表笔夹住仪表电源线路负极，并分别与图 3.156 中标号为 9 和 10 的插孔连接；

（4）按过程仪表认证校准仪电源开关开机，按测量/输出转换键，进入输出功能；

（5）按下电流测量/输出键，分别输入 4mA、12mA、20mA 电流信号；

（6）核对计算机显示的信号是否与现场给出的信号相符；

（7）按相关规定填写仪表回路联校记录（图 3.156）。

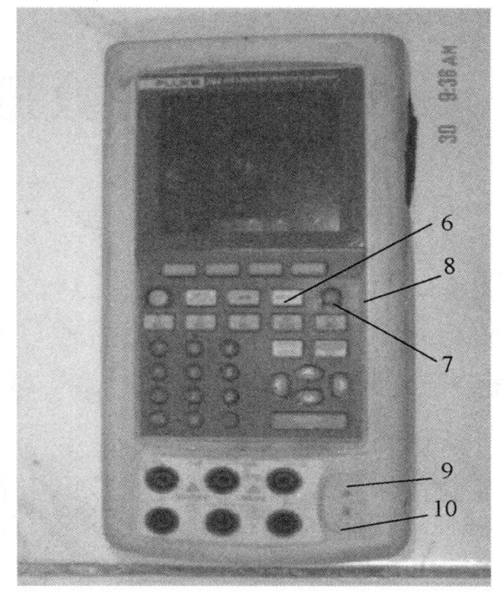

图 3.156　非 HART 仪表回路测试

1—仪表壳体；2—仪表盖；3—仪表电源正极端子；4—仪表电源负极端子；
5—测试端子；6—过程仪表认证校准仪电源开关；7—测量/输出转换键；
8—电流测量/输出键；9，10—输出/测量插孔

第四章　气井数据远传系统

气井数据远传系统主要是通过对井口参数（压力、温度、流量）的实时检测，采用轮询—应答的通信方式，将检测到的气井状态，通过无线方式传送给采气厂实时数据库服务器，并以 C/S 或 B/S 模式，使生产管理的各个部门能够及时掌握气井工作状态，缩短气井故障处理时间，提高开井时率，增加天然气产量，提高工作效率。

长庆油田采气单元的气井数据远传系统主要包括电台、网桥、光缆、4G 四种数据传输方式。

4.1　长庆油田气井数据远传系统简介

4.1.1　电台传输模式

如图 4.1 所示，通过安装于井口的电台收集到各口井的油压、套压、井口照片，传输到井口的发射电台，然后通过地面短波传输到站内接收电台，最后通过站内电台串口线连接到站内 RTU，将数据传输到站控系统处理器上，最后上位机实现对井口数据的采集。

站内电台采取轮询方式访问井口电台，依次采集井口各设备数据、照片。

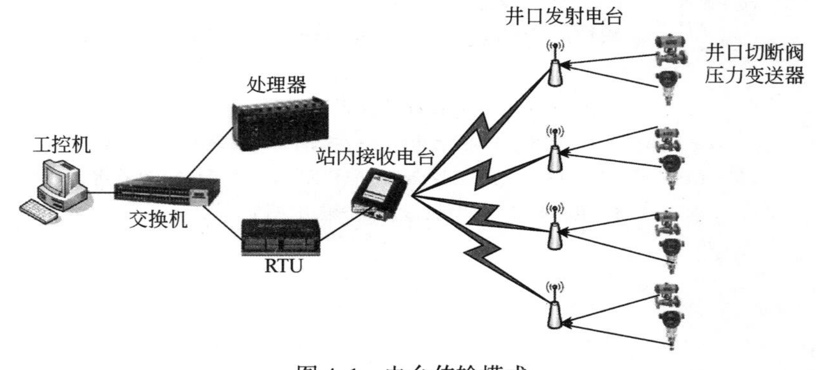

图 4.1　电台传输模式

4.1.2　网桥传输模式

如图 4.2 所示，井口网桥将井口设备数据、视频图像传输至站内网桥，站内网桥通过与交换机进行直连，将井口设备数据传送至站控系统 PLC，数据进入上位站控系统和 PKS 数据库；将视频图像传送至网络硬盘录像机，通过监控软件可实时监控井口视频情况。

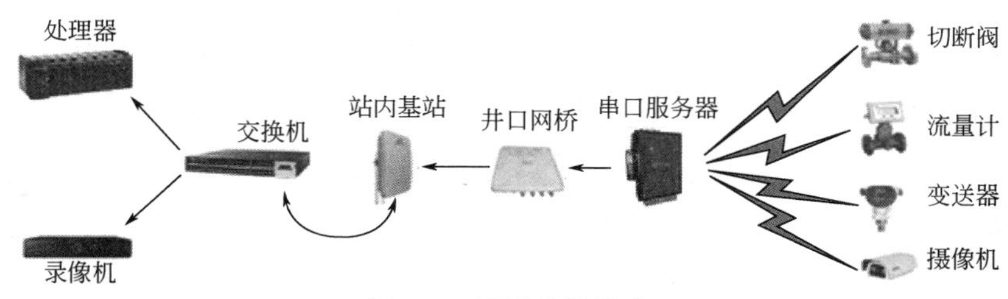

图 4.2　网桥传输模式

4.1.3　光缆传输模式

如图 4.3 所示，将采集到的数据和视频通过光缆进行远程传送；同时接收和处理集输站内发送过来的控制指令，完成相应的切断阀动作控制。井口采集远传系统采用被动传输方式，即只有接收到集输站的传输命令才开始传送，确保级联设备工作的唯一性。

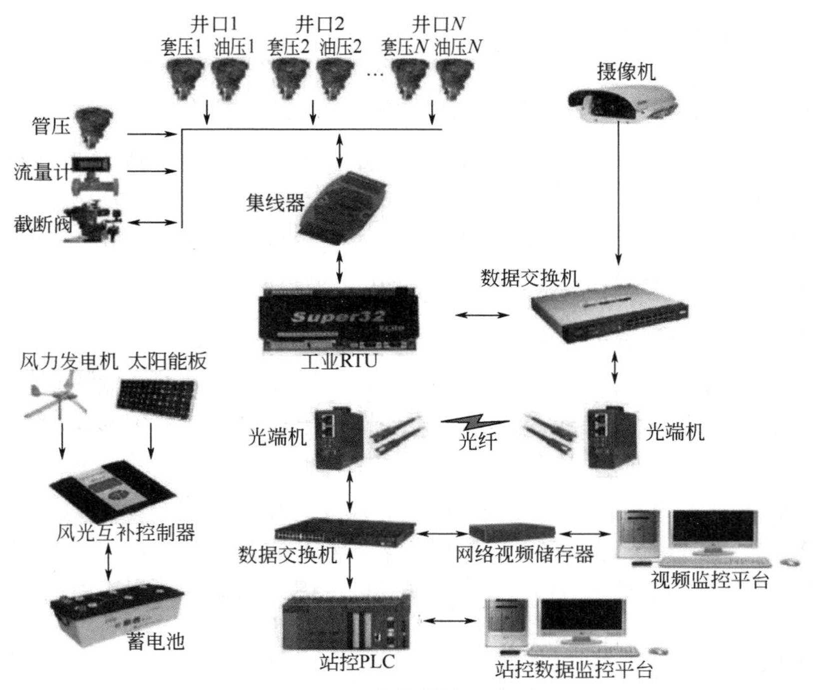

图 4.3　光缆传输示意图

4.1.4 4G 传输模式

如图 4.4 所示，4G 视频路由器作为核心设备，安装专用加密 SIM 卡，主要完成井口仪表数据采集及井口网络视频信号的采集、图像抓拍；借助于 APN 专网将井口实时运行参数和视频或照片发送给后台服务器；完成井场视频录像和定时照片的存储，支持移动、联通、电信 GPRS/3G/4G 无线联网。

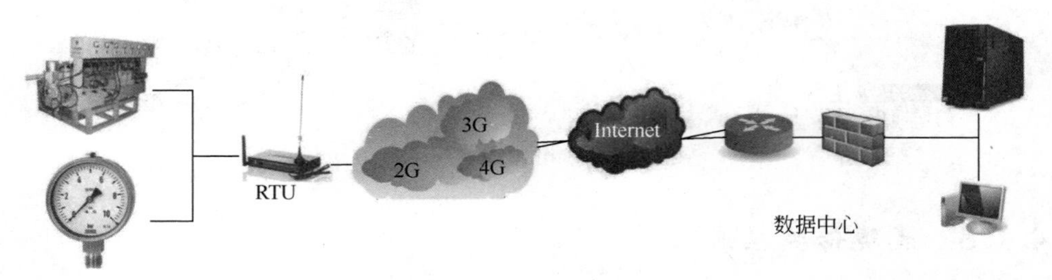

图 4.4 4G 传输模式

4.2 设备软硬件操作规程

4.2.1 数传电台

4.2.1.1 电台简介（以固迪电台 GD230BH 为例）

GD230BH 是工作于 230MHz 频段的高速数传电台，空中速率为 9600bps 和 19200bps，体积小（仅 12.5cm×7.6cm×3.4cm），质量轻（仅 370g），非常便于嵌入和二次集成。本型号产品有 10W 中功率配置（GD230BH-10）和 1.5W 小功率配置（GD230BH-1.5）。

4.2.1.2 电台接口及相关配件

GD230BH 电台由主机、安装支架及相关配件组成。主机的输入输出口包括电源输入端子、数据/信号输入/输出接口、话音/编程接口、天线接口等，电台主机上有指示灯。

电源输入端：由正、负两个端子组成，用于为电台提供直流电源。

数据/信号输入/输出接口：信号的输入和输出通常通过 DB9 连接器进行。

话音/编程接口：RJ45 连接器是复合接口，话音通信及设置电台都通过此接口进行。

天线接口：电台的天线接口通过馈线、避雷器连接至天线。

指示灯：由工作指示灯、收发指示灯和数据输入输出指示灯组成，可通过这些指示灯随时了解电台的工作状况、发射或接收状况、数据输入及输出状态等。

GD230BH 电台各部分的名称及尺寸如图 4.5 和图 4.6 所示。电台与外部设备的连接如图 4.7 所示。

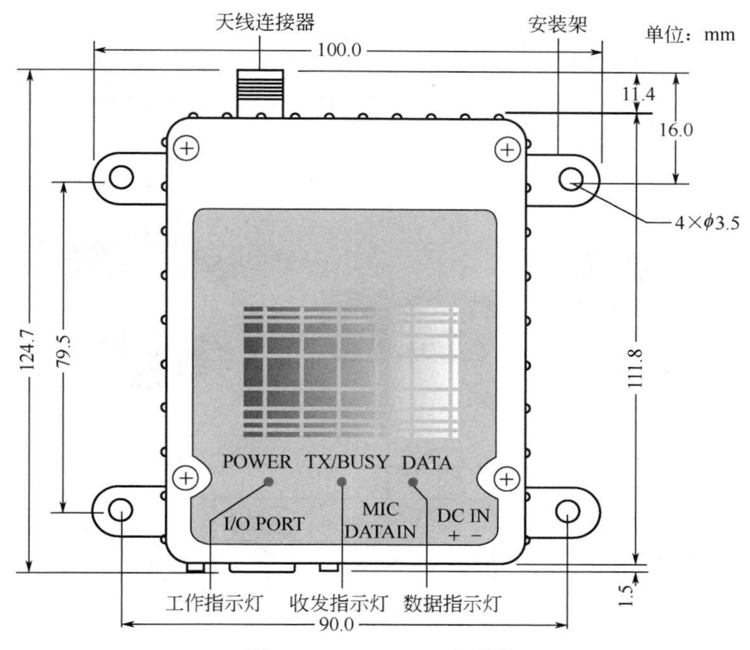

图 4.5　GD230BH 正面图

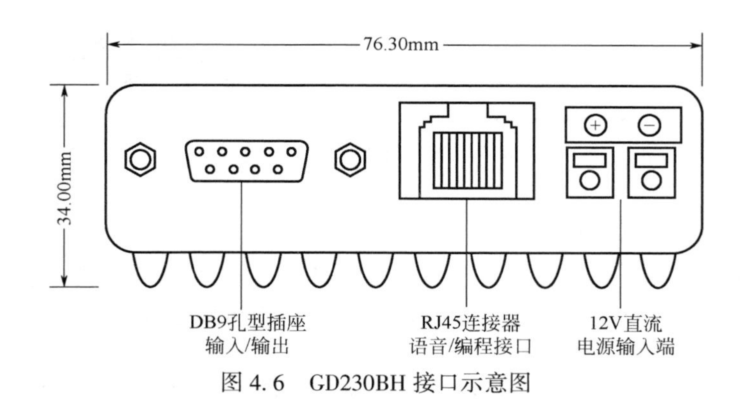

图 4.6　GD230BH 接口示意图

针对发射功率不大于 1.5W，安装要求更为特殊的应用场合，GD230BH 可将电源、数据输入输出、设置这三个接插件合成为一个 DB9 连接器，并将天线接头从接口侧引出。

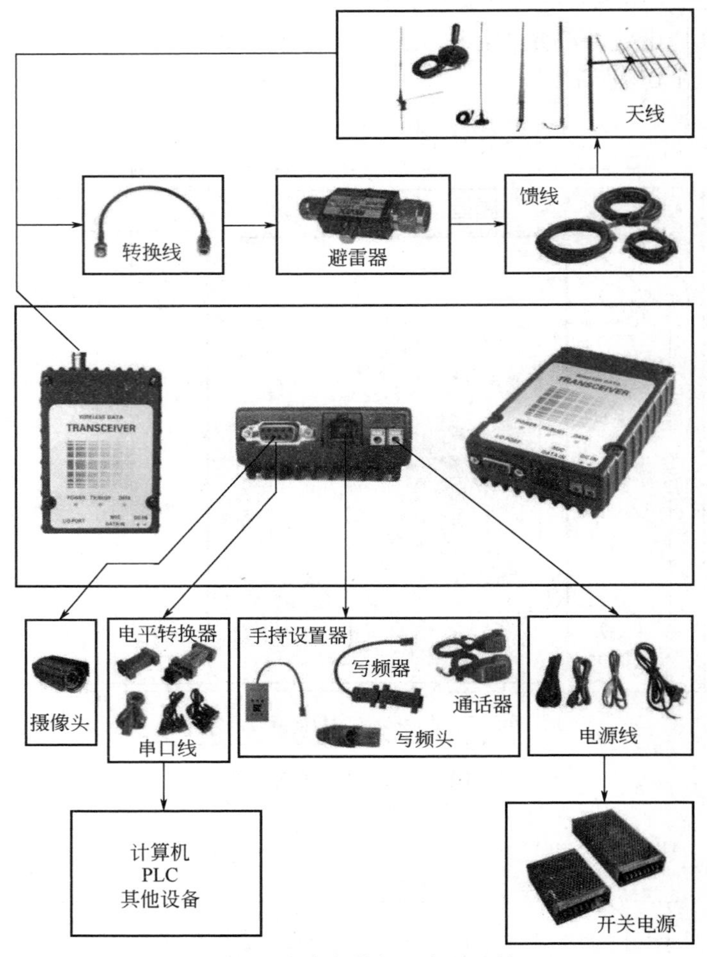

图 4.7 电台与外部设备的连接

4.2.1.3 安装与测试数据传输

在使用电台时，通常按照安装电台、连接天（馈）线或负载、连接信号线、给电台加电、启动测试软件或应用软件的顺序完成测试过程。

1）安装电台

电台常常被嵌入到应用系统中。可通过两种方式安装或固定 GD230BH 电台：一种方式是采用安装架，在安装架上装配螺钉；另一种方式是不采用安装架，直接从背后装配螺钉。后一种安装方式通常应用于安装空间小的场合。

2）连接天（馈）线或负载

在选定电台之后，天线的选择对通信距离及误码率有明显的影响。选择天线时应注意天线的类型、中心频率、带宽、增益、阻抗、接头、附带的馈线等因素。

（1）天线类型：根据应用环境综合考虑，选择合适的天线类型。

（2）中心频率：天线带宽通常较窄，订购天线时应注意中心频率及带宽，否则会影响通信效果。

（3）天线增益：天线增益对通信距离有明显的影响，应综合考虑通信距离、体积、安装复杂性及价格。

（4）天线阻抗：天线的阻抗应为50Ω。

（5）天线接头：天线的接头应与电台的天线接口相对应，尽量避免采用转接头，转接头不仅会加大损耗，也会降低可靠性。

（6）馈线：馈线的阻抗应为50Ω；馈线长度大于5m时，应选择线径较粗的馈线，通常线径越粗，衰减越小；馈线的接头，一定要牢固，可靠接触，否则会影响通信效果。

（7）合理地选择天线的架设位置：中心站天线架设应比较高，无大的建筑物遮挡；若从站采用定向天线，天线应对准中心站天线，以便获得最好的通信效果；天线应尽量架设在空旷的环境中；采用玻璃钢天线时，天线底端距安装平台应保持足够的距离。

（8）防雷措施：虽然本电台内部已采取防雷措施，如果电台工作于多雷雨区，天线架设较高，仍建议在天线与电台之间安装避雷器，防止数传电台遭受雷击而损坏。

（9）在室内测试时，为减少电磁辐射，建议用负载代替天线，负载的阻抗也应为50Ω。

3）连接信号线

电台通过DB9连接器完成信号的输入及输出。根据电台配置不同，DB9的引脚不同。

4）给电台加电

在确认天线或负载、接口信号线等已可靠连接，电源电压和正负极正确之后，给电台加电。压下电源自锁插座上部的一字槽即可插、拔电源线。电台需要直流12V供电。按客户使用要求，部分电台的工作电压为13.8V。请参阅随货清单中列出的工作电压参数。

5）启动测试软件或应用软件

完成上述步骤之后，就可以运行应用软件了。测试电台时也可以采用串口调试助手、超级终端等串口测试软件。可在“固迪通信网站”（网址为www.grand-comm.com）下载串口测试软件。

启动应用软件或串口测试软件后，首先要在软件中设置接口参数，选择与电台一致的串口速率、校验方式、数据位长度和停止位长度，否则会出现数据错误或乱码。在计算机上运行软件时，还应选择相应的串口。需要特别注意的是：请勿带电插、拔串口信号线，否则可能导致串口损坏。

4.2.1.4 通过指示灯了解电台工作状态

在工程施工中，观察收发指示灯和数据指示灯（表 4.1），对调试工作具有重要作用。具体表现为：

（1）工作指示灯：接通电源并正常工作时，黄色指示灯亮；进入设置状态时，工作指示灯慢闪烁（亮 0.5s，熄 0.5s）；异常报警（如将当前工作信道设置到空信道上）时，工作指示灯快闪烁（亮 0.2s，熄 0.2s），此功能为选配功能。

（2）收发指示灯：发射时呈红色指示，接收到信号时呈绿色指示，待机时熄灭。

（3）数据指示灯：电台串口输出数据时呈绿色指示，电台串口有数据输入时呈红色指示，待机时熄灭

表 4.1　指示灯的状态与电台工作状态的对应关系

工作指示灯	收发指示灯	数据指示灯	电台的状态
慢闪烁黄	—	—	设置电台的参数
黄	红	熄	发射话音或发射外调制数据
黄	红	红	发射数据
黄	绿	熄	接收到信号（如话音），但未接收到数据
黄	绿	绿	接收到有效数据
快闪烁黄	—	—	异常报警

4.2.1.5 设置电台

1）设置电台基本步骤

（1）查询电台的参数设置。随货物同行的“随货清单”中列出该批设备的配置和出厂参数。查询电台出厂参数的方法包括：

① 查阅随货清单；

② 连接电台与计算机，通过设置软件读取。

（2）更改电台参数的方法。可通过两种途径更改电台的参数：

① 连接计算机，通过设置软件设置所有参数；

② 通过手持设置器设置工作信道和发射功率。

（3）通过厂家提供的写频器和设置软件可设置电台的所有参数，包括接收频率、发送频率、发射功率级别、喇叭输出模式、串口速率与校验方式、发射限时、当前工作信道等。

（4）为方便现场施工，在安装之前，通过计算机设置多个信道的参数，安装时可不必连接计算机，通过手持设置器就可更改工作信道和发射功率。可选择某个信道作为工作信道，每个信道的发射功率可以分别设置。

2）电台设置软件界面及说明

电台的设置软件界面如图 4.8 所示，它是配置为 16 信道电台的设置软件界面，默认 10W 功率。配置电台的功率级别与发射功率的对应关系为：P5——10W，P4——7.5W，P3——5W，P2——2.5W，P1——1W。最大发射功率为 1.5W 的电台，功率级别与发射功率的对应关系为：P5——1.5W，P4——1.0W，P3——0.6W，P2——0.3W，P1——0.1W。部分电台的信道速率可以设置，可根据所用电台支持的信道速率进行设置。

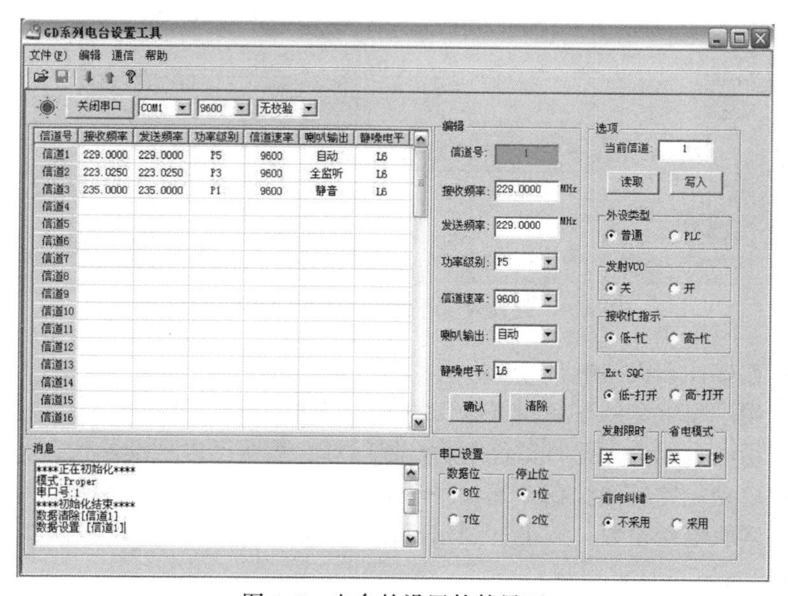

图 4.8　电台的设置软件界面

GD230BH 电台的喇叭输出可以设置为“自动”或“指定”。设置为“自动”时，电台自动识别接收到的信号是数据还是话音：如果是话音，就输出到喇叭输出线；如果是数据，就不向喇叭输出线输出信号，在大多数应用中建议使用“自动”选项。设置为“指定”时，可以在“指定喇叭输出”选项选择“监听话音和数据”（此时为全监听模式）或“关闭监听”（此时为静音模式）。

静噪电平默认设置为 L6，大多数使用环境下应维持该设置不变。部分高速电台支持软件修改静噪电平。“发射限时”用于限制单次最长发射时间，避免因其他设备或人为的误操作导致电台始终处于发射状态而占用信道。“前向纠错”用于选择是否采用纠错、交织等数字处理，该选项要求收发双方的选择一致，否则由于数据格式的不同而不能相互通数据。

图 4.9 所示为配置为 60 信道电台的设置软件界面，可按以下步骤更改 GD230BH 的设置。

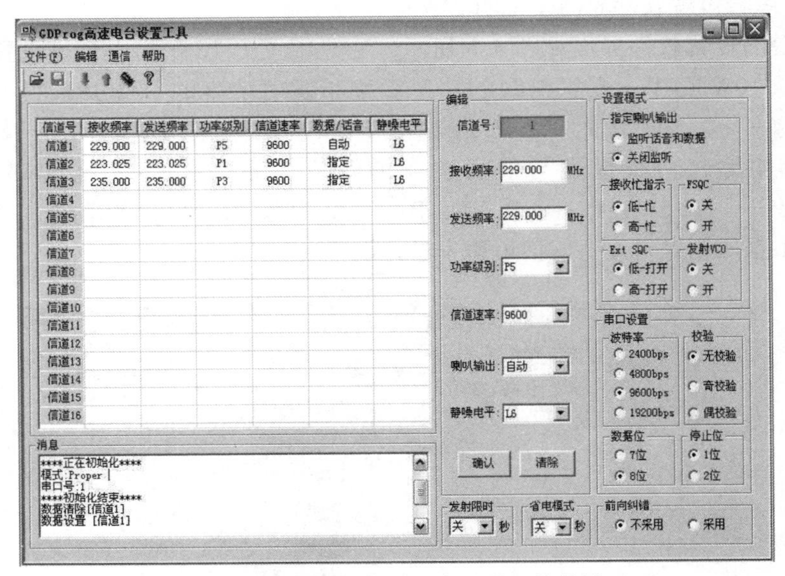

图 4.9　配置为 60 信道电台的设置软件界面

（1）连接计算机与电台。

（2）用厂家配套的写频器将电台的 RJ45 连接器与计算机串口连接。

（3）给电台加电，此时黄色指示灯慢闪烁，表明已进入设置状态。

（4）启动设置软件，在“通信→选择串口”中选择计算机串口。

（5）读取电台参数，点击“通信→读取（PC<-电台）”即可读出并显示电台的参数。

（6）输入或更改各信道的参数。先选择需要更改的信道，然后在编辑栏中修改，之后点击“确认”按钮。编辑栏从上至下依次是信道号、接收频率、发送频率、发射功率级别、喇叭输出控制、信道速率、静噪电平、发射限时。

（7）更改“设置模式”部分的参数。这部分常用的选项包括声音监听输出控制、接收忙指示、串口速率和校验方式（无校验、奇校验、偶校验）等。

（8）将更改的参数写入电台，点击“通信→写入（PC->电台）”。

（9）通信双方的“前向纠错”选项应一致。

（10）如果设置了多个信道，还应设置当前工作信道。

（11）对于 16 信道配置电台，在设置软件界面点击“通信”中的“设置当前信道”。

（12）点击“读当前信道”可读取当前工作信道和静噪电平。

（13）更改“信道号”为所需要的信道，也可更改静噪电平为所需的静噪电平。

（14）点击“写当前信道”将需要的信道写入电台。

（15）对于60信道配置电台，在设置软件界面右上角的“当前信道”栏，可读出及写入工作信道号。

（16）如果需要对多台电台设置参数或希望保存已录入的参数方便今后使用，可将屏幕上的参数存盘，点击“文件→保存”或“另存为”存盘。下次使用时，通过“文件→打开”操作可将以前存盘的参数文件打开。

4.2.1.6 常见问题及解决方法

1）工作指示灯不亮，系统不工作

原因：电源未接通、电源电压异常或极性接反。

解决方法：检查电源电压、电源极性并可靠连接电台后重新加电。

2）无法设置电台的工作参数

原因：接口类型不匹配（如计算机应连接RS232接口，不能直接连接RS485接口）；未接写频器；串口连接不可靠或计算机串口选择错误。

解决方法：如果电台接口配置不是RS232接口，应通过相应的RS232接口转换器与计算机连接；用写频器可靠地连接计算机和电台；在设置软件界面“通信”“选择串口”中选择连接电台的串口。

3）无法发射数据，数据指示灯不亮

原因：电台处于设置参数状态时不能正常收发数据；接口类型不匹配；串口连接不可靠或串口线连接错误。

解决方法：去掉写频器；检查电台的数据接口类型与所接设备是否一致，如果采用了RS232/485等转换器，检查转换器是否正常；检查串口线是否可靠连接；如果采用自制的数据线，参照说明书中“接口信号定义”检查串口线。

4）无法对通数据

原因：接收频率与发送频率不一致；没有连接天线或负载；收发双方空中传输速率不一致；发射端电源供电电流不够；天线距离太近。

解决方法：设置接收电台的接收频率与发射电台的发送频率一致，空中传输速率一致；正确连接天线或负载；确认电源有足够的供电能力；在近距离数据对通测试时天线之间的距离应大于5m。

5）接收数据为乱码

原因：发射方数据终端与发射电台的串口设置（速率及校验方式）不一致；接收方电台与所接终端设备的串口设置（速率或校验方式）不一致；没有连接

天线或负载；当前信道有干扰；收发双方天线距离太近或天线距电台太近。

解决方法：确认电台与所接设备的串口速率及校验方式一致；正确、可靠地连接天线或负载；如有干扰，改变当前信道的收发频率；天线之间的距离应大于 5m。

4.2.2 485 隔离器

4.2.2.1 485 隔离器简介（以陕西天顺 TS-485H4 为例）

如图 4.10 所示，TS-485H4 实现一路 RS232/RS485 与 4 路 RS485 的高速光电隔离转换，支持远程通信（大于 1.5km）和多机通信（4×128 节点）。

图 4.10 陕西天顺 TS-485H4 隔离器

TS-485H4 是一款专为解决复杂电磁场环境下大系统要求而设计的总线分割隔离器。本隔离器可用于实现 RS232 与 RS485 的转换，也可用于增强 RS485 的带负载能力和通信距离，可以轻易改善总线结构，分割网段，提高通信可靠性。当雷击或者设备产生故障时，出现问题的网段将被隔离，以确保其他网段的正常工作。

该隔离器性能参数见表 4.2。支持传输速率最高达 115200bps，为了保证数据通信的安全可靠，接口端采用光电隔离技术，防止雷击浪涌引入转换器及设备。内置的光电隔离器及 600W 浪涌保护电路，能够提供的 3750V 隔离电压，可以有效地抑制闪电和 ESD（静电保护），同时可以有效地防止雷击和共地干扰。

表 4.2 隔离器性能参数

通信速率	300~115200bps
通信距离	RS485 侧通信距离为 1.5km RS232 通信距离为 15m
最大节点数	4×128 节点
信号隔离电压	3750V

续表

电源隔离	1000V
保护动作容量	600W/ms
静电保护电压	15kV
工作电压	DC 5V 或 DC 9~30V（产品的标准配件里不含电源）
工作电流	DC 24V/20mA；DC 5V/45mA
质量	132g（带端子、带卡轨）
尺寸大小	126mm×72mm×34mm
工作温度	-45~85℃

供电采用外接开关电源 5V 供电或 9~30V 供电，内部电源有防反接电路和 1000V 电源隔离，安全可靠，非常适合工业控制应用。已在油田、水利、安防、电力等行业获大规模使用。

4.2.2.2　接口结构及说明

1）接口结构

如图 4.11 所示，转换器两侧都为十位工业级接线端子，输入端可选择为 RS232 接口或 RS485 接口。选择 RS232 接口时，用到 4、5、6 脚；选择 RS485 时，用到 1、2、3 脚；两种接口只能选用一个。

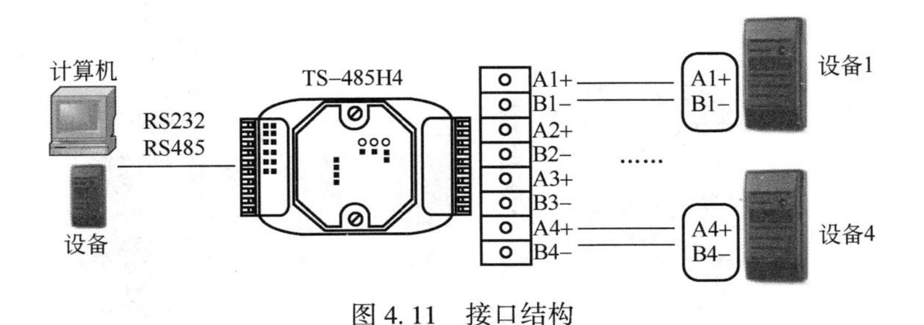

图 4.11　接口结构

输出端为四路从节点接口，从节点有四组与主节点光电隔离。主节点发送时从节点都可接收，从节点发送时只有主节点可接收，从而避免了从节点通信时的相互干扰。

2）指示灯

指示灯有"●电源""● ︽""○ ︾"三个。其中第一个指示灯是电源指示灯，第二个指示数据流向为从节点向主节点，第三个指示数据流向为主节点向从节点。

3）操作配置

（1）由主机的 RS232C 接口或 RS485 接口扩展出 4 个 RS485 接口，这 4 个 RS485 接口可以连接 4 条 RS485 支路，每条支路可以连接多个 RS485 设备。

（2）利用多个 TS-485H4 扩展出多个 RS485 接口，每个接口可以连接一条 RS485 支路，一条支路可以连接多个 RS485 设备。级联方式扩展如图 4.12 所示，主节点可选 RS232 或 RS485。

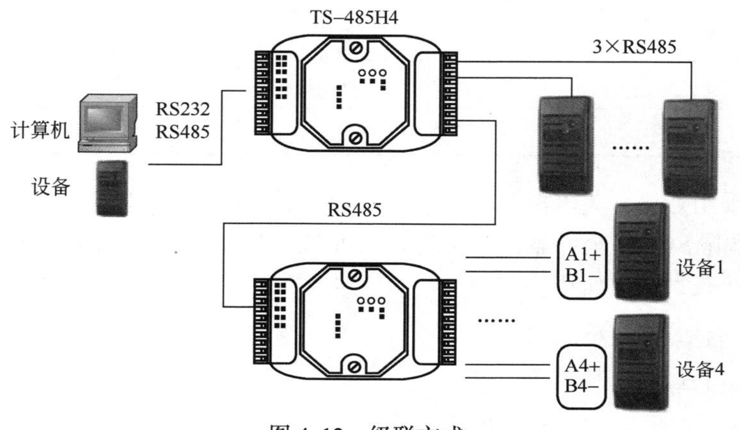

图 4.12　级联方式

（3）串联（手拉手方式）方式扩展（图 4.13）：将多台 TS-485H4 主节点用手拉手的方式连接，形成一条支路，扩展出多个 RS485 接口。

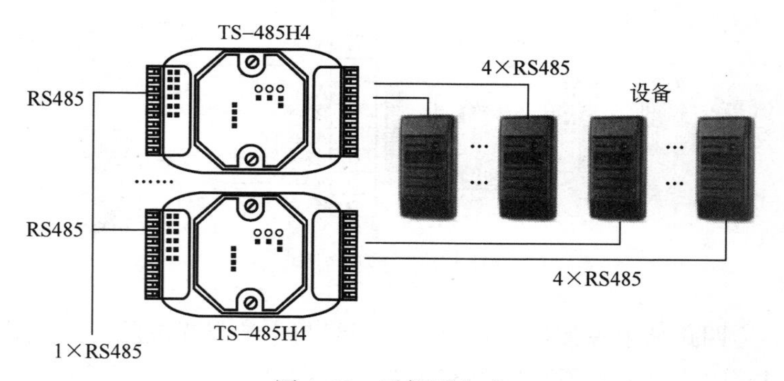

图 4.13　手拉手方式

4.2.3　太阳能控制器

4.2.3.1　太阳能控制器简介

下面以德国伏科 Phocos 控制器为例介绍太阳能控制器。CML 系列产品是新一代多功能、低成本的太阳能充放电控制器。其电子线路配备了性能优良的单片机微处理芯片，具有高效率充电、三个ED全功能显示及雌鸣器声音预警等功能，可用于给全密封/不密封的铅线蓄电池充电，并且内置温度补偿功能模块，如图4.14所示。

图4.14　太阳能控制器

4.2.3.2　功能描述

（1）控制器主要用来保护蓄电池，避免能量源自太阳能电池板的过度充电，以及负载运行造成的过度放电。

（2）控制器可以根据环境温度自动调节充电电压。

（3）控制器自动识别12V或24V系统电压。

（4）拥有一系列的保护和显示功能。

4.2.3.3　操作使用规程

（1）接线方法如图4.15所示。

（2）充电显示界面如图4.16所示。

（3）充电状态（蓄电池容量）显示如图4.17所示。百分数代表蓄电池的可用能量大体的估计值，如25%~75%，代表当前蓄电池处于的能量范围。百分数的显示范围从蓄电池低电压切断一直到蓄电池充满。

4.2.4　风光互补控制器

4.2.4.1　风光互补控制器简介

下面以广州尚能控制器为例介绍风光互补控制器。尚能风光互补控制器如图4.18所示，采用先进的PWM功率跟踪技术，保证风能和太阳能的最高利用。其特点如下：

（1）可电脑远程监控，进行智能化软件控制、实行软件升级和参数设置。

（2）具有负载过载保护功能、负载短路保护功能和浮充功能以及湿度补偿功能和温度传感器自动识别功能。

（3）采用智能化软件控制，控制精确，自动累计输出电量。

（4）良好的人机界面，LCD 和指示灯显示风光互补控制器运行状况，可以设置各项运行参数。

（5）具有风力发电机智能停机系统，能最大限度保护风力发电机。

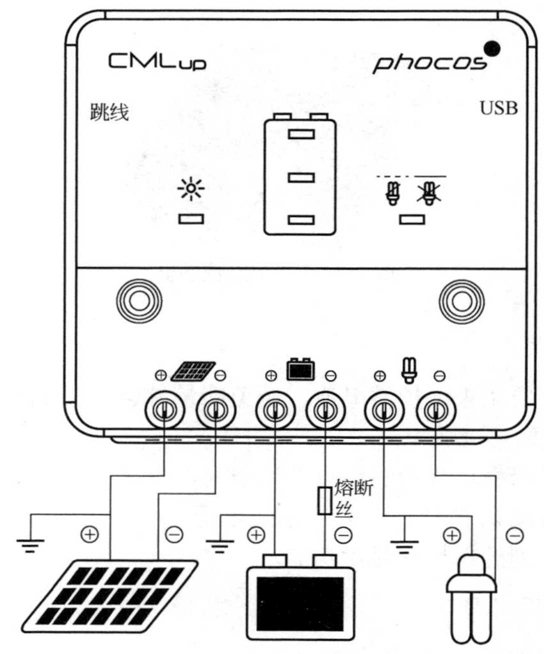

图 4.15　接线示意图

太阳能电池板供应电力
(LED亮)

太阳能电池板不供应电力
(LED灭)

图 4.16　充电显示界面

＞75%

25%～75%

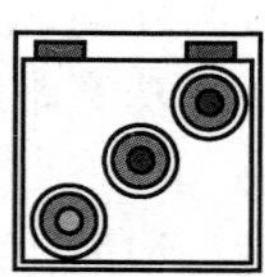

＜25%

LED闪烁：＜10%

图 4.17　充电状态（蓄电池容量）显示

图 4.18　风光互补控制器

4.2.4.2　功能特征

（1）可靠性：智能化、模块化设计，结构简单，功能强大；工业级的优质元器件和严格的生产工艺，适合于高温、低温等相对恶劣的工作环境，具有可靠的性能和使用寿命。

（2）PWM 无级卸载：在风力发电机和太阳能电池板发出的能量超过蓄电池的需要时，控制系统将释放多余的能量。普通的控制方式是将整个卸荷全部接入，此时蓄电池一般没有充满，而能量却全部消耗在卸荷上，造成资源的极大浪费；即使采用分阶段卸荷，一般只能做到五六级左右，效果仍然不理想。采用 PWM（脉宽调制）方式进行无级卸载，即可以分上千个阶段进行卸载，边对蓄电池充电，边把多余的能量卸除，有效延长蓄电池的使用寿命。

（3）采用限压限流充电模式：当蓄电池的电压大于设定的卸载开始电压点时，启用 PWM 限压充电模式，控制器将多余的能量卸除，以延长蓄电池的使用寿命；当风机的充电电流大于设定的风机刹车电流点时，控制器将启动自动刹车以保护蓄电池。注：WWS06-48-N 蓄电池电压大于充满停止电压点或风机的充电电流大于风机刹车电流点时，控制器将启动自动刹车。

（4）两路输出方式：每路输出均有多种控制方式可供选择，包括常开、常关、常半功率，光控开、光控关，光控开、时控关，光控开、时控半功率、光控关，光控开、时控半功率、时控关。通过液晶按键可以设定三种输出控制方式，即常开，光控开、光控关，光控开、时控关。

（5）LCD 显示功能：LCD 以直观的数字和图形形式显示系统状态和参数。如：蓄电池电压、风机电压、光伏电压、风机电流、光伏电流、风机功率、光伏功率、负载电流，输出控制方式，时控输出关断时间，光控开、光控关电压点，白天或夜晚指示，负载状态指示，蓄电池过压、欠压指示等状态。

（6）完善的保护功能：蓄电池过充、过放、防反接保护；负载短路、过载保护；风机限流、自动刹车、手动刹车保护；光伏防反充、防反接保护；防雷保护等。

4.2.4.3 安装步骤

（1）打开包装确保产品在没有损坏的情况下进行安装。

（2）如图4.19所示，将直流负载与“DC OUTPUT”端子连接。两路负载共用一个正极，将1路负载连接到“DC OUTPUT”的“+”和“-1”；将2路负载连接到“DC OUTPUT”的“+”和“-2”。

（3）用6mm^{2}及以上铜芯电缆，将蓄电池与设备“BATTERY”端子相连接。虽有蓄电池反接保护，但仍严禁蓄电池接反。

（4）在风力发电机处于静止或低速运转状态下，将风力发电机输出线与设备的“WIND INPUT”端子相连接；若风力发电机单相直流输入，将风力发电机的正负输出线接入对应的“WIND INPUT”的“+”和“-”即可。

（5）太阳能电池板正负极与设备的“SOLAR INPUT”的“+”“-”端子相连接。

（6）若控制器带有远程通信功能，可通过软件查看和设置相关的参数。

（7）通过液晶按键，可以设置相应的参数和负载的输出控制方式。

（8）检查所有接线是否正确、牢固。

（9）显示说明及按键操作。

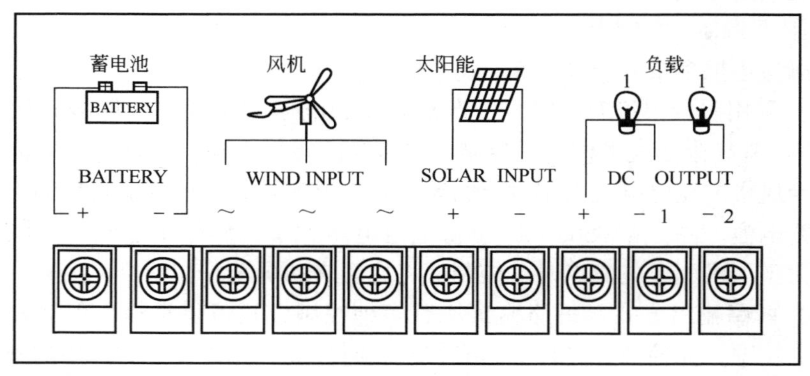

图4.19　风光互补接线图

4.2.4.4 LCD显示说明

（1）为风机标志（图4.20）。

（2）为白天标志，为夜晚标志。

（3）为蓄电池标志，内部条状图形表示蓄电池电量状态。当电池充满时，电池框内5个电量指示横条会全部显示。当蓄电池过放时，电池框闪烁，过放恢复后停止闪烁；当蓄电池过充时，电池框闪烁，过压恢复后停止闪烁。

（4）为负载标志，表示负载状态及故障状态。

（5）正常负载有输出时液晶显示，负载无输出时液晶显示。

（6）过载时，闪烁，用户需去除多余负载后，按一下Esc键恢复输出。

（7）短路保护时，闪烁，需用户检查负载线路，确认正常后按一下Esc键手动恢复。

（8）是光控、时控标志。符号表示光控开、光控关，表示光控开、时控关。

（9）“SET”设置状态标志。

（10）88:88为参数显示标志，LCD屏上以数字形式显示各项参数的数值。

（11）左下角的“12”表示第一路输出和第二路输出。

（12）当界面同时出现“ON”和一个电压值时，此电压表示为光控开电压点；出现“ON”和“LOAD”时，表示此输出方式为常输出。

（13）当界面同时出现“OFF”和一个电压值时，此电压表示为光控关电压点；出现“OFF””和一个时间时，此时间表示为光控关时间。

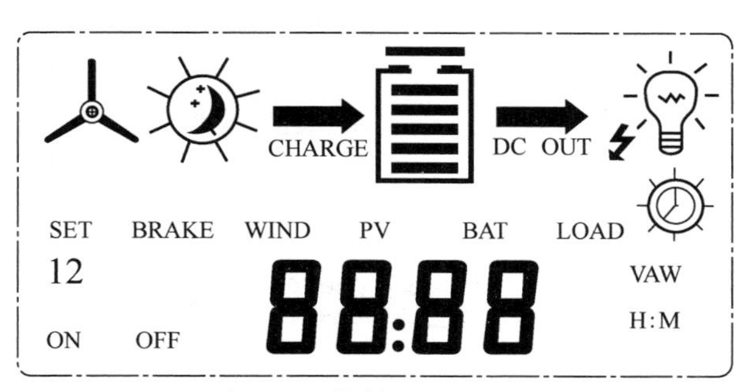

图4.20　控制器LCD显示

按键操作如图4.21所示，说明如下：

（1）按下任意键，液晶的背光灯亮，在停止按键操作后10s，背光灯自动熄灭，以节约电能。

（2）“↑（+）”键：上翻/增加。浏览状态下，切换到上一个参数显示；设置状态下，切换查看下一个可修改的参数或增加当前修改参数的数值。

（3）“↓（-）”键：下翻/减小。浏览状态下，切换到下一个参数显示；设置状态下，切换查看上一个可修改的参数或减小当前修改参数的数值。

（4）“Enter”键：设置/确认。浏览状态下按下该键进入设置状态；设置状态下按下该键保存参数并返回浏览状态。

（5）“Esc”键：取消/手动复位。设置状态下返回浏览状态不保存修改；浏览状态下，负载短路、过载时作为手动复位键。

图 4.21　控制按键

4.2.4.5　参数浏览

（1）通电后，系统处于浏览状态，液晶显示蓄电池电压“××.×V”。

（2）浏览状态下，通过按“↑（+）”键和“↓（-）”键操作循环显示图 4.22 所示内容。

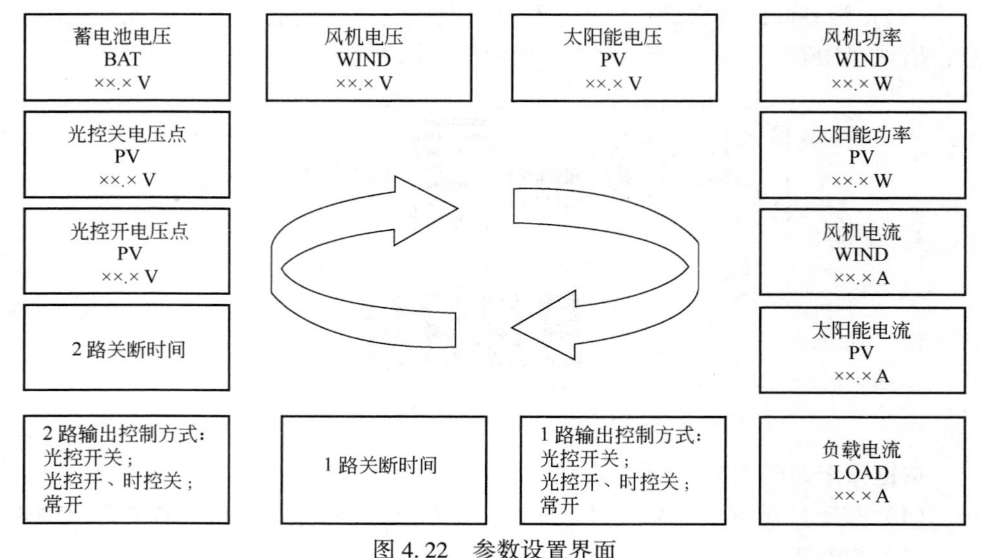

图 4.22　参数设置界面

（3）输出控制方式液晶显示3种类型：光控开、光控关；光控开，时控关；常用；如图4.23所示。

① 图4.23(a) 表示1路输出方式受光照度控制。此输出控制方式下，天黑时自动启动输出，天亮则自动关闭输出。光控开和光控关的电压点可通过液晶按键或通信软件进行设定。

② 图4.23(b) 表示1路输出方式受光照度和时间控制。此输出控制方式下，在天黑时自动启动输出，在输出达到设定的“时控关”时间后，控制器会关闭输出。若关闭时间未到，天已亮也会自动关闭输出。

③ 图4.23(c) 表示1路输出方式是常开，除蓄电池过放保护、输出过压保护和负载故障外，控制器24h常输出。

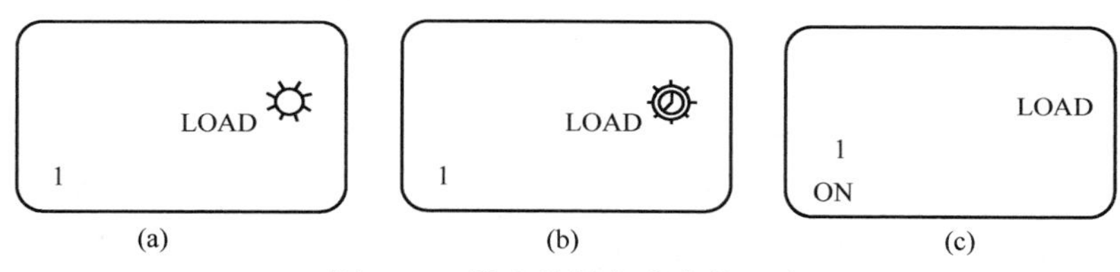

图4.23　输出控制方式液晶显示

（4）参数设置。通过液晶按键可以对1、2路输出控制方式、光控开电压点、光控关电压点、时控关断时间进行设置。当需要对具体参数进行修改时，通过按“↑（+）”或“↓（-）”键浏览到需要修改的界面，然后按“Enter”键进入设置状态，即液晶上显示“SET”。此时再通过按“↑（+）”或“↓（-）”键进行参数或状态的修改。设置完参数后按“Enter”键保存并返回到浏览状态，按“Esc”键不保存并返回到浏览状态。

4.2.5　胶体蓄电池

4.2.5.1　蓄电池简介

德国阳光蓄电池（图4.24）A412系列阀控式密封技术源于德国先进的胶体电池生产技术，采用欧洲进口的关键原材料，使用欧洲进口关键专用生产设备在欧洲生产（从未在亚洲或其他国家进行任何形式的制造）。富液式设计、厚极板技术和独特的胶体电解质配制灌加工工艺保证了电池的使用寿命；具有超长的服务寿命和很高的可靠性，可以应用于苛刻的高低温环境、恶劣的电力条件。其特点如下：

（1）卓越的德国阳光蓄电池A412系列采用国际领先的胶体技术；

（2）EUROBAT等级，长寿命电池；

（3）自放电率极低，适合长时间独立存放达2年以上（20℃）；

（4）依据 IATA，DGR 第 A67 条款对航空、铁路和公路运输方式无须作出限制；

（5）产品浮充设计寿命 15 年（20℃），大于 12 年（25℃）。

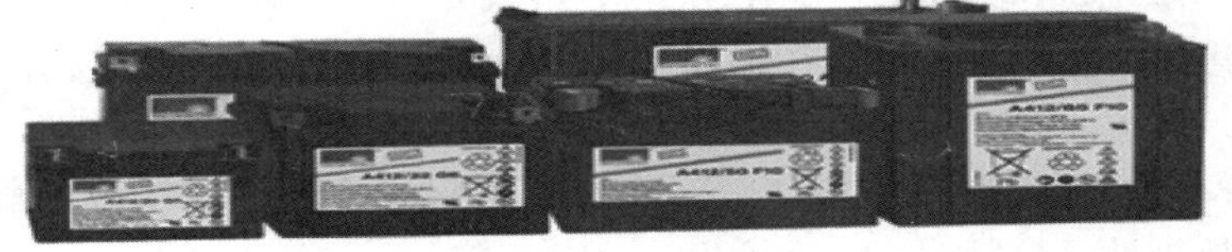

图 4.24　胶体蓄电池

4.2.5.2　维护及保养办法

（1）月度保养：测量和记录电池房内环境温度、电池外壳温度和极柱温度；逐个检查电池的清洁度、端子的损伤痕迹及温度、外壳及盖的损坏情况或温度；测量和记录电池系统的总电压、浮充电流。

（2）季度保养：重复各项月度检查；测量和记录各在线电池的浮充电压。

（3）年度保养：重复季度所有保养、检查，每年检查连接部分是否有松动；每年电池组以实际负荷进行一次核对性放电试验，放出额定容量的 30%~40%。

（4）三年保养：每三年进行一次容量试验（10h 率），使用 6 年后每年做一次；若该组电池实放容量低于额定容量的 60%，则认为该电池组寿命终止。

4.2.5.3　故障检测方法

1）浮充检测法

德国阳光蓄电池组在浮充运行时，如发现个别蓄电池浮充电压过低，可采用此方法进行处理。先对蓄电池组进行恒压充电［（2.34~2.40V/台）×台数］，充电时间为 20~30h；接着转为浮充充电，浮充 8h 后再次逐台检测蓄电池的充电电压是否大于 2.2V/台，如小于则仍需再均衡充电 10h，然后转入浮充充电；4h 后再测浮充电压，若个别蓄电池还未达到 2.2V/台，说明该蓄电池为落后电池。

2）离线式检测法

（1）将德国阳光蓄电池组充满电后脱离系统静置 1h，在环境温度为 25℃左右的条件下采用外接（智能）假负载的方式，采用 10h 放电率进行放电测试。

（2）放电开始前应测量蓄电池的端电压、环境温度、时间。

（3）放电期间应测量记录蓄电池的端电压、放电电流、室内温度，测量时间间隔为 1h，放电电流波动不得超过规定值的 1%。

3）在线式检测法

（1）在直流供电系统中，调整整流器（直流屏）输出电压至保护电压，由蓄电池组对实际负载供电，在放电过程中不但能找出单个或多个落后电池，同时也对整组蓄电池起到了再维护的作用。

（2）放电结束后打开整流器（直流屏）对蓄电池组进行充电，等蓄电池组充满电后电流稳定3h不变，视为充满饱和。

（3）对电池组中的单个或多个德国阳光蓄电池进行单独的充放电维护，如性能指标经过几个循环不见好转，应考虑更换单体或整组蓄电池。

4.2.5.4 鼓包原因分析

德国阳光蓄电池的电解液是以胶状凝固在电池极群正、负极板和隔板之间的，使电解液不流动，具有高温环境下循环使用可靠性高、充电效率高、使用寿命长等优点，同时在节能、减少污染方面也具有显著的优势。

在维护实践中发现，德国阳光胶体电池在安装使用3~5年后，个别胶体蓄电池壳体鼓胀情况非常严重：电池的侧壁和壳盖均有不同程度的鼓胀；安全阀处漏液非常明显，电池盖面的酸液痕迹分布基本上以安全阀为中心呈“喷射”状；电池漏液造成电池仓仓体被锈蚀；安全阀阀口有裂纹。

从维护记录和现场的情况分析，造成这一现象的原因主要有以下4个方面：

（1）安全阀对外排气不畅。安全阀具有调整电池内部气压的作用，正常情况下应能够及时释放内部气体。胶体电池在使用初期，由于电池内部的电解液比较“富裕”，充电过程中的气体析出量大。如果安全阀出现问题使排气不畅，当电池在充电过程中的气体析出量大到一定程度时，就会因“胀气”导致壳体鼓胀，甚至出现安全阀阀口开裂现象。

（2）开关电源系统的蓄电池管理程序芯片参数设计与德国阳光蓄电池的使用特性不符。通过对比鼓胀电池站点开关电源参数设置和未鼓胀电池站点开关电源参数设置，发现蓄电池鼓胀站点的开关电源厂家为了让蓄电池充饱一些，设计了续流均充功能（即充电完成后再用小电流继续给蓄电池充电）。当电池的均充电流降到10mA/Ah的转换条件时，均充没能转换到浮充程序，而还要进行续流均充（在高温环境下续流阶段均充的电流有可能还会反弹上升，续流均充的时间一般为4~10h）。加之室外型基站供电条件恶劣、停电频繁，势必造成开关电源每次均充都对电池过充电，也会加速电池电极的腐蚀速率和电池的失水，电池内温度极高，导致电池发生壳体鼓胀。

（3）胶体电池仓温度传感线没有被接入，导致温度达到40℃时系统无法实现从均充到浮充的转换。在高温环境下，温度补偿功能的失效，实际上就是提高了电池组总的浮充电压，这直接导致电池的末期充电电流不能降低，反而会使充电电流成倍数增高，并持续影响电池内部析气和发热，从而加剧胶体电解液水的电解，引起电池鼓胀。

（4）电池通风条件差。电池柜的设计由于充分考虑防盗安全性，而导致电池组的通风和自然散热能力差，电池组在充电过程中产生的温度得不到及时扩散，这也对电池发生壳体鼓胀产生一定影响。

4.2.6 太阳能板

4.2.6.1 太阳能板简介

下面以广州尚能单晶硅太阳能电池板为例介绍太阳能板。

尚能单晶硅太阳能电池板 SN-SP150W（图 4.25）的光电转换效率为 17%左右，最高的能达到 24%，这是目前所有种类的太阳能电池中光电转换效率最高的，应用领域也比较广，如森林防火太阳能监控供电系统、太阳能路灯、太阳能鱼排供电系统。此外，由于单晶硅一般采用钢化玻璃以及防水树脂进行封装，因此坚固耐用，使用寿命最高可达 25 年。

图 4.25　太阳能电池板

4.2.6.2 太阳能板性能参数

太阳能板性能参数见表 4.3。

表 4.3　太阳能板性能参数

产品型号	SN-S150W 太阳能电池板
最大功率	150W
最大工作电压	36V

续表

产品型号	SN-S150W 太阳能电池板
最大电流	4.278A
开路电压	43V
短路电流	4.27A
电池效能	13.33%
组件效能	11.75%
组件尺寸	1350mm×808mm×35mm
框架材料	合金框架，46mm 厚
电池号数	72pcs
电池尺寸	125mm×125mm
质量	15kg
接线箱类型	PV
控制线类型和长度、接插件类型	PV 接口线，0.9m，插头插座
最高系统电压	1000V
冷却剂温度系数	-0.05%TC
挥发性有机化合物温度系数	-0.34%TC
功率温度系数	-0.5%TC
脉波调变温度系数	-0.05%TC
电压计温度系数	-0.34%TC
风转速	60m/s（200kg/m^2）
冰雷冲击测试的冲击度	227g 钢球从 lm 高处落下
质量保证	CE、TUV 认证，产品保修 2 年，20%的电力 20 年供给
电压容限	±5%

4.2.6.3　安装步骤

安装所需要的工具：M4 一字螺丝刀、十字螺丝刀各 1 把，安装步骤如下：

（1）接线盒盖的打开：将 M4 一字螺丝刀按照接线盒上的标示插入盒盖上的安装孔内，将其一脚轻轻抬起，如此这般先将边上四角抬起，即可打开盒盖。盒内有接线护盖，将其提起则可看到三个接线端子。

（2）电池板的接线：在左右两个接线端子的旁边有正负极标志，它代表电池在工作状态下输出电压的正负极，按照用电需求正极接正极、负极接负极。

（3）接线采用机械压紧方式，用 M4 十字螺丝刀将接线柱的压紧螺栓旋开，将电线去皮后穿过 G7 电缆密封接头，插入接线孔中，将线压紧。

（4）电线接好后，将防护盖盖上，用 M4 十字螺丝刀将自攻螺栓拧入螺栓孔，固定好后再将接线盒盖盖上，即完成电池板的接线。

（5）电池板的接地：在电池板的背面安装有接地螺栓，将接地线固定在接地螺栓上即可安全接地。

4.2.7 风力发电机

4.2.7.1 风力发电机简介

如图 4.26 所示，Mini 小型风力发电机系列的风力发电机由高强度尼龙玻纤复合材料精密注塑而成，风轮运转平稳而宁静。该风轮的翼型经气动力学专家精心设计而成，具有极低的启动与切入点、极高的风能利用效率，并能依靠叶片自身的气动力效应防止小型风力发电机任何风况下飞车。Mini 小型风力发电机系列采用优质高强永磁材料，发电机体积小、重量轻而且发电效率极高发。发电机专家独特的电磁设计技术造就了该发电机具有极其微小的启动阻力矩，有效保证了 Mini 小型风力发电机系列在微风中便能启动运行。Mini 小型风力发电机系列全部采用优质铝合金精密压铸部件与不锈钢配件，整机重量极轻，广泛适用于 -40～120℃气温、高湿度、风沙及盐雾等多种环境，具备极高的可靠性。Mini 小型风力发电机系列造型优美，与周围环境和谐，且安装简便、效率高、寿命长、免维护、抗大风、噪声低。

图 4.26　风力发电机

4.2.7.2　风力发电机功能

（1）极低的启动风速。Mini 系列风力发电机采用微风启动设计，低风速系列风力发电机在微风环境下比同等风轮直径的风力发电机的全年有效发电量提高了 60%以上。

（2）高效发电机。Mini 系列风力发电机采用三相永磁同步风力发电机，效率超国标 10%，启动阻力矩仅为国标限值 1/3，电动机绝缘等级采用 H 级绝缘。

（3）创新降噪声技术。Mini 系列风力发电机在 1.5m/s 风速下启动并能产生电能，在 13m/s 风速下运行，噪声只有 40dB。

（4）完善风轮系统。Mini 系列风力发电机风轮采用耐低温、抗老化的高强度复合材料制成，可以应对各种复杂的风况，高效而持续地将风能转化为电能。

（5）独特尾翼设计。Mini 系列风力发电机的尾舵对风力及风向的改变能灵活回应，提升发电效率。

4.2.7.3　风力发电机安装步骤

百瓦级小型风力发电机安装一般包括立柱拉索式支架的安装、回转体的安装、尾翼和手刹车的安装、机头的安装、竖立风机、电气连接等内容。

1）立柱本身的安装

考虑到便于运输，立柱制造时一般都设置三节。其连接方法一种是 45°角插接，另一种是法兰盘对接。安装时打开包装箱，如是 45°角的插接杆，将插头处涂上防腐油，逐个插好；如是法兰盘对接杆，将每组杆法兰盘对准上好螺栓，放好弹簧垫拧紧即可。

2）选择风机安装的中心位置

100W 和 200W 风机只将风机底座放在中心位置上，并用两个铁钎将底座钉牢即可。300W 和 750W 风机底座的安装必须挖地基并浇灌混凝土，基础坑尺寸为 0.4m×0.4m×0.5m；混凝土比例为水泥：砂子：石子＝1：2：3。底座螺栓应高于底座上平面 30～35mm，螺纹要予以保护。灌注后凝固 24h 方可进行安装。

3）有手刹车的机型

此时应将手刹车部件（如绞轮、钢丝绳等）安装好，钢丝绳由中立柱长孔处穿入立柱中心并从上立柱端穿出固定好。

4）回转体的安装

（1）将立柱上端的光轴位置涂上黄油脂，并将压力轴承放在顶端轴承座内涂好油。将外滑环套接在回转体长套的下端止口处，并用螺钉固定好，然后将上好外滑环的回转体的长套从下口套入上立柱的光轴上，套接时同时将刹车钢丝绳也穿入回转体长套里，并从上端中心孔取出固定好。此时注意压力轴承的位置，保证使压力轴承在立柱的上端轴承座与回转体上端轴承盖上的轴承座相吻合，使压力轴承压接在两轴承座中间并运转自如。注：不带外滑环和手刹车的机型，回转体的安装步骤与带外滑环和手刹车的机型一样。

（2）将输电线（防水胶线）穿入回转体中心孔（导线穿孔），然后把回转体套在上立柱的光轴上。根据机型不同，有的回转体上装有限位螺钉或限位弯板，其作用是防止回转体在立柱上窜动。安装时注意防止限位螺钉拧紧，应保证限位的同时，能够在立柱光轴上灵活转动。

5）尾翼和手刹车的安装

（1）尾翼的安装。尾翼出厂时，尾翼板和尾翼杆已经作为一个整体连接在一起，安装时应检查一下其各连接部位的螺钉是否紧固。检查好后，将尾翼杆前端长轴套放入回转体尾翼连接耳内，对准销孔并插入尾翼销轴，销轴下部穿好开口销，使其转动灵活。

（2）手刹车的安装。在立柱拉索式支架安装中已经完成了手刹车下部绞轮的安装，此时主要是上部的安装，即将刹车绳从回转体上端引出。一种机型（如 FD2-100 型）在回转体上平面用压夹固定一个较长的弯形弹簧运动轨道，弹簧轨道固定好后，再将手刹车钢丝绳从弹簧里穿过去与尾翼杆上的连接螺钉相连接，另一种机型（FD2.1-0.2/8 型）在回转体出口处和上平面右边角处安装两组瓷套作为钢丝绳的运动轨道，然后再将手刹车钢丝绳从瓷套里穿过去与尾翼杆上的连接螺钉相连接。另外，小型风机刹车机构还有一种为抱闸摩擦式刹车，如 FD1.5-100 型风机，安装时主要是保证刹车带与刹车毂的间隙，并在竖机后检查并保证刹车动作灵活。

6）机头的安装

（1）发电机的安装。发电机在出厂时已经是装配好的整体，安装时只需把发电机放在回转体上平面上对准四个螺栓孔，上好螺栓加弹簧垫圈拧紧，并把发电机引出线插头与外滑环引出接线插座对接牢固，外滑环引出线与输电线（防水胶线）插接好。对于没有外滑环的机型，将发电机的引出线与输电线（防水胶线）按正负极连接好即可。

（2）风轮的安装。如果是三叶片风轮，风轮出厂时，叶片和前、后夹片为散件包装，三个叶片都是选配好的，每个叶片根部（柄部）有三个螺栓孔，安装时只需与前后夹板相应的三孔对准螺栓并放好弹簧垫拧紧即可。风轮夹板（轮毂）设有锥套，套在发电机轴上，放好弹簧垫，用螺母拧紧即可。

4.2.8 工业交换机

下面以 ISCOM1510-I 非网管型工业以太网交换机为例。

如图 4.27 所示，ISCOM1510-I 非网管型工业以太网交换机专为适应工业领域中恶劣的环境而设计，能在严苛使用环境中长时间稳定运行。

图 4.27　工业交换机

ISCOM1510-I 工业以太网交换机具备良好的工业现场环境适应性（包含机械稳定性、气候环境适应性、电磁环境适应性等）、体积小巧、防护等级达到 IP40、采用低功耗无风扇散热技术、MTBF 平均无故障工作时间可达 35 年，超长 3 年质保，可广泛应用于工业领域（电力、轨道交通、污水处理、发电风机等）。

工业交换机性能参数见表 4.4。

表 4.4　工业交换机性能参数

设备型号	ISCOM1510-I-8GE
产品描述	8 个 10/100/1000Base-TX 以太网电口 全金属外壳，无风扇散热设计，结构紧凑，IP40 防护 壁挂式安装、DIN 卡轨式安装、机架式安装
基本信息	
业务端口	8 个 10/100/1000Base-TX 以太网电口
尺寸（高×深×宽）	135mm×105mm×56mm
质量	小于 0.6kg
安装方式	壁挂式、DIN 卡轨安装、机架托盘安装
防护等级	IP40
平均无故障工作时间（MTBF）	35 年
工作电压	DC 24V 输入范围：9~36V AC 220V 输入范围：85~264V
功耗	<6W
工作温度	-40~85℃
存储温度	-40~85℃
相对湿度	5%~95%，无凝结
背板带宽	20Gbps
MAC 地址表	8K，自动学习

续表

设备型号	ISCOM1510-I-8GE
规格特性	
交换模式	存储转发模式（Store and Forward）
系统管理	不支持
认证	
符合相关认证标准	IEEE 802.3 IEEE 802.3u for 100BaseT（X） and 100Base FX IEEE 802.3ab for 1000BaseT（X） IEEE 802.3z for 1000BaseSX/LX/LHX/ZX IEEE 802.3x for Flow Control IEC61000-4-2（ESD）：±6kV 接触放电，±8kV 空气放电 IEC61000-4-3（RS-）：10V/m（80~1000MHz） IEC61000-4-4（EFT）：电源线：±2kV；数据线：±1kV IEC61000-4-5（Surge）：电源线：CM±2kV/DM±1kV；数据线：±2kV IEC61000-4-6（射频传导）：10V（150kHz~80MHz） IEC61000-4-8（工频磁场）：10A/m 持续；300A/m，1~3s IEC61000-4-9（脉冲磁场）：100A/m IEC61000-4-10（阻尼振荡磁场）：10A/m IEC61000-4-12/18（阻尼振荡波）：CM 2kV，DM 1kV FCC Part 15/CISPR22（EN55022）：Class A IEC61000-6-2（通用工业标准） IEC60068-2-6（抗振动） IEC60068-2-27（抗冲击） IEC60068-2-32（自由下落） IEC61850-3（变电站） IEEE1613（电力分站） CE、FCC、ROHS、国电认证、中国电科院认证、工信部入网证

4.2.9 无线网桥

华信联创（以下简称 BHU Networks）以其专有的 airX（空间自适应最佳通信）技术为基础，推出了波迅© BXOCPE2000n-2S 无线接入客户端产品（以下简称 CPE）。

该产品遵循 802.11bgn 协议，工作于 2.4GHz 频段，支持无线路由和网桥功能，可以提供与 Wi-Fi 基站之间的高性能无线中继链路，具有更高的传输速率和更远的传输距离。对各种网络功能的完善支持，使得 CPE 产品能够适用于各种应用场景。

简便的安装方式和友好的配置界面，使得 CPE 产品能够快速部署和开通服务。CPE 产品定位为解决 Wi-Fi 弱覆盖区域或边缘区域的终端接入问题，同时最大限度地扩大 Wi-Fi 基站的覆盖范围，其 500MW 的发射功率以及 11dBi 的高增益内置天线，使得终端发射功率不再是大范围覆盖的瓶颈。

该网桥产品的特性如下：

（1）上行2.4GHz无线接入，下行双有线LAN口输出；

（2）无线接入支持802.11bgn标准；

（3）支持MIMO2x2，最大速率300Mbps；

（4）WDS桥接模式下支持各个用户独立认证；

（5）最高发射功率可达500MW，最高接收灵敏度可达-100dBm，充分保证无线链路的远距离与高质量信号；

（6）支持2个以太网口主辅备份使用或独立使用。

4.2.10　井口小型可编程控制器

以腾控R1010-Q为例，如图4.28所示。R1010-Q可编程逻辑控制器使用最大频率72MHz的ARM工业级CPU，外扩32M SDRAM和4M FLASH，嵌入式操作系统，2M用户程序存储区和2M用户数据存储区。编程软件使用KW MULTI-PROG，通过以太网下载程序，另有3路RS232/485接口。R1010-Q集成12路DI、8路DO、8路AI、2路高速脉冲计数、24V直流输出于一体。单台模块即可灵活应用于各种小型工业自动控制场合。

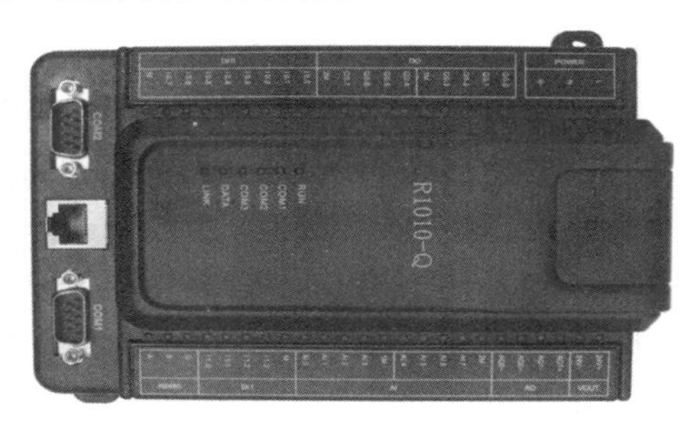

图4.28　腾控RTU

4.2.10.1　可编程控制器编程软件安装

安装包按以下步骤安装：

（1）安装PLC编程软件SETUP.exe（默认目录安装）。

（2）安装NET Framework2.0.exe：安装驱动eCLR21.exe（默认目录安装）；

（3）安装PLCdriver.msi驱动补丁包（默认目录安装）。

按以上步骤安装，点击“下一步”就可以了。

光盘安装步骤：

（1）打开“我的电脑”，双击“腾控科技资料光盘”，出现对话框；

（2）点击“Tengcon”，出现对话框；

（3）点击T9系列可编程控制器，出现对话框，安装即可。

4.2.10.2 可编程控制器编程与现场设备的硬件连接

（1）R1010-Q 通过编写程序实现油压、套压、流量数据通信处理及上传，并通过 RTU 可对井上截断阀进行开关控制。

（2）COM1 接收油压和套压数据，COM2 接收航天阀和流量计数据，上位机可以通向 COM3 发送命令对截断阀进行打开和关闭，并通过 COM3 接收 RTU 数据信息。

（3）与上位机连接。R1010－Q 的 COM3 为 485 接口（端子上的 A、B、GND），与上位机或者电台相连，摄像头的正负极分别接 COM3 接口的 A、B，波特率为 9600，8，N，1。

（4）与油压、套压、流量计连接。如图 4.29 所示，R1010－Q 的 COM1 为 485 接口（母头的 2、3、5），与现场油压和套压仪表 A、B、GND 连接，波特率为 9600、8、N、1。2 对 A、3 对 B、5 对 GND。COM2 为 485 接口（母头的 2、3、5），与现场航天阀连接，波特率为 9600、8、N、1。2 对 A、3 对 B、5 对 GND。

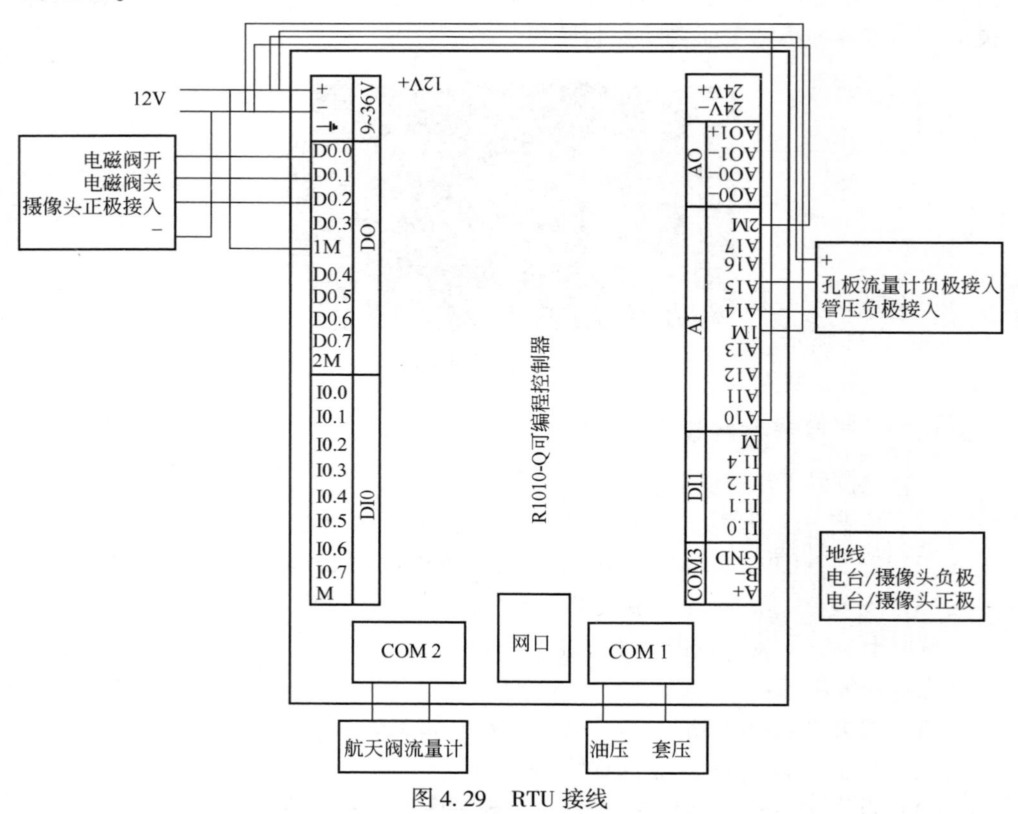

图 4.29 RTU 接线

4.2.10.3　可编程控制器编程参数设置

（1）可编程控制默认 IP 为 192.168.1.99。

（2）打开“网上邻居→本地连接”，右键点击“属性”，修改电脑 IP 地址。例如，IP 为 192.168.1.10（与 RTU 默认 IP 在一个网段内），子网掩码为 255.255.255.0

（3）确认设置，其他可不设置（建议禁用无线网络）。

（4）ModScan 连接设置（网线连接 RTU）：

如图 4.30 所示，打开“ModScan”，点击“connection”，选择“Remote TCP/IP Server”，IP 地址为 192.168.1.99，Service 为 502（默认），确认。

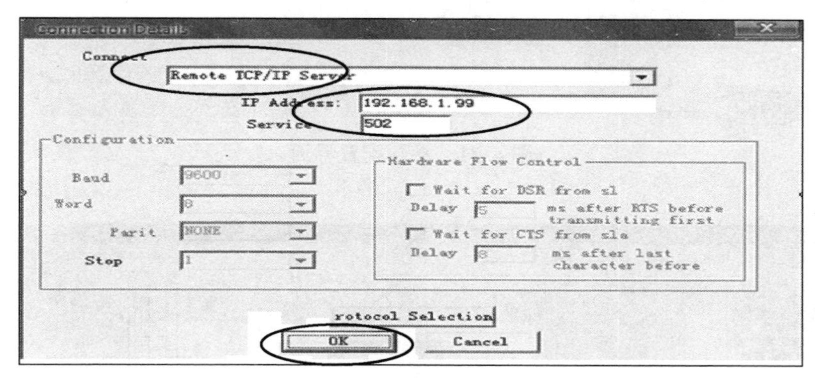

图 4.30　配置界面

4.2.10.4　R1010-Q 可编程控制器软件应用

1）RTU 软件参数设定

如图 4.31 所示，打开 RTU 程序，选择硬件，选择资源，右键点击“属性”，设定 RTU 版本类型为 TCP/IP、参数为 192.168.1.99。

2）RTU 软件程序编译

如图 4.32 所示，参数设置完毕，点击软件程序制作编译程序，右下角消息窗口 0 个错误，0 个警告标志，编译成功。

3）RTU 软件程序下载

如图 4.33 所示，点击工程控制对话框弹出资源对话框，选择停止，选择复位，下载程序，选择冷启，则程序下载成功。

4.2.10.5　常见故障分析

RTU 常见故障分析见表 4.5。

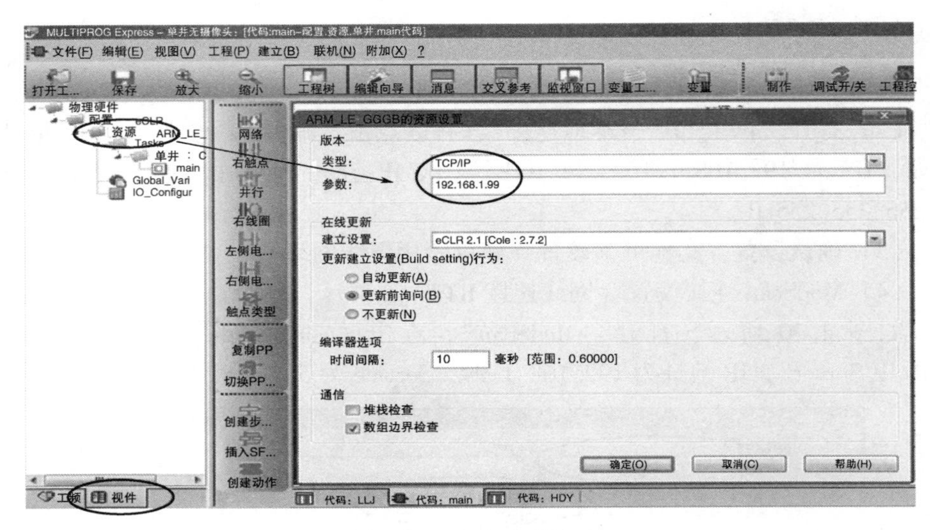

图 4.31 参数配置界面

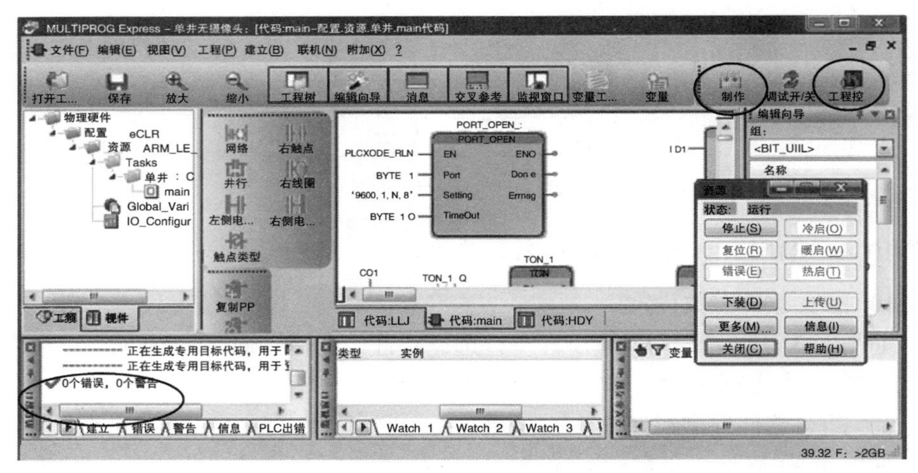

图 4.32 程序功能界面

图 4.33 程序下载上传

表 4.5　RTU 常见故障表

序号	故障名称	故障原因	处理方法
1	控制器无法采集到油压、套压数据	COM1 口通信设置错误	修改 COM1 口通信参数为 4102
		COM1 口损坏	更换控制器
		连接线路断线	检查线路连接，保证连接正常
		变送器地址设置错误	修改变送器地址
		变送器通信故障	更换新变送器并修改地址
2	控制器无法采集到流量计数据	COM2 口通信设置错误	修改 COM2 口通信参数为 4102
		COM2 口损坏	更换控制器
		连接线路断线	检查线路连接，保证连接正常
		流量计通信参数设置错误	修改流量计通信参数
		流量计通信故障	更换流量计通信模块
		流量计故障	更换流量计通信
3	井场 RTU 与站内无法通信	COM3 口通信设置错误	修改 COM3 口通信参数为 4102
		COM3 口损坏	更换控制器
		连接线路断线	检查线路连接，保证 COM3 口与电台正常连接
		电台参数设置错误	修改电台参数
		电台故障	更换电台
		通信距离太远，信号衰减严重	更换较大功率电台或者架设中继电台
4	控制器运行指示灯不亮	电源故障	检查供电系统，确保供电正常
		控制器故障	更换控制器

第五章　SCADA 系统

SCADA（supervisory control and data acquisition）系统，即数据采集与监视控制系统，它是以计算机为基础的生产过程控制与调度自动化系统，可以对现场的运行设备进行监视和控制，以实现数据采集、设备控制、测量、参数调节以及各类信号报警等各项功能，广泛应用于电力系统、给水系统、石油、化工等诸多领域。

长庆油田 SCADA 系统由上位机系统、集配气站自控系统、处理厂（净化厂）DCS 系统组成。SCADA 系统结构如图 5.1 所示。

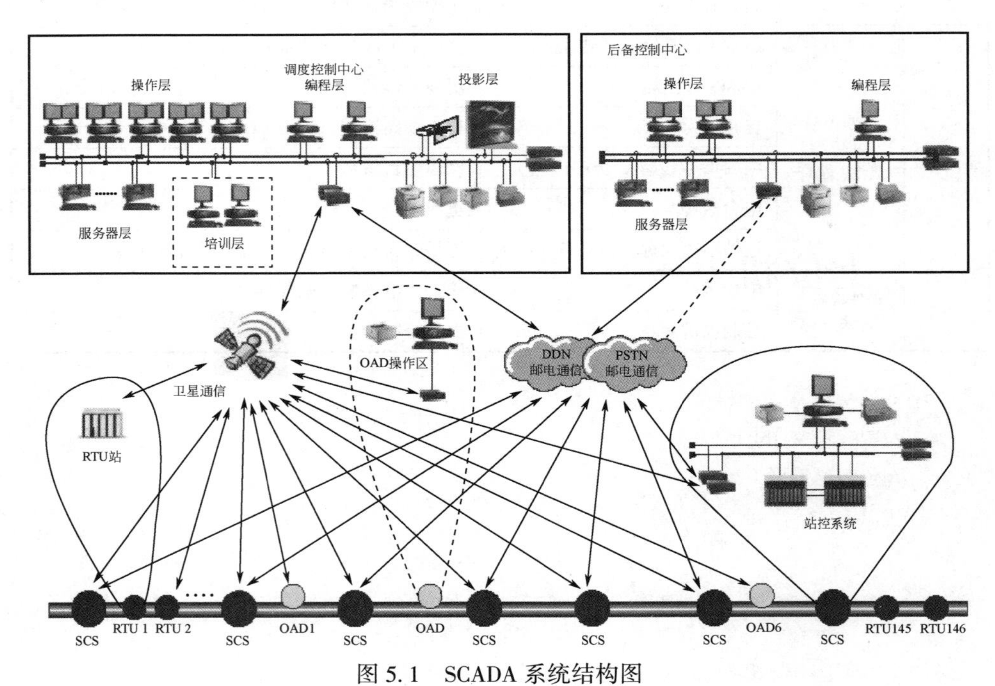

图 5.1　SCADA 系统结构图

5.1　长庆油田采气 SCADA 系统简介

长庆油田于 1997 年引进的上位机系统为美国霍尼韦尔公司的 SCAN3000，集气站自控系统为美国罗克韦尔公司的 SLC500 系统，处理厂（净化厂）DCS 系统为美国霍尼韦尔公司的 TPS 系统。

随着采气单元跳跃式的发展，SCADA 系统的规模也不断扩大、软硬件不断变化升级，截至 2018 年年底，长庆油田 SCADA 系统中使用的上位机系统为霍尼韦尔公司 PKS R 系列，集气站自控系统为艾默生公司的 Control Wave 系统，净化厂 DCS 系统为美国霍尼韦尔公司 C300、艾默生过程控制公司 DELTA V 系统，处理厂 DCS 系统为艾默生过程控制公司的 Control Wave 系统（表 5.1）。

表 5.1　长庆油田 SCADA 系统统计表

系统名称	生产厂家及版本		分布情况	备注
上位机系统	霍尼韦尔	PKS R400/R410/R430/R500	所有采气单位	
集配气站自控系统	艾默生	ControlWave	采气一厂、二厂、三厂	集气站、处理厂
		ControlWave Micro	所有采气单位	阀室、集气站
处理厂 DCS 系统	霍尼韦尔	C300	采气一厂	第四、第五净化厂
		Safety Manager	采气一厂	第四、第五净化厂
	艾默生	DELTA V	采气一厂	第一、第二、第三净化厂
		ControlWave Redundant	采气一厂、二厂、三厂	处理厂、净化厂

5.2　上位机系统

上位机一般指可以直接发出操控命令的计算机，一般是 PC/host computer/master computer/upper computer，屏幕上显示各种信号变化（压力、液位、温度等）。能源行业内的上位机系统又称为工业监控组态软件，是一种数据采集与过程控制的专用软件，它们是在自动控制系统监控层一级的软件平台和开发环境，使用灵活的组态方式，为用户提供快速构建工业自动控制系统监控功能的通用层次的软件工具。

长庆油田采气单元使用的上位机系统包括霍尼韦尔公司 PKS R 系列产品。

5.2.1　上位机系统简介（以霍尼韦尔 PKS 为例）

Experion PKS（以下简称 PKS）过程知识系统是霍尼韦尔最新一代的过程自动化系统，它将人员与过程控制、经营和资产管理融合在一起。Experion PKS 为用户提供了远高于集散控制系统的能力，包括嵌入式的决策支持和诊断技术，为决策者提供所需信息；安全组件保证系统安全环境独立于主控系统，提高了系统的安全性和可靠性。

5.2.2 系统构成及主要功能

PKS 系统结构如图 5.2 所示，其构成及主要功能如下：

（1）全局数据库：一次输入控制处理器与监控系统服务器所需信息，无需多次对不同层次的数据库分别组态。

（2）Honeywell HMIWeb 技术：基于 Web 结构的人机界面，可以集成过程控制数据和商业应用数据；HMIWeb 以 HTML（超文本链接标示语言）为显示画面的基本格式，提供 IE 浏览器访问过程画面的功能。

（3）全局在线文档：帮助用户快速访问存有系统资料信息的“Knowledge Builder”。“Knowledge Builder”是 HTML 的文档资料，为用户提供在线帮助和在线技术支持，避免了用户在各处查找大量资料的不便。

（4）实时数据库：采用客户机/服务器结构，正常情况下由服务器为客户机提供所需要的实时数据，服务器故障情况下，某些客户机可直接从控制器读取所需要的实时数据。

（5）先进的系统框架：包括完整的基础架构、报警/事件管理子系统、便于组态的报表子系统、扩展的历史数据采集以及多种类型的系统标准趋势。

（6）良好的开放性：支持最先进的开放技术和标准，包括 ODBC、AdvanceDDE、Visual Basic、OPC（OLE for process control）等，使系统开放通信实施极为方便。

（7）严格的安全性：多种渠道保证系统的安全性。

（8）Experion 高性能服务器：可选择冗余配置从控制器读取数据后送给操作站、系统组态设备、存储系统数据库。

（9）Experion 操作站：基于 Honeywell HMIWeb 技术，有多种类型可选择，可实时进行过程监控。

（10）Experion 控制器：可选择冗余配置 50ms 或 5ms 的控制执行环境、设计新颖的 C 系列输入/输出子系统、Experion 应用控制器（ACE）、基于 Windows 2000/2003 Server 操作系统。

（11）500ms 的控制执行环境。

（12）与过程控制器相同的控制算法库，并独有用户算法功能块。

（13）OPC 标准的数据访问客户端集成接口。

（14）Experion 仿真控制器（SIM）：完全仿真控制器、无需特殊硬件支持。

（15）Experion 过程控制网络。

（16）容错型以太网：采用 Honeywell 专利技术，是一种高性能的先进的工业以太网解决方案；是一种实时的、确定性的过程控制网络，可以通过单个或冗余的传输介质，提供确定性的数据通信；是一种优化的过程控制网络。

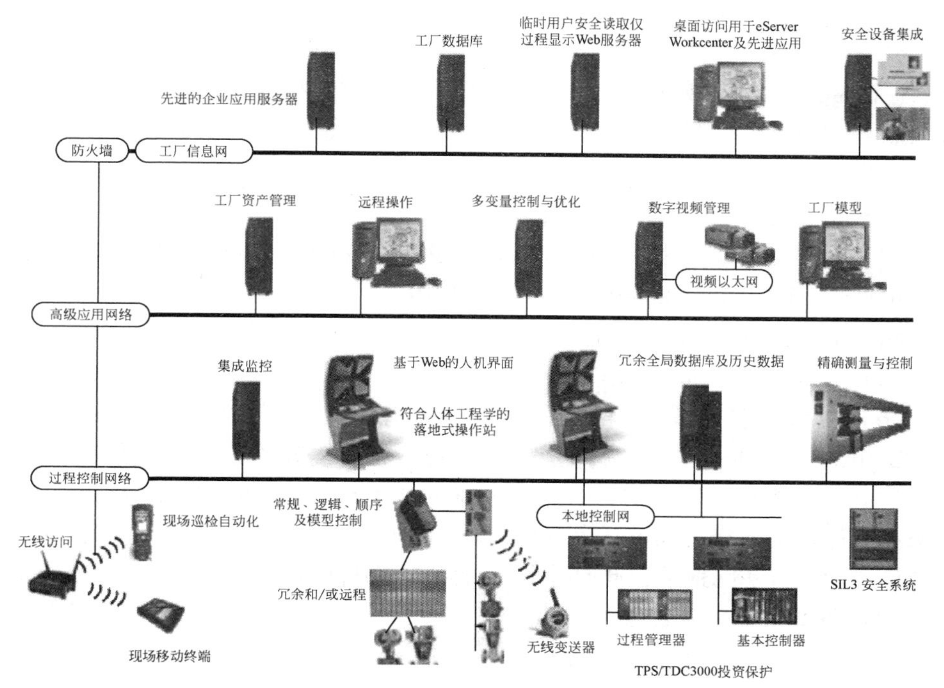

图 5.2 PKS 系统结构图

5.2.3 上位机系统操作规程

5.2.3.1 PKS 操作员站安装配置操作步骤

1）安装操作系统（以 Windows2008 Server R2 为例）

（1）分配 C 盘容量为 100G（可根据硬盘容量适当调整）。注意事项：安装过程中如果找不到硬盘，应加载磁盘阵列驱动。

（2）安装过程中需要输入管理员用户的密码，密码设置为“字母+数字+特殊字符”。

（3）安装工作站主板、网卡、声卡、显卡、USB3.0 等驱动。

（4）设置显示分辨率为 1280×1024，重新启动计算机。

（5）更改服务器名，服务器命名为“PKS—站名”。站名由拼音和数字组成，如苏东 001 站的站名为 SD001。

（6）系统正常后用“ghost”做备份，命名为 Win2008。

（7）配置计算机 IP 地址。

（8）在实验室安装计算机配置内部调试地址，安装完毕后更改为集气站 IP 地址，配置 DNS 地址。

2）安装 PKS R400. 2 软件

（1）在光驱中放入 PKS 安装盘，自动运行；填写客户信息：Name 为 PKS-站名，Company Name 为 CQYC；输入软件 license；选择 Ethenet；输入 IP 地址；输入账号、密码，账号、密码均为 p@ ssw0rd；开始安装，根据提示插入不同光盘。

（2）配置计算机账号和用户组。

（3）建立一个新账号“adminepks”，隶属“administrators”及“product administrators”组。把“administrator”用户禁用。

（4）后续工作均以“adminepks”账号登录。

（5）修改计算机 hosts 文件。

（6）以管理员身份运行记事本程序，在记事本下打开“c：/window/system32/drivers/etc/host”，复制备份 hosts 文件内容后覆盖系统 hosts 文件。

（7）内容则增加域名解析（计算机名+IP 地址），在安装时 IP 地址先设置内部调试计算机地址，hosts 文件做相应的更改，待计算机全部安装完毕后，IP 地址设置为站点实际地址，此时 hosts 文件也做相应的更改。

（8）备份系统，命名为“PksIni”。

（9）安装 IIS：开始→administrative tools→server manager→roles→add role→WEB IIS→install。

（10）打微软补丁（安装光盘 hotfix）。

（11）打 PKS R400. 2 补丁。打补丁前停 PKS 服务至“Database Unloaded”状态。

（12）打补丁的先后顺序为 SQLServer 2008→Server Patch2→Tools Patch1→HMIWEB Patch3→Control Studio Patch001。

（13）每打一个补丁都要重新启动计算机。HMIWEB Patch3 补丁运行前以管理员身份运行“COMMAND”。

（14）备份系统，命名为“PksPatch”。

3）安装 OPENBSI 并配置

（1）建立 SERVER，命名为 PKS-站名，非冗余、单网，其余默认设置。

（2）新建 ASSENT 文件并下装，ASSENT 名为站名。

（3）更改系统显示中文：

① 解锁 MNGR 账户：Start→Administrative Tools→Local Security Policy→Local policy→user→Deny log on locally→属性→删除 Local servers 组。

② 注销，切换 MNGR 用户：在 Control panel→Region and language→Administration→Copy settings 里选择“Simplified Chinese PRC”。

③ 注销切换 adminepks 用户：在 Controlpanel→Region and language→Administration→Change system locale 中的两个选项里打钩。

④ 锁定 MNGR 账户：在"Deny log on locally"中加入"Local servers"组。

（4）下装通道、控制器、点。

（5）控制器统一命名为"站名+CON"，例如 N06CON。

（6）如果是中心站注意更改以下内容：更改 RTU 号；更改 assent；更改各站控制器名称；所有扫描周期为 10s；所有 Analog 类型的点的三种历史类型全选。

（7）删除不需要的点。

（8）配置用户信息（用户自定义菜单、访问控制、Acronyms、station 显示方式等），保存流程图并调用。

（9）Acronyms 分配如下：2881－2911 为本站单量井号，如果是中心站，2912–2942 为第二座集气站单量井号，2943－2973 为第三座集气站单量井号，2974–3004 为第四座集气站单量井号，3005－3035 为第五座集气站单量井号，3035–3549 为预留。3500 为 TUBING，3501 为 OILING，3502 为 CLOSE，3503 为自动，3504 为手动，3505 为关阀，3506 为开阀，3507 为开阀，3508 为关阀。BB 站阀的控制调用 3505 和 3506。

（10）访问控制：configure→configuration tools→flex station→assignment。

（11）Station 显示方式：右键点击 station 快捷方式→目标→在. exe 后添加–sfx。

（12）保存并调用流程图，整改显示不正常点的故障。

（13）历史记录及事件归档。

（14）事件：归档时间不建议在 0:00—2:00，统一改为 6:00

（15）历史归档时，快速以 7 为基数，1min 以 28 为基数，6min 平均以 60 为基数，1 小时平均以 60 为基数，其余以 366 为基数。

（16）归档文件不宜保存在 C 盘，保存于服务器的 D 盘或者 E 盘，建立文件夹，统一命名为 History Arctives。

（17）磁盘碎片清理。

（18）以下备份文件应保存在其他盘下，文件夹名为 BACKUP：备份 EMDB-Configuration studio/administer the system database/EMDB admin tasks/back up database。

（19）备份 ASSENT。

（20）备份 qdb 文件及 hdw \ pnt 文件。

（21）备份自定义菜单文件。

（22）备份流程图。

（23）建立用户 oper，隶属于 users 组，密码空，设置 adminepks 密码，并设置 users 组用户访问权限（只能运行和读，不能控制和写）。

（24）备份系统，命名为 PKS-站名。

4）杀毒软件安装

（1）安装霍尼韦尔授权的防病毒软件，配置并更新病毒库。

（2）设置以下文件夹不扫描：

① change setting/ Centralized exception/add/Folder。

② C：/Program files/Honeywell/Experion pks/Engineering Tools/system/er。

③ C：/Program data/Honeywell。

④ C：/Program files/Honeywell/Experion pks/client/system。

⑤ C：/Program files/Microsoft SQL Server/MSSQL10. MSSQLServer/MSSQL/DATA。

5. 2. 3. 2　上位机组态软件

初学者请仔细阅读，要想将现场的一个仪表或者阀门加入系统，实现数据采集及控制，必须经过上位机系统组态和下位程序编程两个步骤。下面以霍尼韦尔公司 PKS 上位机系统为例，使用 Configuration Studio 上位机组态软件详细讲解如何将一个点完整加入系统。

上位机加点步骤总体为：建立 SERVER→建立域→建立通道→建控制器→建点→流程图组态，必须按照顺序顺时针操作，不能省略任何步骤，具体步骤如下：

（1）打开 Configuration Studio，如图 5. 3 所示。

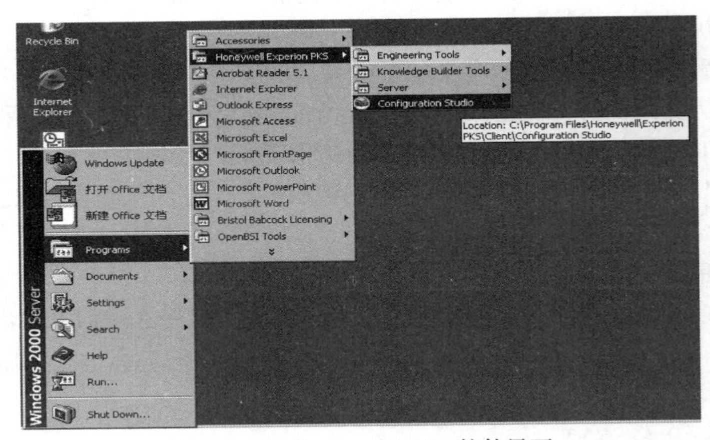

图 5. 3　Configuration Studio 软件界面

（2）进入界面，如图 5. 4 所示，点击阴影部分“SytemName”。

（3）输入用户名密码，如图 5. 5 所示，用户名是“mngr”，密码是“mngr1”，Domain 为“Traditional Operator Security”。

（4）定义 SERVER，如图 5. 6 所示。在阴影部分定义服务器名称，以站点名称、作业区、厂的名字进行命名即可，根据各厂数字化与科技信息中心命名规则而定；在 Node Name 上输入计算机的名字，如图 5.6 所示。

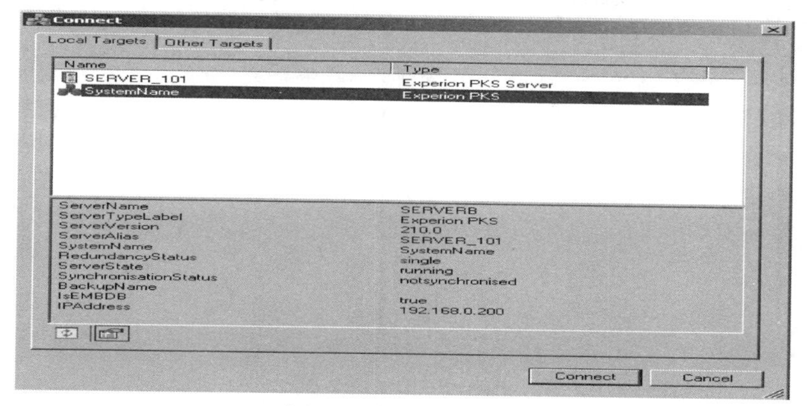

图 5.4　软件选择界面

图 5.5　用户名密码输入界面

图 5.6　定义服务器名称

（5）定义域名（ASSETS）。点击 ASSET01，如图 5.7 所示。勾选 SERVER_101，如图 5.8 所示。下载域，如图 5.9 所示。

图 5.7　定义域名称

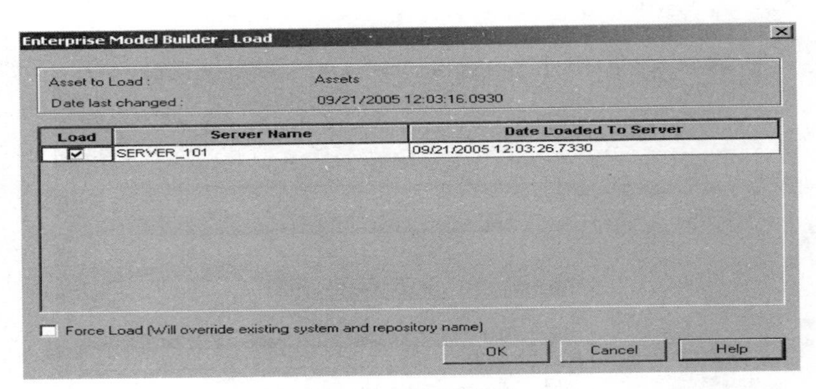

图 5.8　域下载界面

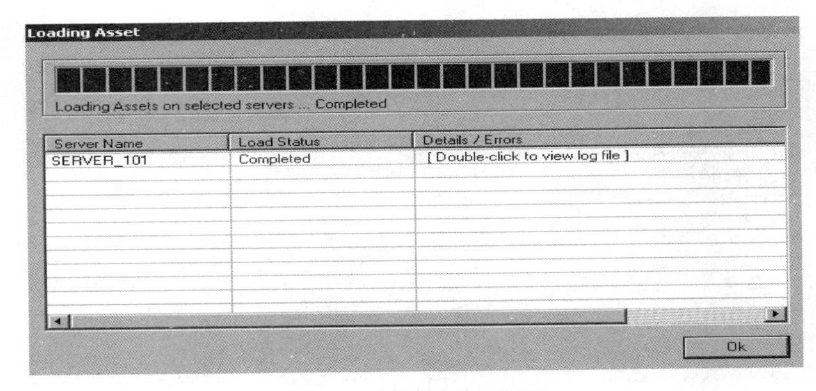

图 5.9　域下载成功界面

（6）生成组态界面。如图 5.10 所示，重新打开组态软件 Experion PKS SERVER，登录后则出现树状结构，可对相应选项一一设置。打开“Control Strategy”，即可开始对框中的通道、控制器、点进行组态。

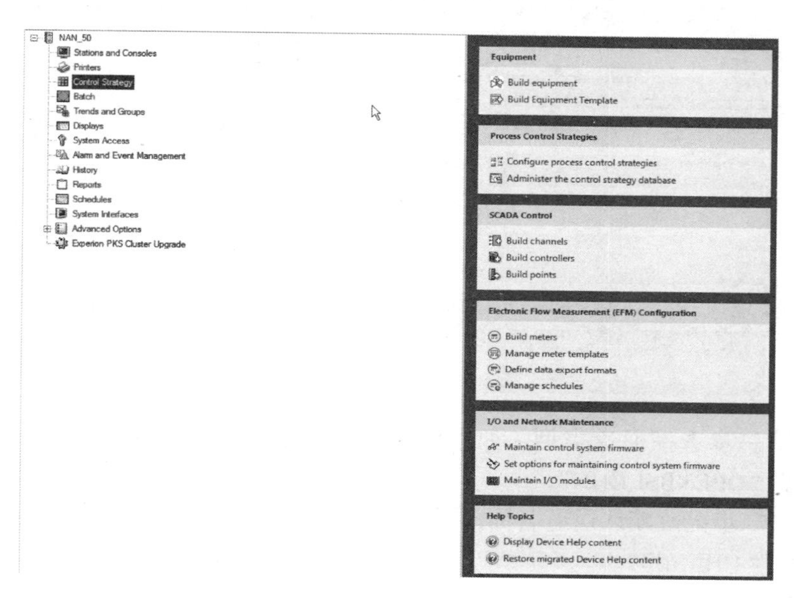

图 5.10 树状组态界面

（7）打开识别组态界面。打开位于系统中的通道、控制器、点任何一个界面，进入如图 5.11 所示的界面。

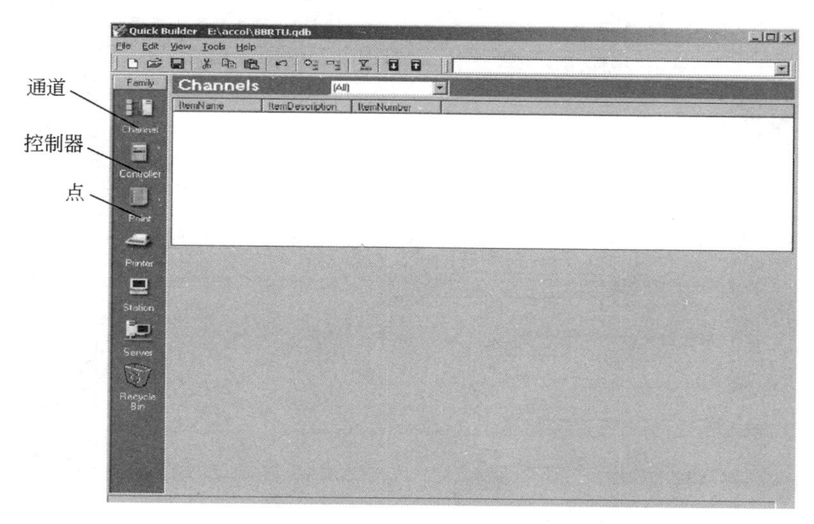

图 5.11 组态界面

（8）建立通道。点击图标添加一个 Channel，类型必须与所用控制器相匹配，如图 5.12 所示。

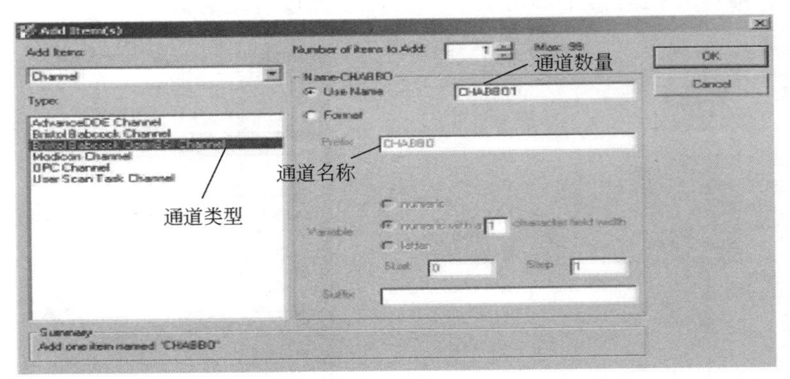

图 5.12　建立通道界面

① 第一步选择通道类型，如果使用的自控系统硬件为艾默生 Controlwave，必须选择“OPENBSI CHN”。

② 第二步更改默认通道名称，可根据各厂命名规则进行选择，如苏东 99 集气站可写为 CHNSD39。

③ 第三步选择通道数量，一般填写数量为 1。

④ 通道报警限。如图 5.13 所示，框内 Marginal Alarm Limit 代表黄色警戒

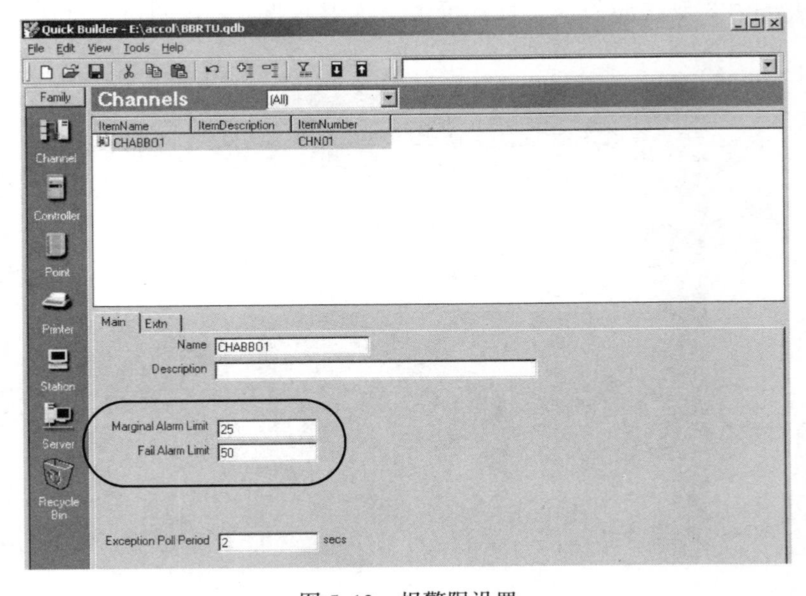

图 5.13　报警限设置

线，Fail Alarm Limit 代表红色警戒线。

（9）建立控制器。点击图标添加一个 Controller，类型必须与所用控制器相匹配，如图 5.14 所示。

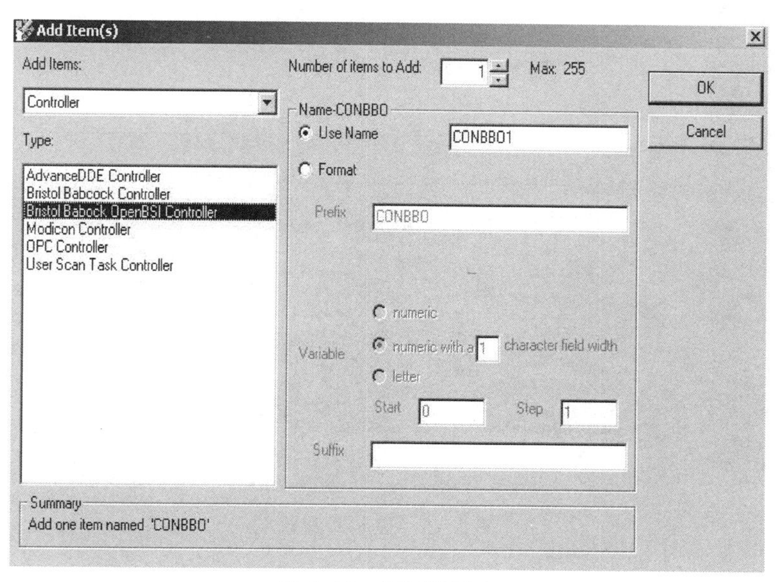

图 5.14　控制器建立

① 第一步选择控制器类型，如果使用的自控系统硬件为艾默生 Controlwave，必须选择“Bristol Babock OpenBSI Controller”。

② 第二步更改默认通道名称，可根据各厂命名规则进行选择，如苏东 99 集气站可写为 CONSD99。

③ 第三步选择控制器数量，一般填写数量为 1。

④ 配置控制器，如图 5.15 所示。

（a）在 Channel Name 选择通道名称，与上一级建立通道名称保持一致，如 CHNSD99；

（b）在 Controller Type 中选择数据类型；

（c）在 Node Name 中输入所要通信的 RTU 名（与 NETVIEW 中的 RTU 名一致）；

（d）RDM Security Level 选择级别为 7。

（10）建立点，如图 5.16 所示。

① 点击图标添加一个 Point，点的类型可以自己选择。如果为模拟量点，可在左栏添加 Analog Point；如果为数字量状态点，添加 Status Point，其他类型不建议尝试。

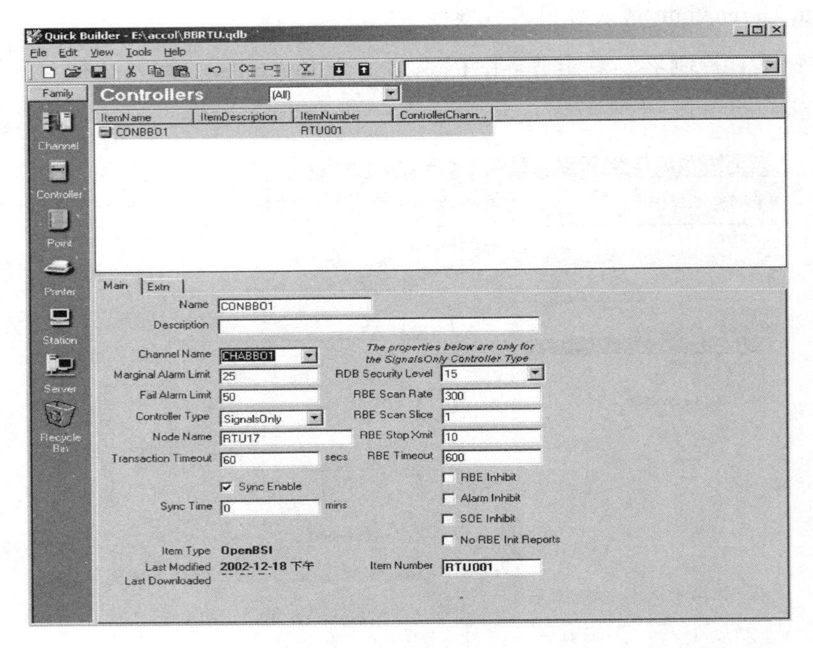

图 5.15　控制器配置

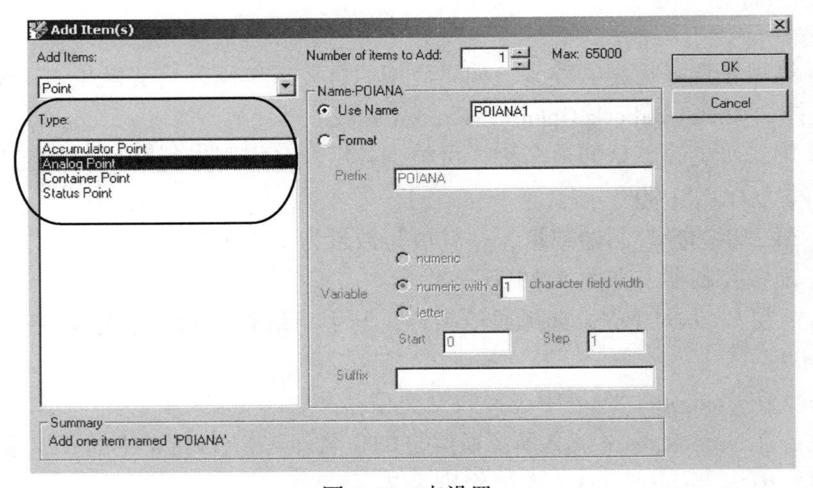

图 5.16　点设置

② 第二步更改默认通道名称，可根据各厂命名规则进行选择，如苏东 99 集气站可写为 CONSD99。

③ 第三步选择控制器数量，一般填写数量为 1。

④ 模拟点设置，如图 5.17 所示。

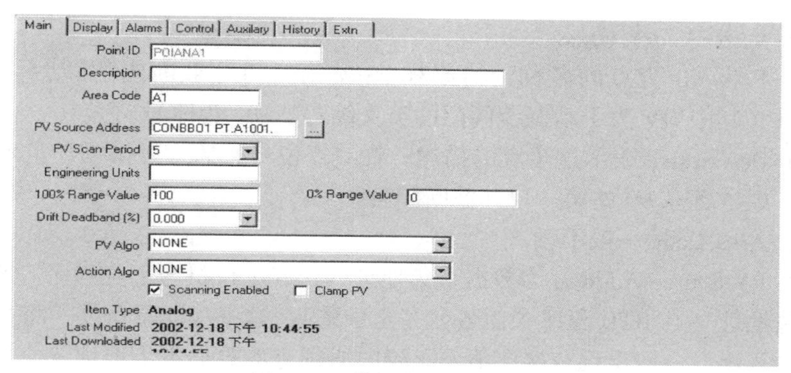

图 5.17　模拟点的详细信息

（a） 点击 Main 界面。

（b） Point ID 为点的名称，如 SD99 站第一口井的压力可填写为 SD99PI101（其中 PI 为压力的英文缩写，101 为序号）。

（c） Description 表示这个点的描述，针对点位号，插入可供操作员理解的中文解释，如“SD99 站第一口井的压力为”。

（d） Area Code 一般不动。

（e） PV Source Address 为数据采集地址，代表上位机与下位程序 COMMLIST 中的取值地址（与 RTU 程序中信号名完全一致），这一项非常重要，将直接决定数据是否正确。一般出现数据取值不正确时必须查看数据采集地址。

（f） PV Scan Period 为扫描周期，可以根据生产现场实际情况适当延长或者缩短，选择范围为 5、10、15、30 不等。

（g） 100% Range Value 为最大取值范围，0% Range Value 为最小取值范围，PV Algo/Action Algo 为内部算法，一般不使用。

⑤ 数字点设置，如图 5.18 所示。

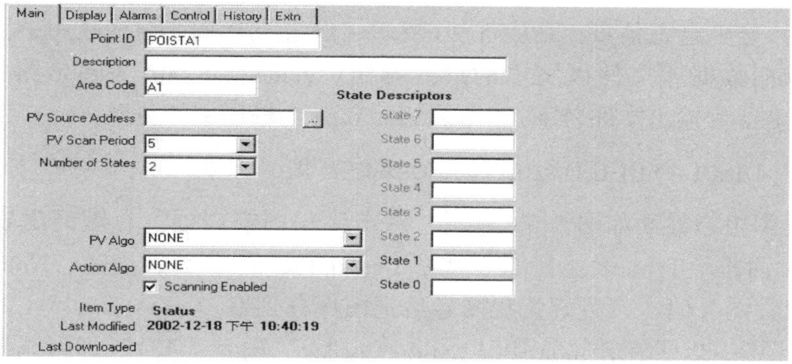

图 5.18　数字点的详细信息

（a）点击 Main 界面。

（b）Point ID 为点的名称，如苏东 99 站第一口井截断阀的转台可填写为 SDHV101（其中 HV 为手动调节阀门的英文缩写，101 为序号）。

（c）Description 表示这个点的描述，针对点位号，插入可供操作员理解的中文解释，如“苏东 99 站第一口井截断阀”。

（d）Area Code 一般不动。

（e）PV Source Address 为数据采集地址，代表上位机与下位程序 COMMLIST 中的取值地址（与 RTU 程序中信号名完全一致），这一项非常重要，将直接决定数据是否正确。一般出现数据取值不正确时必须查看数据采集地址。

（f）PV Scan Period 为扫描周期，可以根据生产现场实际情况适当延长或者缩短，选择范围为 5、10、15、30 不等。

（g）PV Algo/Action Algo 为内部算法，一般不使用。

（11）下载点，如图 5.19 所示，在组态界面点击按钮，在红色文本框中选择下载类型。

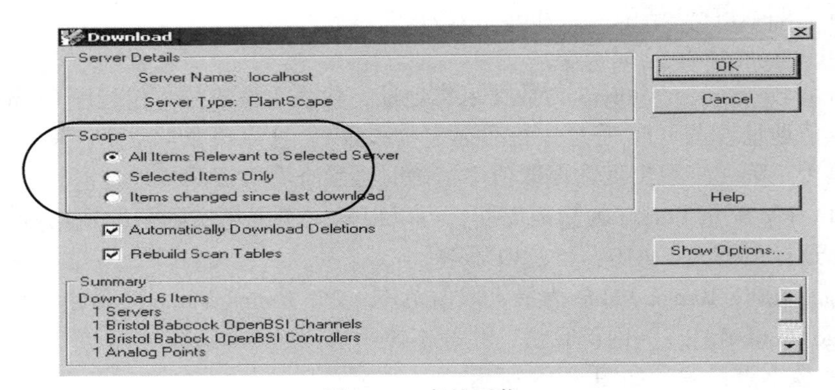

图 5.19　点的下载

（12）导出组态信息，如图 5.20 所示。点击工具栏 Tools→Export，选择路径，可以把数据库文件以文本的形式导出。Folder for File 为输出路径，Base Name for File 为输出文件名字，Export File Type 为输出文件类型。

5.2.3.3　DISPLAYBUILD 绘图工具的操作规程

流程图组态界面如图 5.21 所示，双击流程图空白处，右键调出现页面属性设置对话框。Type 表示标准类型，Description 表示点的描述，Number Display 表流程图号码，设置好流程图号后把图保存到 C：\ Honeywell \ Client \ abstract 目录下。以后在 Station 中“Callup Display”输入“404”即可调出这幅流程图了。

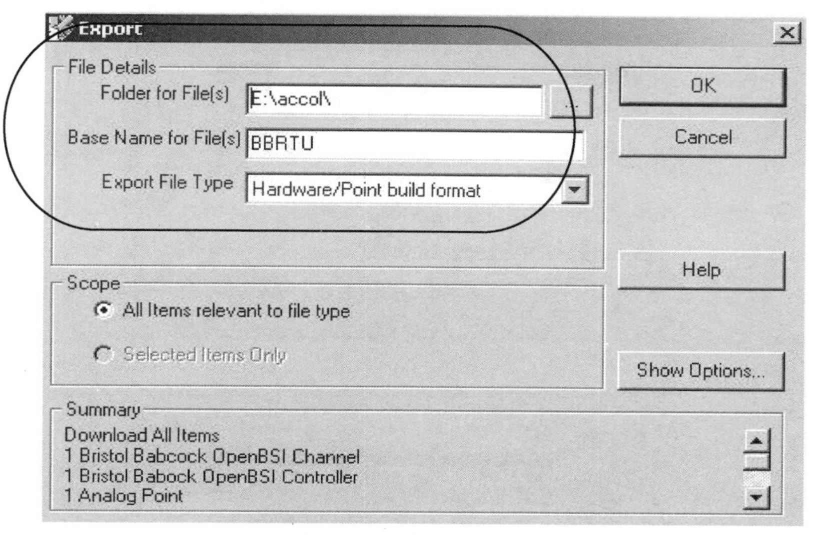

图 5.20　点的导出

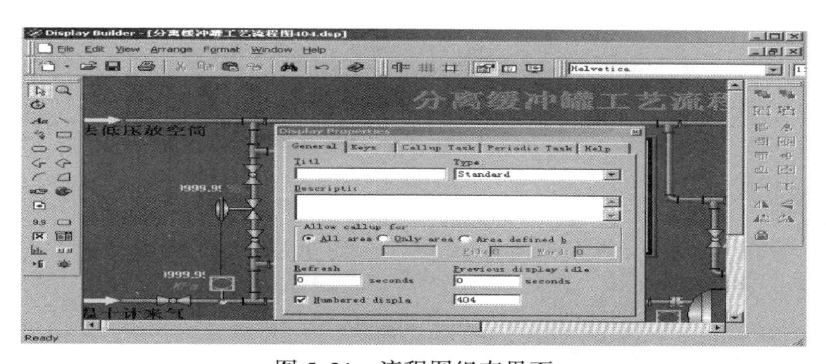

图 5.21　流程图组态界面

点属性如图 5.22 所示。“Data”选项下，Type of datebase 为数据库类型；Point 为点名，在此输入点名；Parameter 为点的属性，点为 PV/OP 值。“Details”选项下，Display 表示属性为数值；Floating decimal 为不保留小数；Number of 为保留小数点的位号；Number of characters 为显示值得位数。

5.2.3.4　Station 操作规程

1）主页面功能

（1）点击可以调取站点、区部、厂部的流程图（图 5.23）。

（2）点击可以将流程图上下翻页。

（3）点击可以前后翻页。

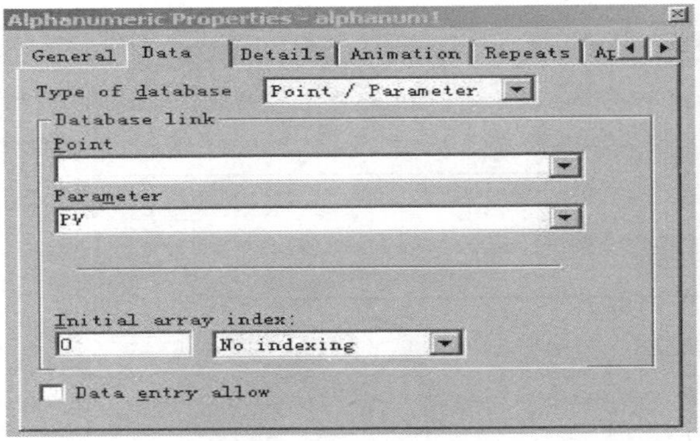

(a)

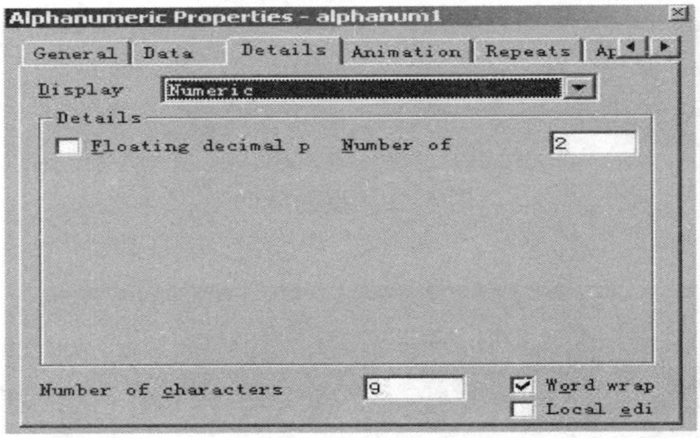

(b)

图 5.22　点的属性

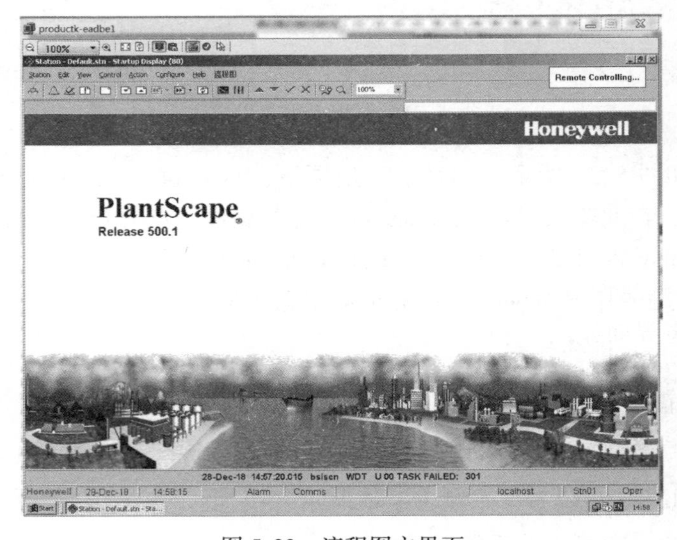

图 5.23　流程图主界面

（4）点击可以调取历史记录，柱状图或者线图。

（5）点击 Alarm Comms 可以查看系统报警和点位报警信息。

（6）点击 Oper 可以更改操作员用户的权限，获取 DO、AO 点的控制权，当且仅在取得上级主管部门授权的情况下才可以更改用户权限。

2）站点控制器状态调取

站点控制器界面如图 5.24 所示。查看此台上位机软件与站点的自控系统通信是否正常，绿色为正常，黄色为数据异常，红色为通信中断。画框区域为错误状态信息统计，当“Total Errors”的数字发生变化，数字较大且在不断变化时，要及时安排人员检查处理器是否有异常。

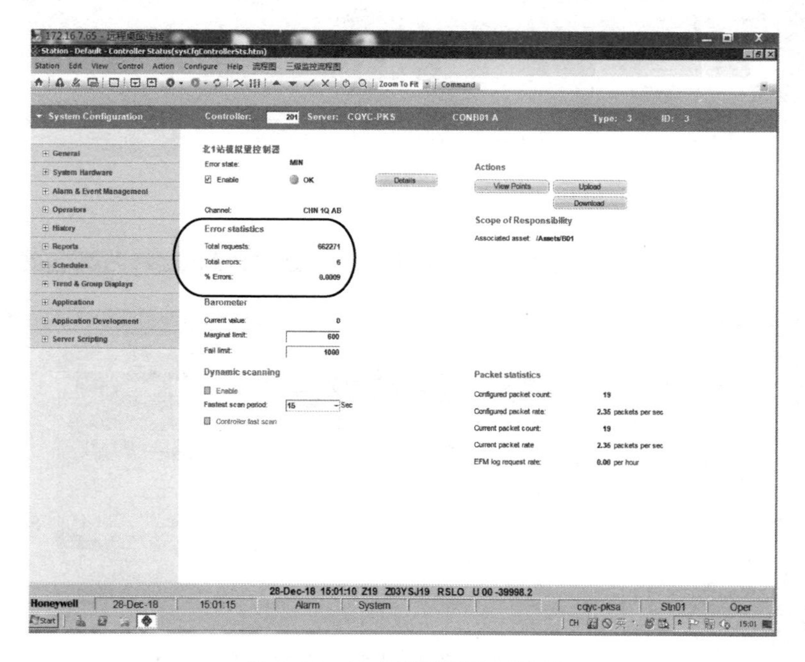

图 5.24　站点控制器状态界面

3）报警信息调取

报警信息界面如图 5.25 所示。

Alarm Comms 中红色闪烁表示出现报警，暗红色闪烁为报警未确认，红色不闪烁表示报警已确认未恢复正常，蓝色表示软件本身运行发生的事件。

4）历史记录调取

历史记录界面如图 5.26 所示。

点击查看一个点的历史记录，点击 History 可以查看点的详细信息，从阴影部分的下拉框中可以根据时间段选取历史记录，可以按照秒级、分级、时级、天级进行分类查看。

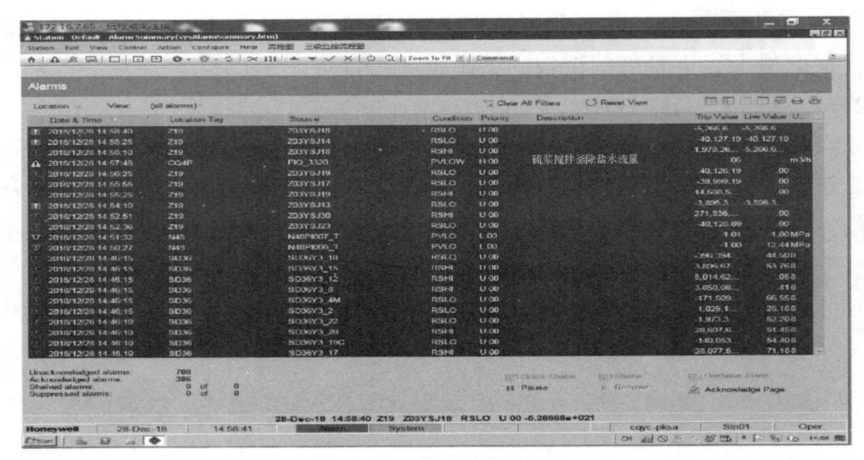

图 5.25　报警信息界面

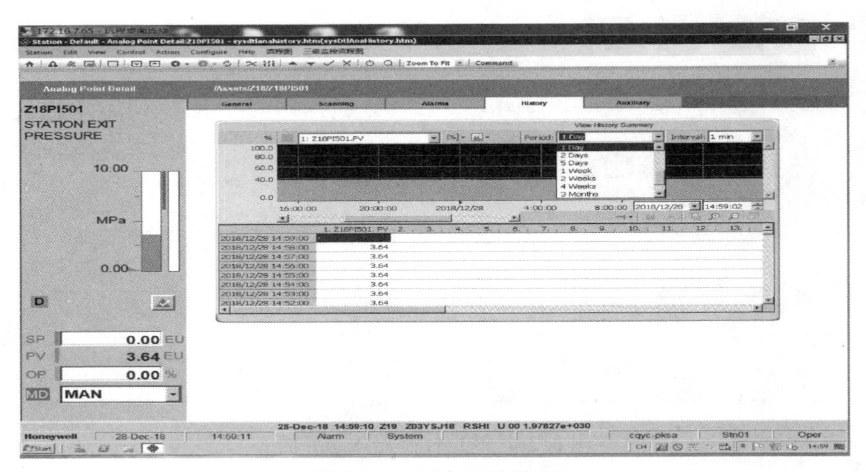

图 5.26　历史记录界面

5.3　集配气站自控系统

集气站自控系统是一套以 PLC 为核心对全站的压缩机机组系统、紧急切断系统、过滤分离系统、收发球系统、监测系统及站辅助系统等进行集中监视、控制及管理的完整控制系统，为厂 SCADA 系统的一个组成部分，能够将全站有关信息传送至调控中心并接受调控中心的监视、控制和管理。

5.3.1　自控系统简介

如图 5.27 所示，长庆油田采气单元使用的集配气站自控系统为艾默生过程控制公司的 ControlWave 系列。ControlWave 系统采用模块化结构，所有的模块均置于 I/O 机架中，ControlWave 控制器与同一机架的模块通过母板进行通信，而不同机架的模块需先由通信 CPU 通过母板读取本机架数据后，再通过网络与 ControlWave 控制器进行通信。

借助 OPENBSI 工具包可以对 ControlWave 控制器进行配置和程序下装。整个程序负责现场数据的采集，分离器储液的计算，电动球阀的自动控制，天然气流量的计算和累计，自用气流量的累计，各单井产气量和产液量的计算等功能。

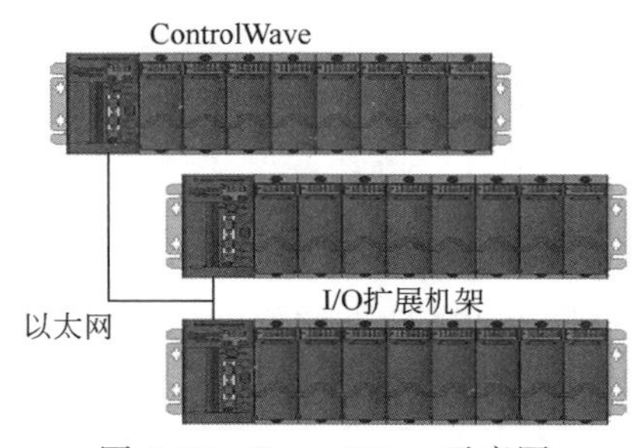

图 5.27　ControlWave 示意图

5.3.2　ControlWave 硬件介绍

ControlWave 硬件主要有混合控制器、I/O 卡件、微型控制器等，如图 5.28 所示。ControlWave 是一款集 PLC、RTU 和 CS 的优点于一身，适应性强、分散型、开放的、高性能的控制器。基于模块化的设计，从而使系统配置灵活，可满足大、中、小型控制系统的需要，既适合工厂过程控制，还可用于 SCADA 系统。

1）混合处理器

（1）基于 586 的处理器；

（2）AMD Elan 520—100 MHz，32 bit CPU；

（3）多达三个 100MB 以太网口；

（4）控制网，远程 I/O 网；

（5）综合网络；

（6）多达四个串口；

（7）RS485 光电隔离；

（8）带以太网口的远程 I/O；

（9）三级权限设定；

（10）宽温度范围（-40~70℃）；

（11）防爆 CE，c/UL Class Ⅰ，Div. 2。

2）I/O 卡件

（1）单双精度 I/O：8 & 16 AI（14 bit），4 & 8 AO，16 & 32 DI，16 & 32 DO，6 & 12 Universal Digital Inputs。

（2）本地和远程端子。

（3）状态指示灯。

（4）AO & DO 保持功能（前一次断电或故障时的值）。

（5）输入/输出与供电隔离。

（6）内部回路供电简单。

（7）防爆等级为“Class Ⅱ，Div. 2”。

（8）I/O 热插拔。

3）微型控制器

（1）32 位 150MHz CPU 处理器；

（2）2 个 RS232 和 1 个 RS485 通信接口；

（3）100MB 以太网口；

（4）两个状态指示灯通信模块；

（5）6 组状态指示灯监视器；

（6）PLC/RTU/PAS 混合控制器；

（7）基于 ARM 9 的高速处理器；

（8）低功耗；

（9）IEC 61131-3；

（10）支持多种协议；

（11）11 个串行通信端口；

（12）内置调制解调器和无线电；

(a) 混合控制器

(b) I/O卡件

(c) 微型控制器

图 5.28　ControlWave 硬件

（13）机载报警和历史数据库；

（14）Web 和 FTP 服务器；

（15）宽温度范围（-40~70℃）。

5.3.3 系统构成及主要功能

站控系统中设置 TCP/IP 数据网，操作员工作站、站控 PLC 挂在该网上；现场仪表、电动执行机构通过仪表线路接入站控系统 I/O 卡件，将数据传输至 PLC；压缩机组控制系统、空压机系统、UPS 系统等第三方通信设备均通过通信处理器或串口服务器接入 TCP/IP 数据网，并与调控中心进行通信联络。由控制系统 MMI 的主计算机管理整个系统。

站控系统主要完成以下功能：

（1）站内主要工艺参数的数据采集、处理、储存及显示；工艺流程画面动态模拟显示。

（2）主要参数越限报警及事件报警；可燃气体泄漏检测、报警及火灾检测、报警。

（3）实时趋势曲线和历史趋势曲线的显示。

（4）压缩机组远控启、停；紧急停车系统自动控制，站场系统自动投运等；闭环 PID 控制、顺序控制、逻辑控制。

（5）实时打印报警及事件，打印生产报表；历史文件资料的储存。

（6）系统自诊断功能等。

（7）与调控中心进行数据通信，向调控中心发送站场的主要工艺参数及运行状态信息，并接收调控中心发来的调节控制指令。

5.3.4 自控系统操作规程

采气单位站控系统程序采用 ControlWave Designer 编程环境，结构文本语言结合功能块语言开发，其主要包括集气站紧急切断阀控制程序、分离器液位连锁子程序、单量数据处理子程序、外输/自用气计量、上午 7 时清零子程序及第三方设备通信程序（包括压缩机、UPS、油水液位计、RTU、串口服务器、发电机、配电柜）。该程序从整体上实现了集气站重点生产部位的数据采集、流量计量、实时监测、自动控制、远程检测等功能。

5.3.4.1 Designer 编程软件下装（写入）操作规程

（1）进入编程软件界面。

（2）打开工程，设置参数。

（3）以太网下载，选择 DLL，选择前 4 项，输入 IP 地址，然后点击诊断、下载，如图 5.29 所示。

COM1 口下载：选中 COM1 口，计算机连接 COM1 口，卡件 COM2 口，具体配置如图 5.29 所示，其余默认；点击确定，然后诊断，下载。

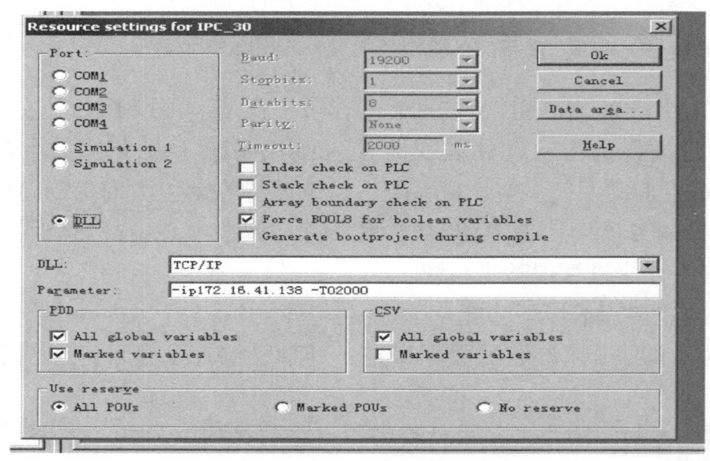

图 5.29　配置全部参数

（4）下载程序：

① 下载，如果有程序，先停止，然后按“RESET”，LED 灯为“00”，再点击下载。

② 弹出菜单，选择最右上的“Download”，然后下载。

③ 下载完成后，LED 灯为“01”，再次点击“Download”。

④ 在完成下载前，LED 灯为“00”。

⑤ 对文件进行激活。

⑥ 点击“cold”，在点击“cold”前，LED 灯为“01”。

⑦ 程序启动正常。

5.3.4.2　Designer 编程软件程序上载（读取）操作规程

（1）点击“资源”，如图 5.30 和图 5.31 所示。

（2）程序开始上传。

（3）上传完成。

5.3.4.3　程序简单编辑

1）卡件添加

（1）源程序读取：

① 打开任意程序，点击“FILE → NEW PROJECT”，选择“CONTROLWAVE”，点击“OK”。

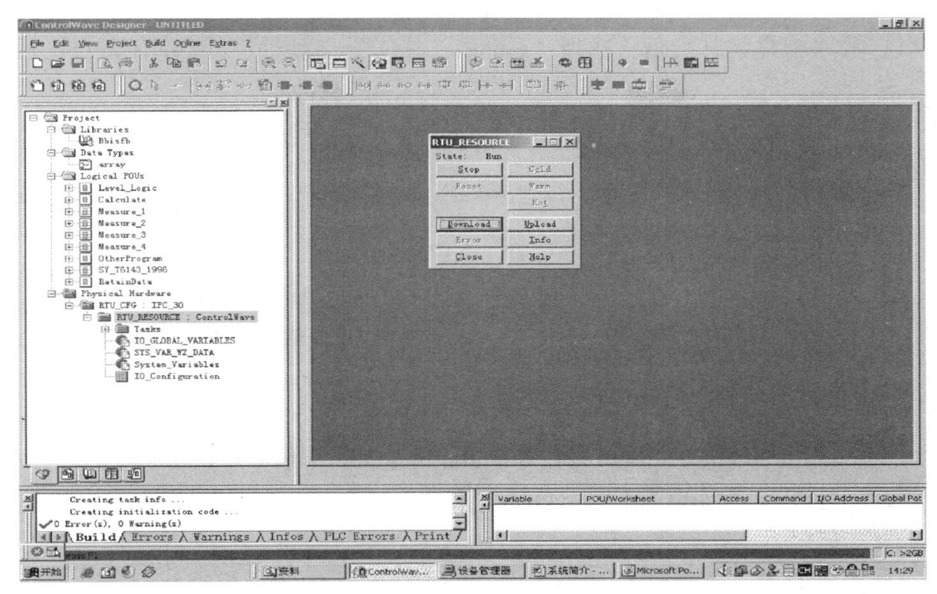

图 5.30 程序上载

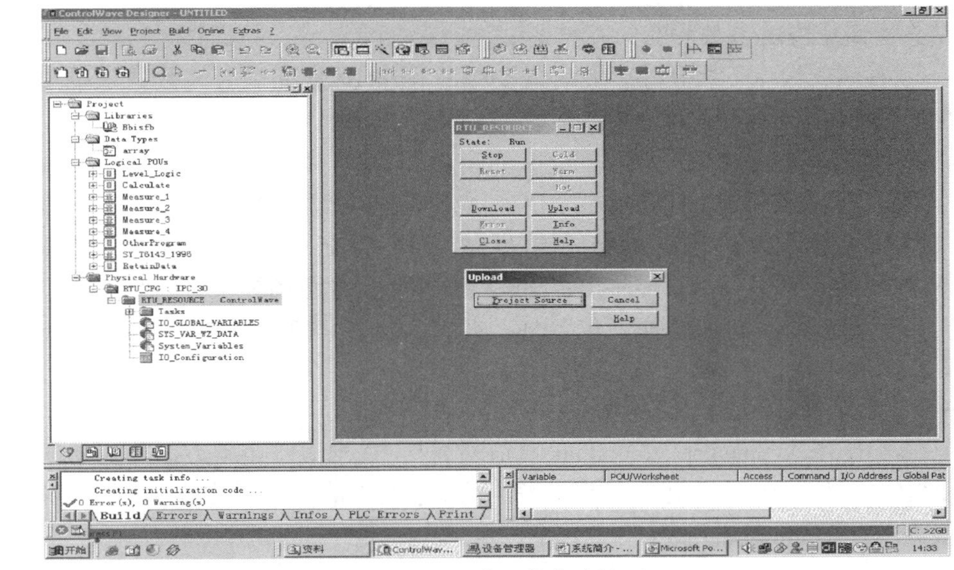

图 5.31 程序上载启动界面

② 右击“RTU RESOURCE”，选择“SETTING/DLL”，Parameter 中的 127.0.0.1 改为数据采集地址（如 172.16.34.10）。

③ 修改地址以后点击“OK”，点击项目控制对话框“CONTROL DIALOG”

按钮，然后点击弹出对话框里的“upload”（右下第三个灰色图标）读取程序。

④ 输入用户名、密码，选择“project source”，读取成功后保存为自己所需文件名。

（2）卡件添加。找到空余卡槽，假如是第一排卡楼第七个槽道，将所加卡件加入所用槽道（支持热拔插）。

（3）程序修改：

① 打开所读取的程序，然后打开“IO-Configurator”。

② 其中 CW 为第一排卡槽，ER 为第二排卡槽。DI 为数字量输入卡件（反馈）；DO 为数字量输出卡件（驱动）；AI16 为模拟量输入（4~20mA）；AO8 为模拟量输出（4~20mA）。

若为第一排槽道，选择 CW 模块里所要添加的卡件型号，点击中间的添加按钮，之后点击“NEXT”。注：需修改“slot number”（槽道号这里为 7），“Related Task”改为为“Task1”（根据自己需求定义）。

（4）程序下载：

① 点击查找工具栏里的“make”（编译制作）按钮，检测所编辑的程序是否存在报错；

② 检测完成后查看信息反馈栏是否有错误，若有则查看报错信息，若无报错信息，即 0 错误/0 警告；

③ 检测无误后下装程序，此时需要查看程序 IP 地址是否为数据采集地址（防止下载到其他处理器里引发事故），点击红色图标。

2）模拟点的添加

源程序读取与添加卡件读取方式相同。点位查找以及添加步骤如下：

（1）找到所要自控柜空余接线端口，如 TB1-7-6（第一排卡槽第七块卡件第六个通道），此时该端口显示黑色图标（如果不是黑色图标表示该点在用）。

（2）双击该点输入所加点位名称，如 PT101 或者 TT101 等，其中“zero”为该点量程下线，“span”为范围；假如量程为-50~50，则“zero”改为-50，“span”改为 100，之后点击“Done-finish”。

（3）打开“commlist”（Modbus 通信列表），在列表空余地方添加所加的点位 PT101（注意 Modbus 地址不可重复），且地址不能超出所定义的列表范围，一般为 100，多余另加列表。

（4）点击第三个按钮，检测编译是否有错误，如果有误则打开“rtu resource”，查找 PT101，复制该点到“commlistv”中，继续检测，直到无误时再次核对数据采集地址是否正确（前面输 IP 地址步骤），确认无误后下载程序（具体步骤见卡件添加）。

3）状态点的添加

源程序读取与添加卡件读取方式相同。自控柜空余点位查找以及接线步骤如下：

（1）找到空余端口后选择打开“IO Configurator”。

（2）在步骤（1）找到所要接线的卡件以及通道，比如 TB1-8 第一个接线端口。

（3）双击该通道，改为所加点位名称，点击“done-finish”。

（4）打开“Boorlist”（数字量 Modbus 通信点位），然后在程序最下端添加所建立的点位（Modbus 地址不可重复）。

（5）程序检测下装与上面卡件添加相同，不作详细介绍。

4）第三方通信程序添加

读取源程序见卡件添加中的步骤。

程序通信模块添加步骤如下：

（1）右击“Logical POUs”，具体选择以及模块配置如图 5.32 所示。

（2）所用最多的是 FBD 模式以及 ST 模式，点击“OK”。其中 gggT 为程序，gggV 为功能块，ggg 为函数。

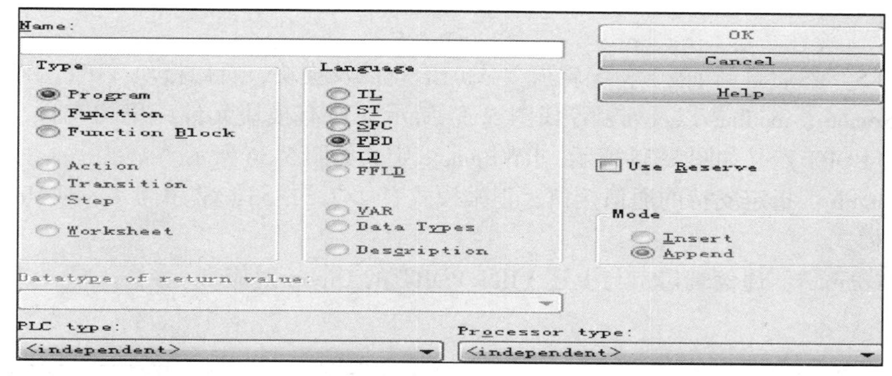

图 5.32　模块添加界面

（3）模块添加完成后需要给该模块添加任务，也就是物理硬件，其定义如下：

① RTU_CFG 是控制器要求的代码产生类型，对于 ControlWave 来说，它总是 IPC_40；

② RTU_RESOURCE 定义实时系统的类型；

③ Tasks 是程序执行的实际上的机制；

④ IO_Configuration 指定在 ControlWave 控制器和可选择的 ControlWave Ethernet I/O 上的 I/O 板上的过程输入和输出；

⑤ Tasks 决定和它们关联的程序的时序安排，这就表示所有的程序都要与

Tasks 关联，Cyclic tasks 是在一定的时间间隔内活跃，它的执行是周期性的，当 PLC 程序执行产生错误时 System tasks 将激活（System tasks 是相关联的，同 system programs）。

（4）具体添加时只需右击 task 模块里的任意模块，点击“insert→program instance”，如图 5.33 所示。Program instance：所添加模块名称，如上 ggg。Program type：选择上面所加模块 ggg，点击“OK”即可。

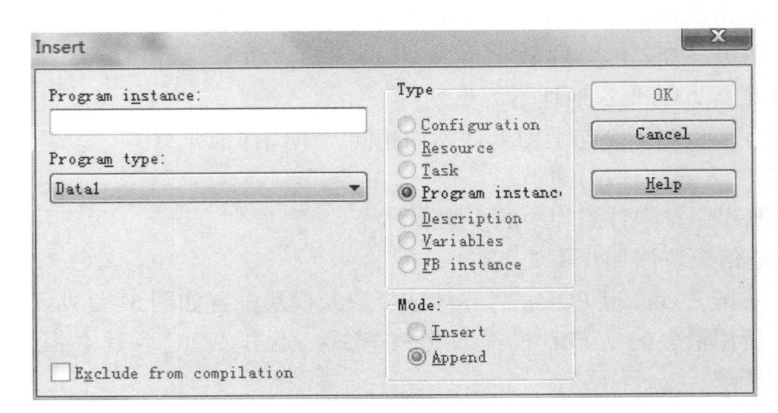

图 5.33　添加窗口

（5）然后打开 ggg *，编辑所要添加语句以及模块，所用模块 VIRT_PORT、RWRemote、modbus 以及列表等如图 5.34 所示（所有模块元件库里均有）。其中 VIRT PORT 定义如图 5.35 所示，RWRemote 定义如图 5.36 所示。

mode：指定支持的通信接口，正常模式有 4/7/51/53，常用为 4，即 Modbus 做主模式。

comport：通信端口，与上述 VIRT PORT 的 Oiport 对应。

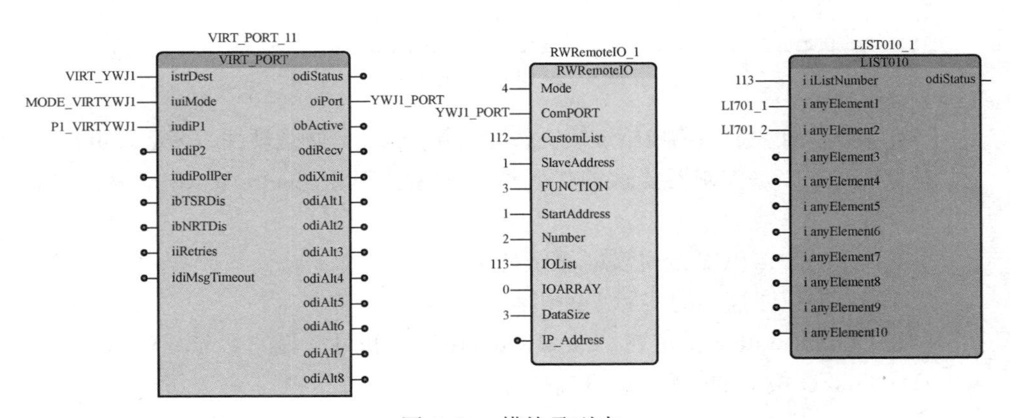

图 5.34　模块及列表

SlaveAddress：设备 ID 号。

Fuction：功能码 1 为读取线圈状态，2 为读取输入状态，3 为读模拟量，4 为读取输入量。

StartAddress：设备读数起始地址。

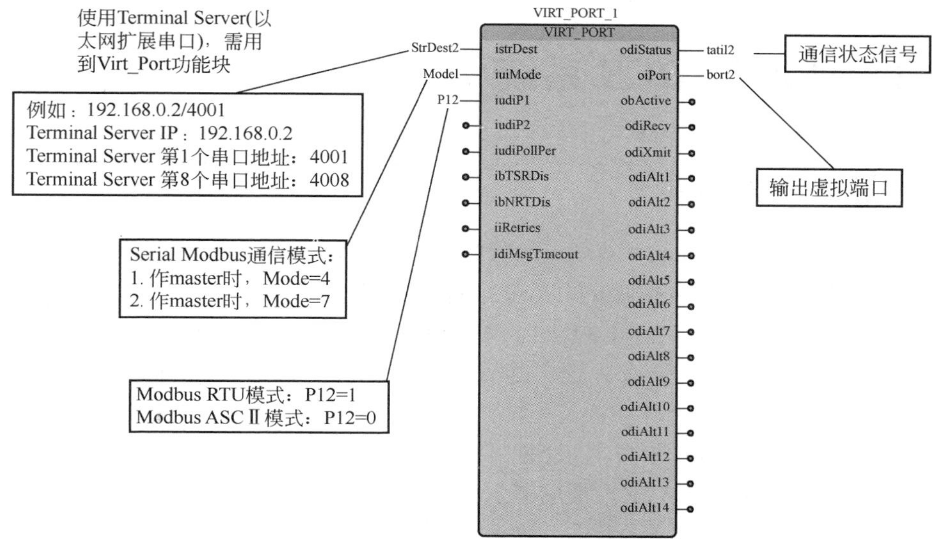

图 5.35 VIRT PORT 模块

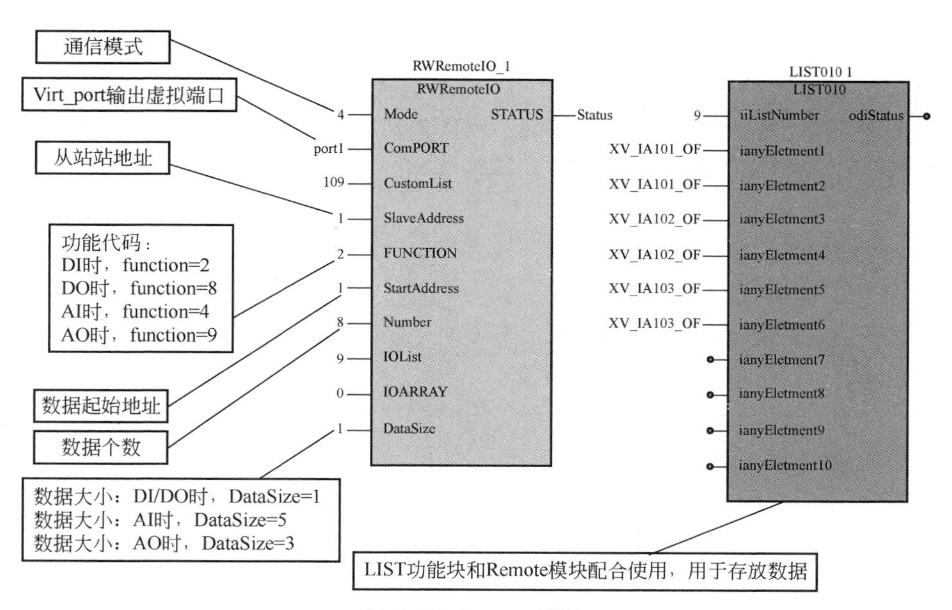

图 5.36 Remote 模块

Number：读取数量。

Iolist：该模块读取数据存放列表。

DataSize：数据大小，正常用 1/3/7/7。1 表示使用单位寄存器数据，2 表示使用 8 位寄存器数据，3 表示使用 16 位整数寄存器数据，7 表示 32 位浮点数据，用于每个浮点数值占用两个寄存器地址。

5.4 处理厂 DCS 系统

5.4.1 DCS 系统简介

DCS（distributed control system）分布式控制系统，是由过程控制级和过程监控级组成的以通信网络为纽带的多级计算机系统，综合了计算机（computer）、通信（communication）、显示（CRT）和控制（control）等技术，其基本思想是分散控制、集中操作、分级管理、配置灵活、组态方便，具有高可靠性、开放性、灵活性等特点。

长庆油田采气单位净化厂、处理厂使用 DCS 系统主要为艾默生过程公司的 DELTA V、CONTROLWAVE，霍尼韦尔公司的 C300 系统。

5.4.2 系统构成及主要功能

DCS 系统由软硬件两部分组成，其中硬件包括工程师站、操作站、现场控制站（主控单元设备和 I/O 单元设备）、通信控制站、打印服务站、系统服务器、系统网络、监控网络、控制网络；软件包括工程师站组态软件、操作员站在线软件、现场控制器运行软件、服务器软件等。

系统功能如下：

（1）重要运行参数实时监测；

（2）关键运行参数自动控制；

（3）原料气、产品气自动计量；

（4）有毒易爆气体泄漏自动报警；

（5）工艺参数异常自动连锁；

（6）紧急情况自动停车；

（7）电源故障自动切换备用；

（8）系统运行故障自动诊断、报警；

（9）多权限级别用户安全管理；

（10）非法入侵自动防护隔离。

5.4.3　长庆油田使用的 DCS 系统

5.4.3.1　艾默生 Delta V 系统简介

Delta V 系统是艾默生过程控制有限公司于 1996 年推出的用于过程控制的系统。系统采用标准 Windows 特征来提供熟悉的用户界面，以简洁、直观的交互操作方式连接人员、过程和生产。

一个典型的 DeltaV 系统由五部分构成（图 5.37）：

（1）有一个或多个 I/O 子系统来处理现场信息；

（2）有一个或多个控制器来执行控制策略、管理数据和负责 I/O 子系统与控制网之间的通信；

（3）电源；

（4）有一个或多个工作站提供用户图形界面；

（5）有一个控制网提供系统各节点之间的通信。

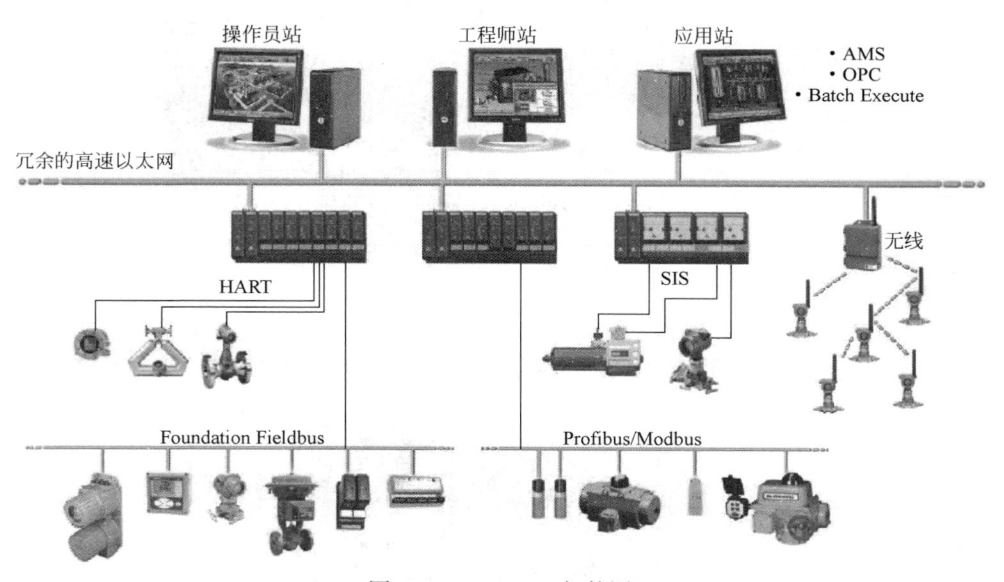

图 5.37　DELTAV 拓扑图

5.4.3.2　艾默生 ControlWave redundant 系统

ControlWave redundant 系统是艾默生过程控制公司的 ControlWave 系列，基本工作原理与功能和集气站自控系统的 PLC 相同，如图 5.38 所示。不同于 ControlWave3，ControlWave redundant 主要使用采气单位处理厂、净化厂等重点要害部位，要求安全等级及可靠性更高。

该系统具有以下功能：

（1）低能耗、体积小；

（2）中央处理单元、电源模块及通信的冗余；

（3）自动故障检测；

（4）自动切换到热备份控制器；

（5）高可靠性；

（6）报警和历史数据的备份；

（7）易用——组态方便。

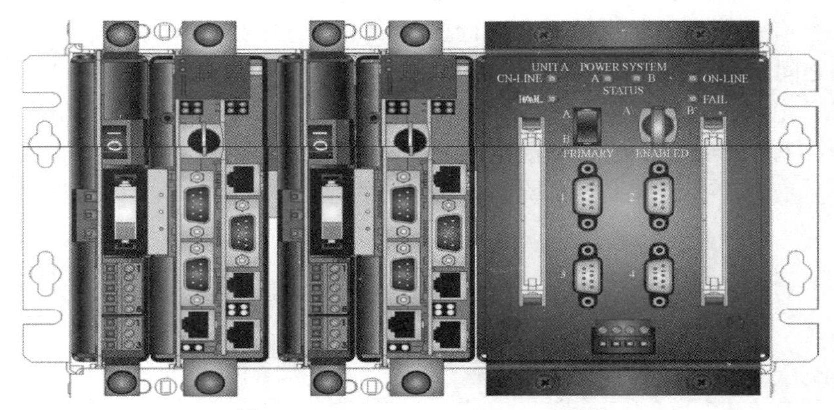

图 5.38 ControlWave redundant 系统

5.4.3.3 霍尼韦尔 C300 系统

C300 控制器是实现所有行业的理想选择，提供同类最佳的过程控制（图 5.39）。它支持各种过程控制情况，包括连续和批处理过程以及与智能现场

图 5.39 C300 控制器

设备的集成。通过内置于控制策略中的标准函数阵列来实现连续过程控制。C300 控制器支持 ISA S88.01 批量控制标准，并与现场设备（阀门、泵、传感器和分析仪）集成。这些现场设备跟踪序列的状态以执行预配置的动作。这种紧密的集成导致序列之间能更快地转换，增加了吞吐量。

该系统具有以下 3 个特点：

（1）强大的控制功能：①每个 C300 可控制约 1000 多个回路；②丰富的控制库函数，并可扩展和加入其他库函数，无须系统升级；③控制回路灵活组态，可在线修改控制回路；④混合控制，连续、逻辑、顺序控制；⑤支持 S88 模块化、批量自动化（Modular Batch Automation）。

（2）灵活的控制时序调度：①可组态的执行周期和执行顺序；②可选择的控制回路执行周期：50ms，100ms，200ms，500ms，1s，2s；Peer-to-Peer 更新率（100ms，200ms，500ms，1s）。

（3）灵活的组态监控环境：①功能强大的组态监控软件 Control Builder；②图形模块化组态生成与实时监控调试环境；③层次分类管理。

第六章　视频监控系统

6.1　视频监控系统概述

6.1.1　视频监控组成

视频监控系统是利用视频技术探测监视设防区域，实时显示记录现场图像，检索和显示历史图像的电子系统或网络系统。前端采集信息也汇总于统一的管理软件，方便对整个监控系统进行管理，主要由摄像、传输、控制、显示和记录等部分组成。模拟摄像机主要是对图像进行采集，编码设备（DVR）将模拟信号编码压缩成网络信号。网络摄像机是集传统的模拟摄像机和网络视频服务器于一体的嵌入式数字监控产品，采用嵌入式操作系统和高性能硬件处理平台，系统调度效率高，代码固化在 Flash 中，体积小，具有较高稳定性和可靠性。NVR/DVR 采用了多项 IT 高新技术，如视音频编解码技术、嵌入式系统技术、存储技术、网络技术和智能技术等。它既进行本地独立工作，也可联网组成一个强大的安全防范系统，如图 6.1 和图 6.2 所示。

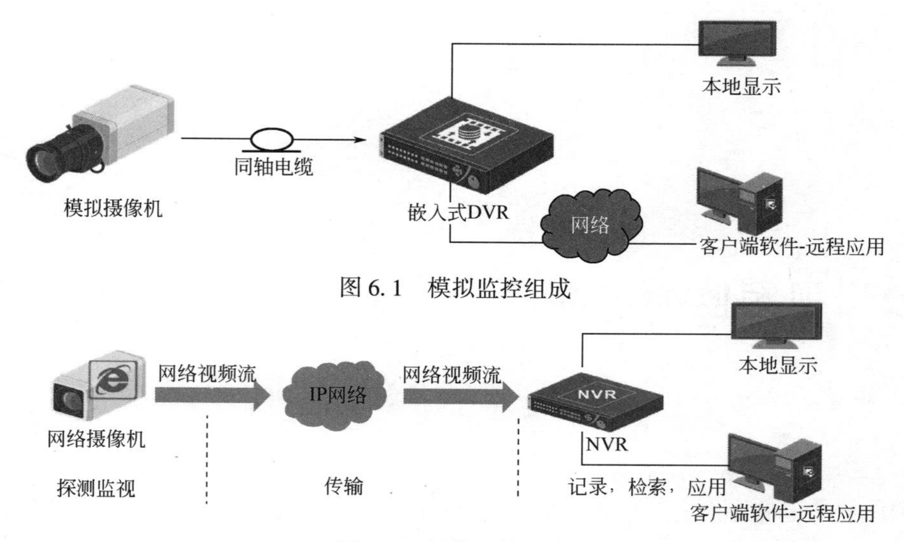

图 6.1　模拟监控组成

图 6.2　网络监控组成

6.1.2 模拟摄像机工作原理

模拟摄像机主要由镜头、影像传感器（CCD/CMOS）、ISP（图像信号处理器）及相关电路组成。

其工作原理是：被摄物体经镜头成像在影像传感器表面，形成微弱电荷并积累，在相关电路控制下，积累电荷逐点移出，经过滤波、放大后输入DSP进行图像信号处理，最后形成视频信号（CVBS）输出，如图6.3所示。

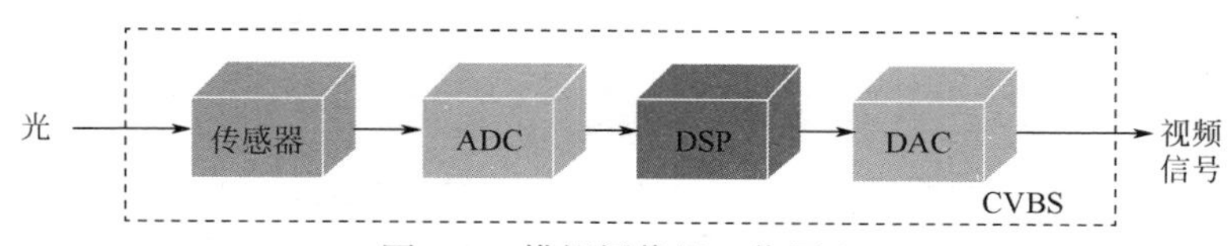

图6.3 模拟摄像机工作原理

6.1.3 网络摄像机工作原理

网络摄像机主要由镜头、影像传感器（CCD/CMOS）、ISP（图像信号处理器）、DSP（数字信号处理器）及相关电路组成。

其工作原理是：被摄物体经镜头成像在影像传感器表面，形成微弱电荷并积累，在相关电路控制下，积累电荷逐点移出，经过滤波、放大后输入DSP进行图像信号处理和编码压缩，最后形成数字信号输出，如图6.4所示。

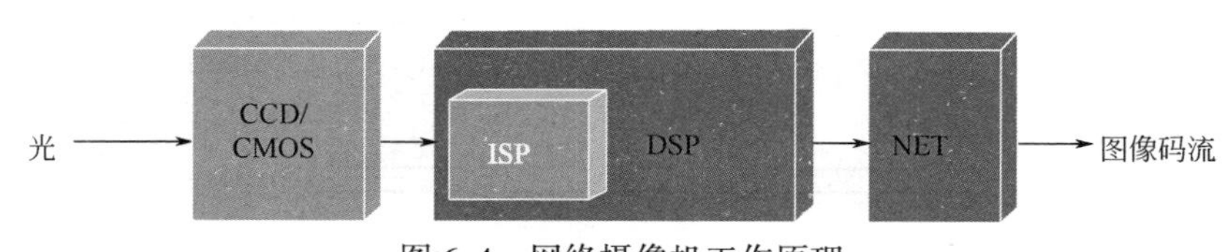

图6.4 网络摄像机工作原理

6.2 视频监控产品安装

6.2.1 半球摄像机安装

下面以海康威视半球摄像机为例，介绍视频监控产品的安装。注意：安装墙面应具备一定的厚度并且至少能够承受3倍半球的重量。

（1）安装贴纸：将安装墙纸贴于墙面摄像机安装位置，然后按照墙纸印刷

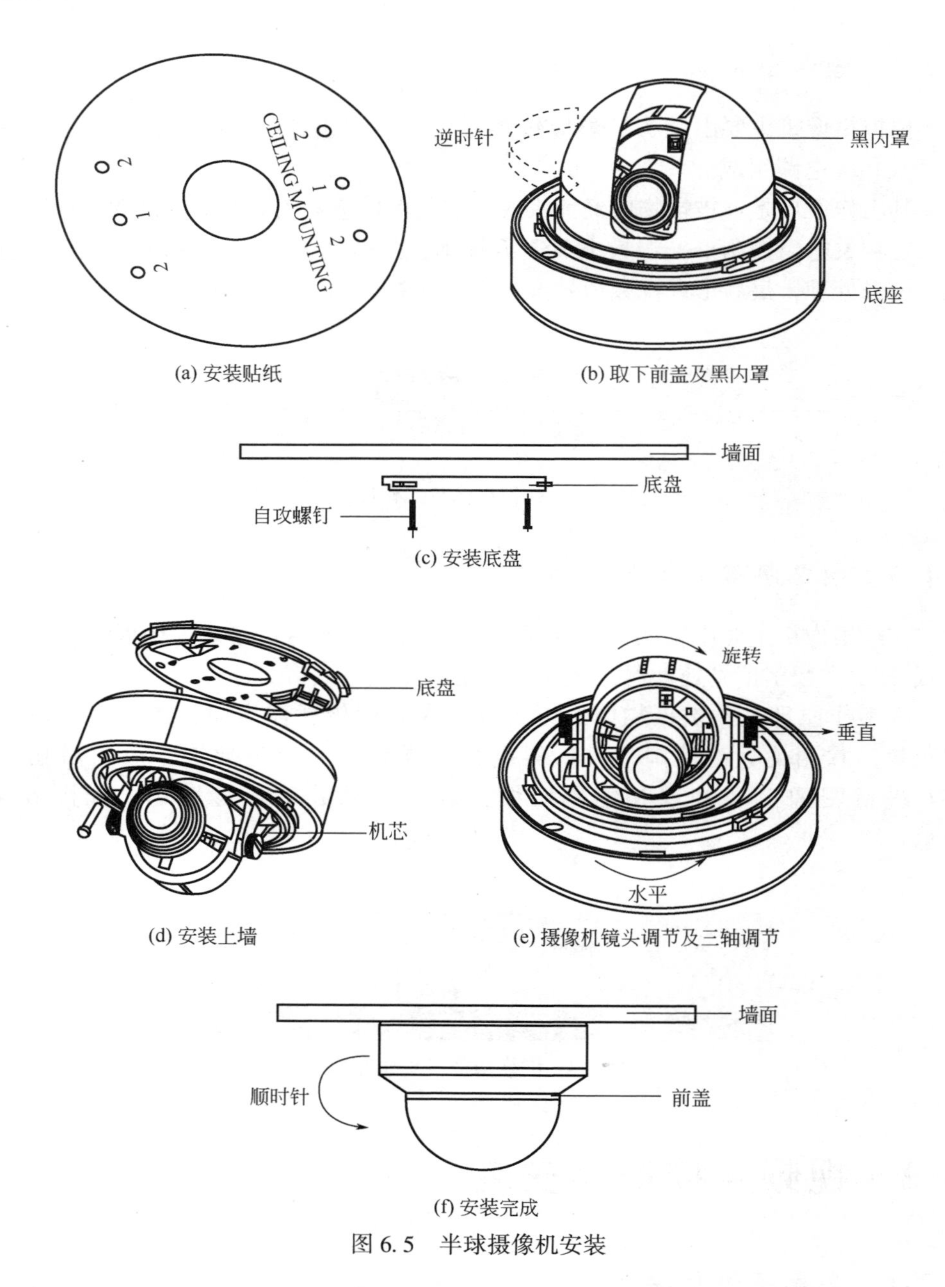

(a) 安装贴纸 (b) 取下前盖及黑内罩

(c) 安装底盘

(d) 安装上墙 (e) 摄像机镜头调节及三轴调节

(f) 安装完成

图 6.5 半球摄像机安装

空位在墙面做好安装螺钉孔位和走线孔位，如图 6.5(a) 所示。

（2）取下前盖及黑内罩：手托住半球底座，逆时针旋转前盖，取下前盖然后向上提取下黑内罩，如图 6.5(b) 所示。

（3）安装底盘：按照如图 6.5(c) 所示方法通过自攻螺钉将半球地盘固定于

墙面上。

(4) 整理线材：整理好摄像机的电源和视频线，选取适当的走线方式，并连接电源线和视频线。

(5) 安装上墙：将半球摄像机机芯顺时针旋转在底座上，并且拧紧底盘防旋转螺钉，如图 6.5(d) 所示。

(6) 摄像机镜头调节及三轴调节：连接摄像机至监视器获取图像，调节焦距调节杆，聚焦调节杆直至呈现清晰的画面。摄像机具有三轴调节工艺设计，可水平转动 0°~355°，垂直转动 0°~180°，适应不同角度的安装，调节方式如图 6.5(e) 所示。

(7) 完成安装：重新安装上黑内罩，顺时针旋转重新安装上前盖，最后撕下透明罩保护膜，安装结束，如图 6.5(f) 所示。

(8) 供电及调试：供电后摄像机开始工作，可以通过工程宝进行测试，如图 6.6 所示。注意：给摄像机供电时请确认所用电源是否与摄像机匹配，摄像机常用电源为 DC 12V 或 AC 24V。

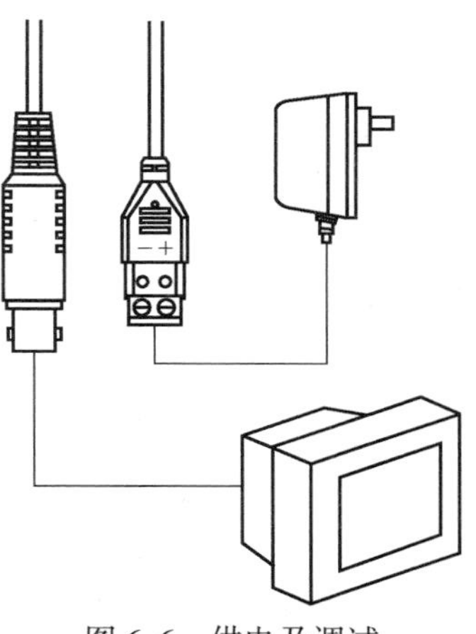

图 6.6　供电及调试

6.2.2　枪型摄像机安装

下面以海康威视枪型摄像机吸顶式安装为例介绍。枪型摄像机在安装过程中请注意保持镜头及感光传感器件的清洁，切勿用手指触摸镜头及感光传感器件。若发现镜头或感光传感器件有脏污，请用专门的软质擦拭用布，以免造成磨划影响图像效果。

(1) 将摄像机支架固定在天花板上，如图 6.7(a) 所示。注意：如果是水泥墙面，先需安装膨胀螺钉（膨胀螺钉的安装孔位需要和支架一致），然后安装支架；如果是木质墙面，可使用自攻螺钉直接安装支架；支架安装墙面，需要至少能够承受 3 倍于支架和摄像机的总重。

(2) 将摄像机支架接孔旋入支架中，并调整摄像机至需要监控的方位，然后拧紧支架旋钮，固定摄像机，如图 6.7(b) 所示。

(3) 安装摄像机镜头：将摄像机的“VIDEO OUT”接口与调试监视器连接，通过对比监视器上的图像，调整镜头焦距螺杆，选择合适的视场；然后调节聚焦螺杆直到获得清晰的图像为止；最后锁紧镜头的焦距、聚焦调节螺杆。若监控的场景存在误差，可拧松支架旋钮，调整摄像机的角度至所需监控的场景，然后拧紧支架旋钮，完成安装，如图 6.7(c) 所示。

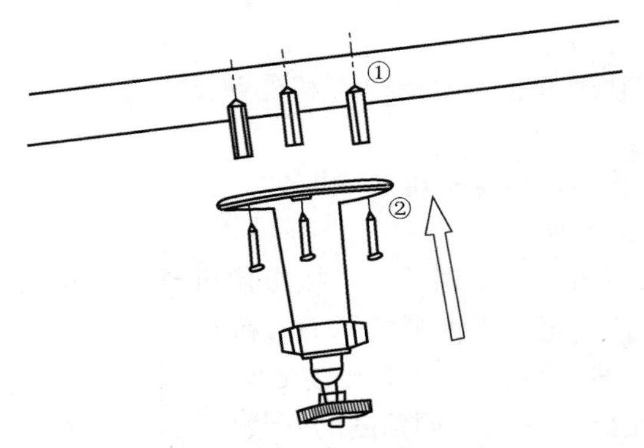

(a) 摄像机支架固定在天花板上

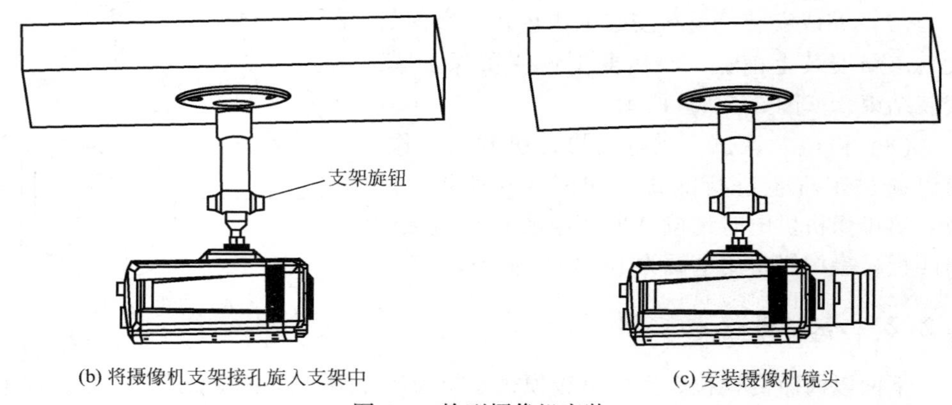

(b) 将摄像机支架接孔旋入支架中　　(c) 安装摄像机镜头

图 6.7　枪型摄像机安装

6.2.3　网络球机安装

下面以海康威视球机安装为例介绍。

6.2.3.1　线缆

海康威视球机的线缆如图 6.8 所示。

（1）电源线：球机支持 AC 24V 和 DC 12V 电源输入中的一种。如果智能球为 DC 12V 供电，要注意电源正、负极不要接错。

（2）视频线：同轴视频线。

（3）RS485 控制线：485 控制线。

（4）报警线：包括报警输入和输出。ALARM-IN 与 GND 构成一路报警输入，ALARM-OUT 与 ALARM-COM 构成一路报警输出。

（5）音频线：AUDIO-IN 与 GND 构成一路音频输入；AUDIO-OUT 与 GND 构成一路音频输出。

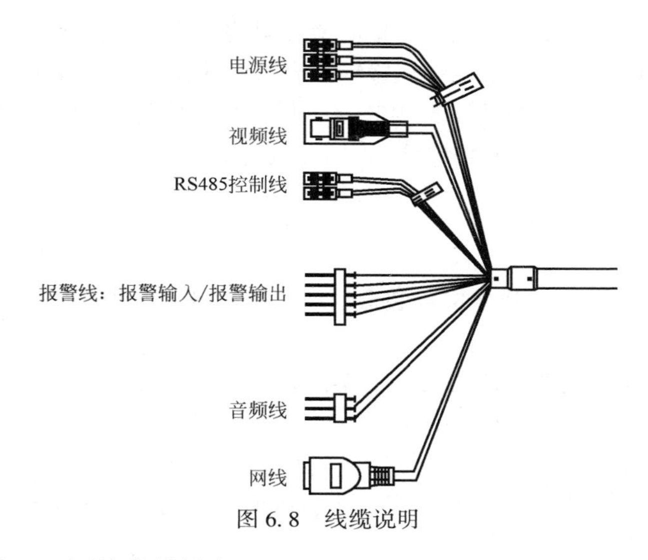

图 6.8　线缆说明

（6）网线口：网络信号输出。

6.2.3.2　支架安装

球机根据安装环境等因素的不同，可采用不同的安装方式。臂装支架可用于室内或者室外的硬质墙壁结构悬挂安装，支架安装具体步骤如下：

（1）检查安装环境，确定符合以下条件。墙壁的厚度应足够安装膨胀螺栓。墙壁至少能承受 8 球机加支架等附件的重量。

（2）检查支架及其配件，支架及其配件如图 6.9(a) 和 (b) 所示。支架配件包括螺帽、膨胀螺栓及其平垫片。

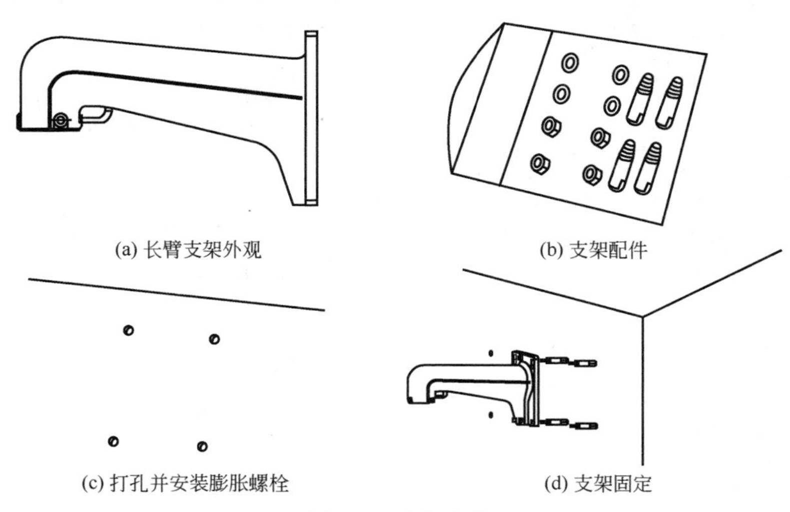

(a) 长臂支架外观　(b) 支架配件

(c) 打孔并安装膨胀螺栓　(d) 支架固定

图 6.9　支架安装

（3）打孔并安装膨胀螺栓。根据墙壁支架的孔位标记打 4 个 ϕ12mm 膨胀螺栓的孔，并将规格为 M8mm 的膨胀螺栓插入打好的孔内，如图 6.9(c) 所示。

（4）支架固定。线缆从支架内腔穿出后，将 4 颗配备的六角螺母垫上平垫圈后锁紧穿过壁装支架的膨胀螺栓。固定完毕后，表示支架安装完毕，如图 6.9(d) 所示。

6.2.3.3 球机安装

（1）拆封球机。打开球机包装盒，取出智能球，撕掉保护贴纸，如图 6.10(a) 所示。

（2）将智能球安全绳挂钩系于支架的挂耳上，连接各线缆，并将剩余的线缆拉入支架内，如图 6.10(b) 所示。

（3）连接球机与支架。确认支架上的两颗锁紧螺钉处于非锁紧状态（锁紧螺钉没有在内槽内出现），将球机送入支架内槽，并向左（或者向右）旋转一定角度至牢固，如图 6.10(c) 所示。

（4）连接好后，使用 L 形内六角扳手拧紧两颗固定锁紧螺钉，如图 6.10(d) 所示。

（5）固定完毕后，撕掉红外灯保护膜，智能球安装结束。

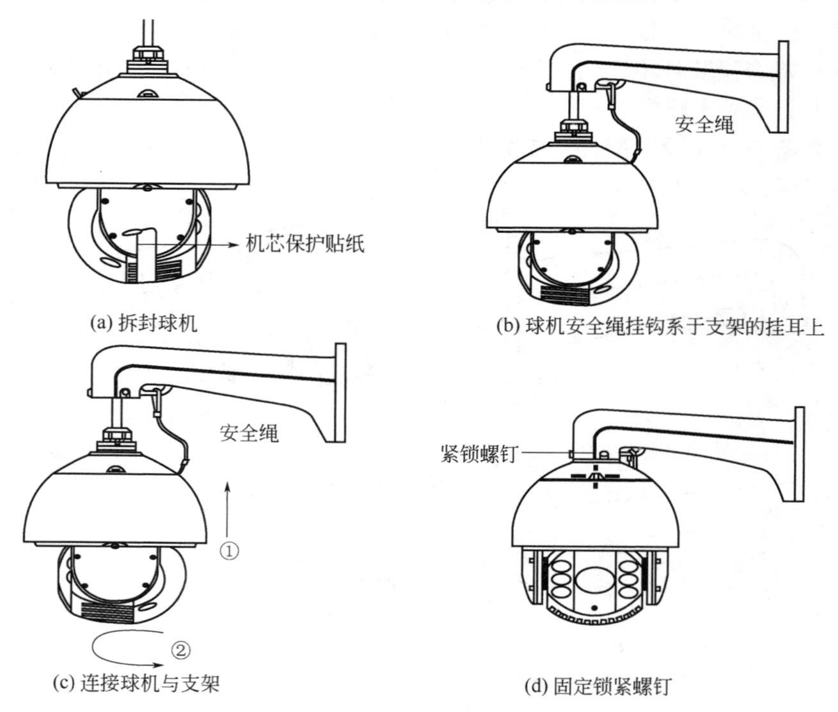

(a) 拆封球机　(b) 球机安全绳挂钩系于支架的挂耳上

(c) 连接球机与支架　(d) 固定锁紧螺钉

图 6.10　球机安装

6.2.4　模拟云台安装调试

下面以海康威视的模拟云台为例介绍模拟云台的安装调试。

6.2.4.1　红外灯安装

（1）固定红外灯支架。从配件包中取出“两颗”直径为4mm，长度为10mm的螺栓。将红外灯支架固定护罩底部，螺栓孔位如图6.11所示。

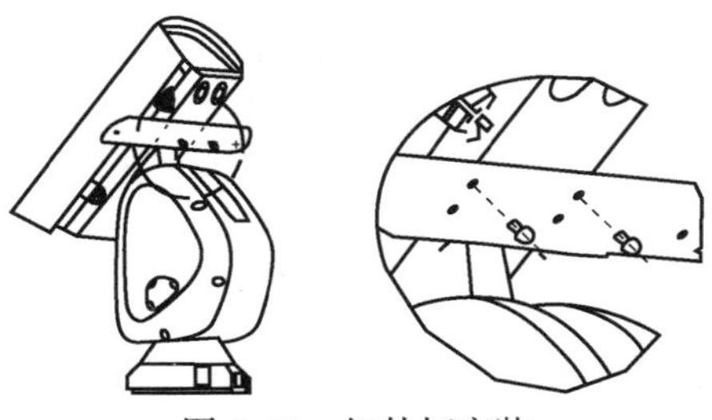

图6.11　红外灯安装

（2）安装红外灯。取出红外灯顶部的螺栓，保存好螺栓。使用取出的螺栓将红外灯固定在支架上，如图6.12所示。

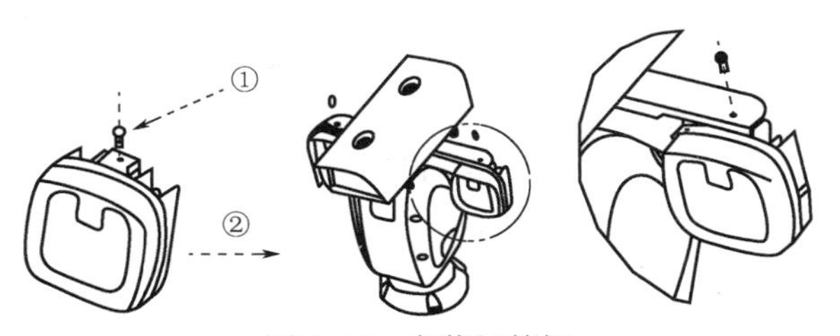

图6.12　安装红外灯

（3）固定红外灯线缆。从配件包中取出“两颗”直径为4mm、长度为10mm的螺栓，将线扣固定在红外灯支架上，如图6.13所示。

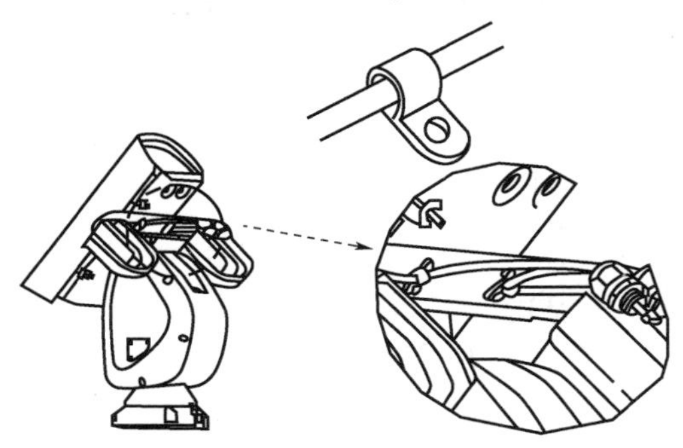

图6.13　固定红外灯线缆

（4）防水塞穿线。注意：防水塞的锁紧螺纹用于将防水塞固定在护罩上；防水线的防水线螺帽用于固定红外灯线缆，只要锁紧防水线螺帽，线缆便不能再拉动。将红外灯线缆伸进护罩当中，旋转防水塞的锁紧螺纹，将防水塞固定在护罩上，如图 6. 14 所示。红外灯线缆尽量放进护罩当中，使用扳手锁紧防水线螺帽，如图 6. 15 所示。

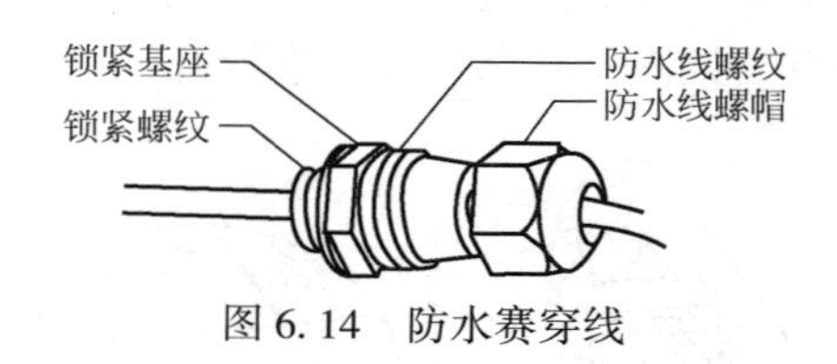

图 6. 14　防水赛穿线

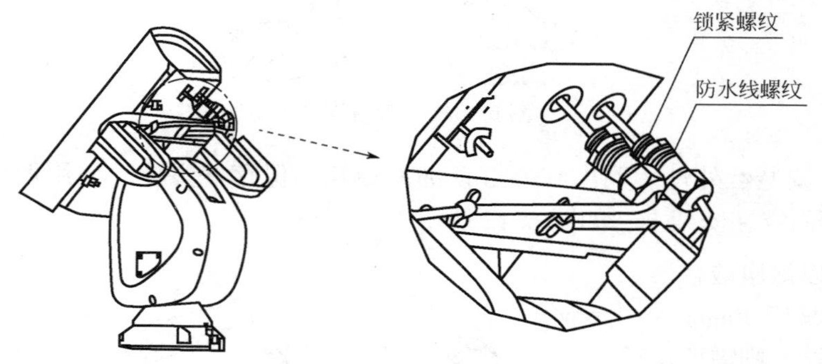

图 6. 15　锁紧防水线

（5）打开护罩。拧松蝶形螺母，向外侧拉动螺母，即可打开护罩，如图 6. 16 所示。

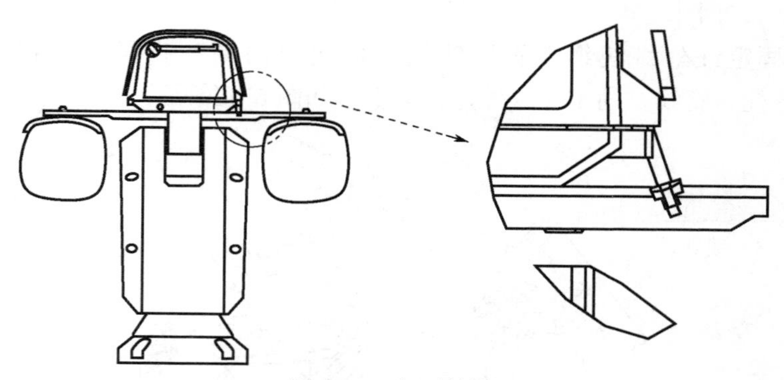

图 6. 16　打开护罩

（6）红外灯接线。将红外灯接线插在护罩内部对应孔位上，如图 6. 17 所示。

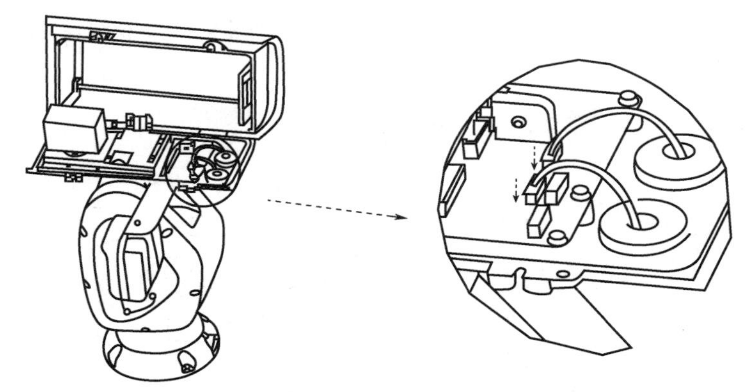

图 6.17　红外灯接线

（7）锁好护罩，如图 6.18 所示。

6.2.4.2　支架安装

云台摄像机不同于其他摄像机，整体质量重，对于支撑物的承重和稳定要求高，一般建议直接底座安装，避免带来安全隐患。客户可根据云台摄像机的底座图，进行相应的支架设计，支架设计必须考虑承重、抗抖等因素，确保支架牢固的同时，也可以保证图像的平滑性。

下面以海康威视云台为例，介绍支架安装具体操作。从配件包中取出 4 颗直径 8mm、长度 30mm 的螺栓，将云台摄像机固定在支架底座上。如果支架底座孔位没有螺纹，则需要锁紧螺帽，如图 6.19 所示。

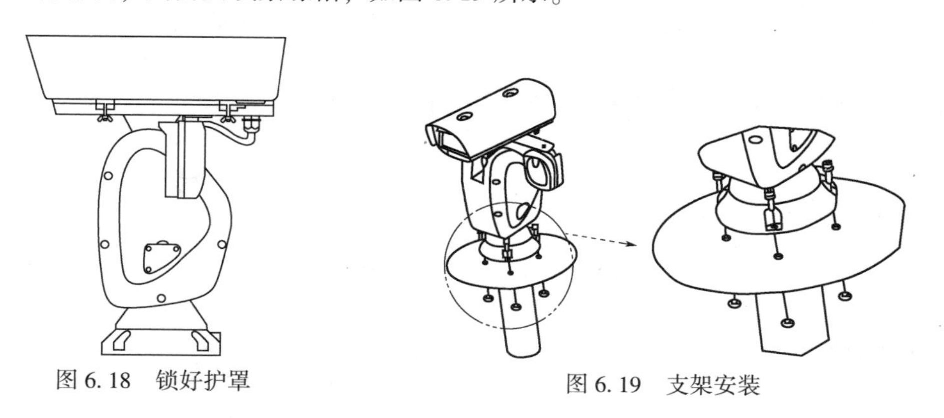

图 6.18　锁好护罩

图 6.19　支架安装

6.2.4.3　连接线缆与上电自检

云台摄像机安装固定过程中，已经将线缆梳理并连接好。在确保云台摄像机安装正确的前提下，连接电源进行上电自检。如果云台摄像机能够正常开启并显示画面，此时安装结束。在云台摄像机正常的情况下，若云台摄像机无法正常开启，检查线缆接口是否连接正常；若线缆连接正常，则需要对线缆布线等进行排查。

6.2.4.4　拨码设置

云台摄像机侧面有两个拨码开关，如图 6.20 所示。

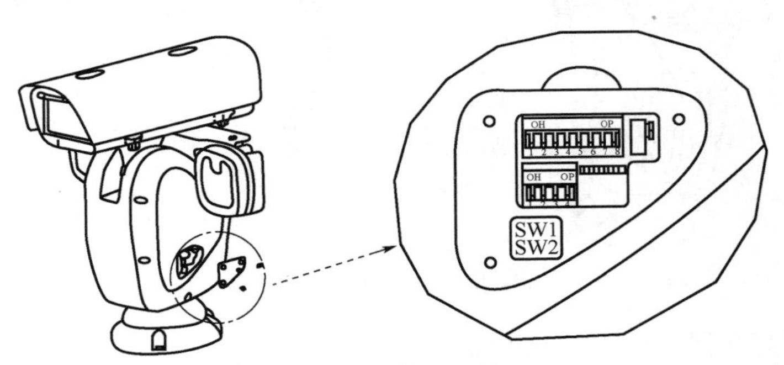

图 6.20　拨码开关

SW1 和 SW2 用于确定云台摄像机的地址、波特率：

（1）SW1 云台摄像机地址设置：拨码开关采用二进制原理设计，SW1 上的开关 1~8 位打为 ON 挡，分别对应数值 1、2、4、8、16、32、64、128，地址值为对应各个位数值累加之和，其中开关打为 OFF 挡，该位取值为零。

（2）SW2 协议、波特率设置：SW2 中的开关 1、2 用来设置云台摄像机波特率，采用二进制，开关 1 为最低位，开关 2 为最高位；从 00 到 11，分别代表 2400bps、4800bps、9600bps、19200bps 的波特率；如果设置值不在以上范围之内，则波特率取默认值 2400bps。

6.3　网络摄像机配置说明

6.3.1　激活与配置摄像机

下面以海康威视网络摄像机为例，介绍网络摄像机的操作。网络摄像机必须先进行激活，并设置一个登录密码，才能正常登录和使用。为保护您的个人隐私和企业数据，避免摄像机产品的网络安全问题，建议您设置符合安全规范的高强度密码。网络摄像机可通过 SADP 软件、客户端软件和浏览器三种方式激活，以 SADP 软件激活为例，操作如下。

步骤 1：安装从海康官网下载的 SADP 软件，运行软件后，SADP 软件会自动搜索局域网内的所有在线设备，列表中会显示设备类型、IP 地址、激活状态、设备序列号等信息。

说明：网络摄像机初始 IP 地址为 192.168.1.64。

步骤 2：选处于未激活状态的网络摄像机，在“激活设备”处设置网络摄像机密码，单击“激活”，完成网络摄像机激活。成功激活摄像机后，列表中“激活状态”会更新为“已激活”。

说明：为了提高产品网络使用的安全性，网络摄像机密码设置时，密码长度需达到 8~16 位，且至少由数字、小写字母、大写字母和特殊字符中的两种或两种以上类型组合而成。

步骤 3：选已激活的网络摄像机，设置网络摄像机的 IP 地址、子网掩码、网关等信息。输入网络摄像机密码，单击“修改”，提示“修改参数成功”后，则表示 IP 等参数设置生效，如图 6.21 所示。

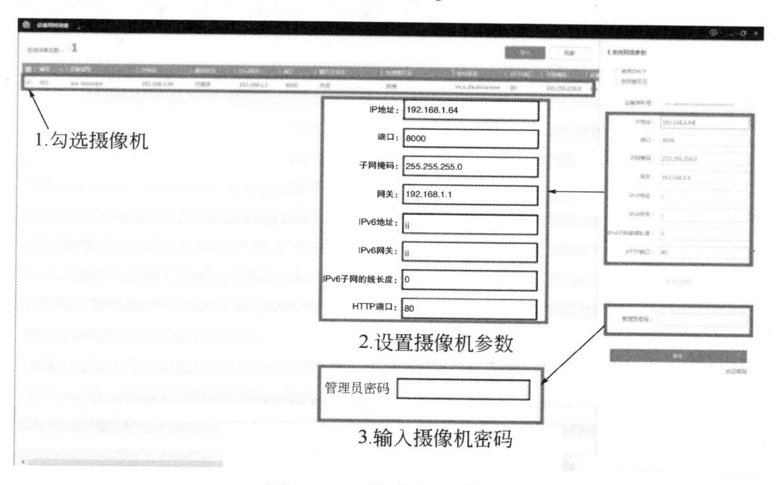

图 6.21　修改相机信息

6.3.2　登录与退出

（1）可以在浏览器地址栏中输入网络摄像机的 IP 地址进行登录，将自动弹出安装浏览器控件界面，允许安装。网络摄像机初始信息如下所示：IP 地址为 192.168.1.64，http 端口为 80，管理用户名为 admin。

（2）若已修改过初始 IP 地址，应使用修改后的 IP 地址登录网络摄像机安装完插件后，重新打开浏览器输入网络摄像机 IP 地址后，将弹出登录界面，输入缺省用户名和密码即可登录系统。说明：安装插件时请关闭浏览器，否则会导致控件安装不成功。

（3）当进入网络摄像机主界面时，可单击右上角的“注销”按钮安全退出系统。

6.3.3　主界面说明

在网络摄像机主界面上，可以进行预览、回放及参数配置的操作。

6.4 视频服务器安装及操作

6.4.1 产品外观及接口说明

前面板和后面板的外观及说明分别如图 6.22 和图 6.23 所示。

状态灯	功能指示	相关说明
Tx/Rx	网传灯	(1) 网络不通时灭。 (2) 网络连通时呈绿色并闪烁。 (3) 网传数据量越大，闪烁的频率越快
LINK	网络灯	(1) 网络连接正常时呈绿色且长亮。 (2) 网络连接不正常时灭
POWER	电源灯	(1) 红色表示设备正在工作。 (2) 指示灯灭表示电源已关闭

图 6.22　前面板外观及功能

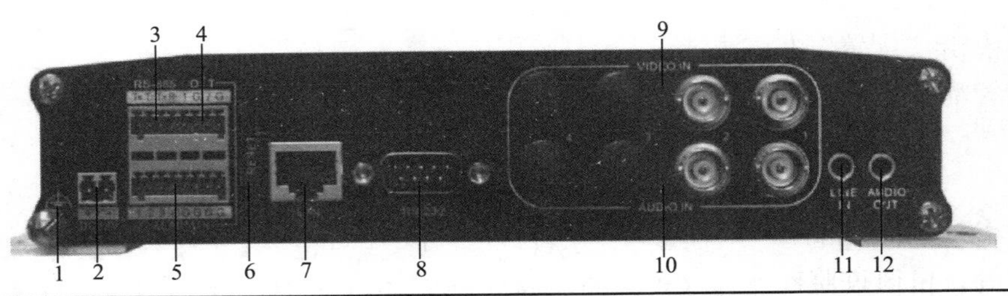

序号	接口名称	接口说明
1	接地端	接地端
2	DC 12V	12V 直流电源输入接口
3	RS485	RS485 串行接口，用于连接云台或球机，控制线的正线连接 T+，控制线的负线连接 T-
4	ALARM OUT	报警输出接口，开关量信号
5	ALARM IN	报警输入接口，开关量信号
6	RESET	上电后，按住 15s 左右所有参数均恢复出厂默认值
7	LAN	10/100Mbps 自适应网络接口
8	RS232	RS232 串行接口，用于智能视频服务器的参数配置或透明通道等
9	VIDEO IN	视频输入，BNC 接口
10	AUDIO IN	音频输入，BNC 接口
11	LINE IN	语音对讲输入，3.5mm 接口
12	AUDIO OUT	音频输出，3.5mm 接口

图 6.23　后面板外观及接口说明

6.4.2 配置说明

网络视频服务器采用标准 H. 264 编码算法，兼容性强，基于 Linux 操作系统，代码固化在 FLASH 中，运行稳定可靠，支持多种网络协议，网络功能强大，支持图像自动识别、分析与处理技术，可联网组成一个强大的安全防范系统。应用计算机视觉、人工智能等先进技术，智能网络视频服务器可自动分析图像内容，实现对动态场景中的目标定位、识别和跟踪，并在此基础上分析和判断目标的行为，实现自动预警功能。下面以海康威视 iDS-6501HF 为例介绍相关配置。

iDS-6500HF 系列智能视频服务器支持通过监控软件访问，也支持通过浏览器访问。出厂默认用户名均为 admin，密码为 12345。iDS-6500HF 系列智能视频服务器出厂 IP 为默认为 192. 0. 0. 64，端口默认为 8000。

6. 4. 2. 1　设备登录

登录设备并打开浏览器，输入智能视频服务器的 IP 地址，弹出登录界面后，正确输入用户名、密码、端口号，点击登录。

6. 4. 2. 2　IP 地址修改

点击“配置”标签，进入配置界面，包含本地配置和远程配置。远程配置针对智能视频服务器内部参数的相关设置，包含网络参数。

6. 4. 2. 3　云台控制

iDS-6500HF 智能视频服务器内置有多种解码器协议，支持对云台或者球机的控制，可通过监控软件或者浏览器对所连接的球机进行左右上下控制、预置点调用、巡航轨迹等功能。

（1）将云台或者球机的控制线正线连接智能视频服务器的 RS485 T+，负线连接智能视频服务器的 RS485 T-。

（2）进入智能视频服务器的远程配置，串口参数中的 RS485 配置选项，如图 6. 24 所示。

（3）将智能视频服务器的速率、解码器类型、解码器地址这三个参数设置为与球机或云台相同即可。

（4）进入预览界面，打开连接球机或云台的对应通道，则可通过对应的云台控制按键来控制云台的旋转等功能。

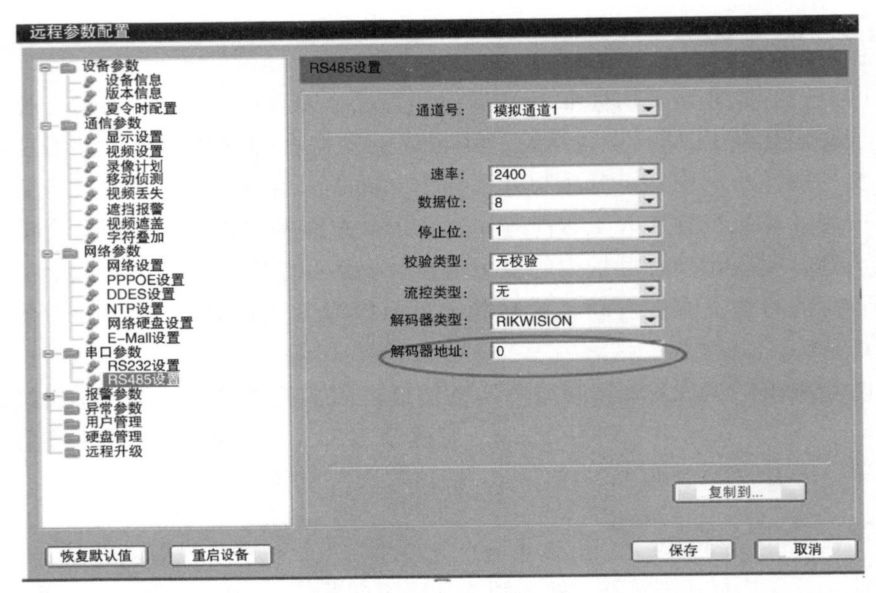

图 6.24　云台参数配置

6.5　视频监控软件介绍

视频监控软件可以统一管理监控设备，在一个平台下即可实现多子系统的统一管理与互联互动，真正做到"一体化"管理，提高用户的易用性和管理效率，满足领域内弱电综合管理的迫切需求。

6.5.1　视频监控软件安装环境

以海康威视管理平台为例，运行环境要求为：服务器 4 核及以上，16G 内存，64 位 2008 服务器操作系统。操作系统为 Windows 2008/2012 Server，64bit。推荐采用 32 位/64 位 Windows7 企业版。

6.5.2　应用软件安装说明

应用软件安装说明见表 6.1。

表 6.1　应用软件安装说明

安装文件名称	说明
CMS	中心管理服务：集成 PostgreSQL 数据库、ActiveMQ 消息转发服务和 Tomcat 服务，实现平台中心管理服务一键式安装

续表

安装文件名称	说明
Servers	服务器：提供视频、门禁、对讲、报警等硬件设备接入，以及相关事件分发、联动处理、视频转发、录像管理等功能
CentralWork station	客户端：提供各业务子系统的基本操作，如视频预览、回放、上墙、门禁控制、事件处理等功能

6.5.3　应用软件配置说明

安防管理平台采用 C/S 与 B/S 混合体系结构，提供系统管理、安全认证、维护机制、信息分类等功能。打开 IE 浏览器，在地址栏中输入平台服务器的地址及端口信息后，开始访问平台（注：普通模式下使用 http：//IP：端口；安全访问模式下使用 https：//IP：端口）。本平台目前支持的 Internet Explorer 版本有 8.0、9.0、10.0、11.0。平台主要配置通过 BS 登录进行操作，使用通过 C/S 客户端，如图 6.25 所示。

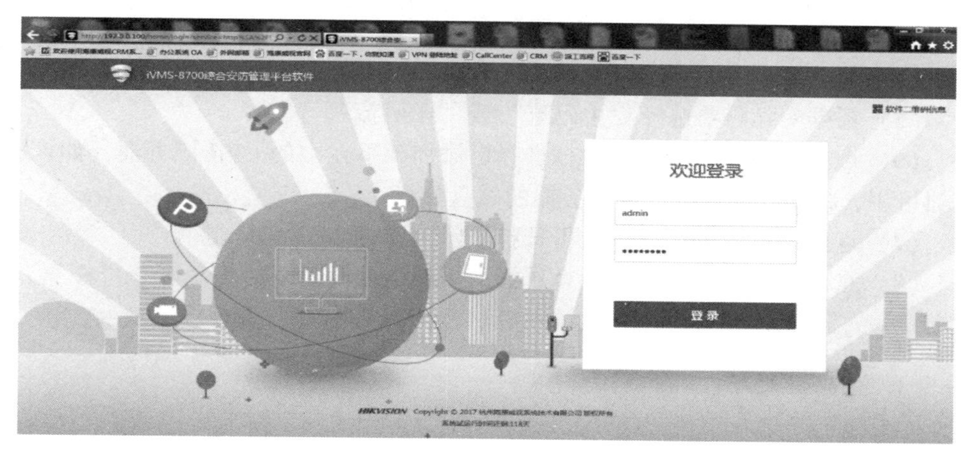

图 6.25　管理软件登录

6.5.3.1　设备添加

（1）打开“硬件设备管理”界面，关联 VAG，并点击“添加”。

（2）填写用户名与密码等基础信息，然后点击“远程获取”，获取设备通道与名称，并“保存”，如图 6.26 所示。

6.5.3.2　录像配置

（1）基础配置页面点击“录像计划配置”进入配置页面。

（2）在组织资源树中点击选择需要配置的监控点所在的监控区域。

（3）点击监控点列表中监控点，出现配置页面。

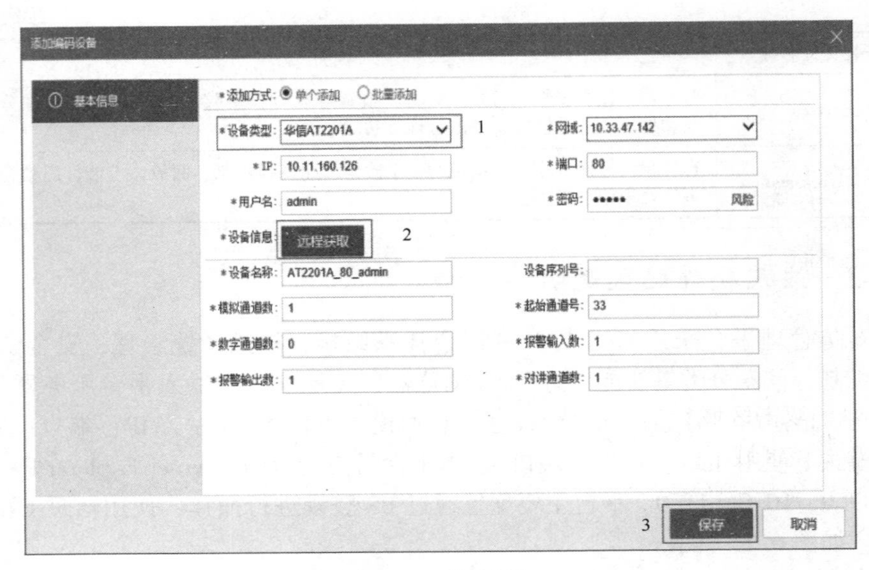

图 6.26　设备添加

（4）勾选“CVR 存储”。

（5）根据实际需要选择“主码流”或“子码流”。

（6）点击“存储位置”下拉框选择已添加到平台中的 CVR 服务器，如该服务器可用，将会自动加载出该服务器的磁盘分组。

（7）点击“磁盘分组”下拉框选择 CVR 上配置的磁盘分组。

（8）点击“计划模板”下拉框选择所需的录像时间策略。

6.5.4　管理软件应用

6.5.4.1　视频预览

（1）登录客户端，将鼠标移到视频系统，选择“视频预览”，进入监控软件预览界面。初次启动时，播放面板默认以 2×2 播放窗口显示，可通过画面分割按键进行窗口分割的选择。

（2）播放界面下按键说明见表 6.2。

表 6.2　播放界面下按键说明

按键	说明	按键	说明
/	原始比例/占满窗口		关闭全部预览
	全部窗口抓图		全部窗口即时录像

续表

按键	说明	按键	说明
/	暂停轮巡/停止轮巡		轮巡上一页/下一页
	画面分割模式选择按键	变倍 横向	全屏/还原按键
	连续抓图		

（3）双击监控点预览：点击选中一个预览窗口，双击资源树上的监控点，选中的预览窗口即开始播放该监控点的实时视频。

（4）双击区域预览：点击资源树上的区域节点，则在当前画面分割模式下，依次播放该区域下的监控点的实时视频。

（5）拖动预览：拖动监控点到一个预览窗口，则该窗口开始播放拖动的监控点的实时视频。若拖动的是区域节点，则在当前画面分割模式下从当前选中的窗口开始依次播放该区域下的监控点的实时视频。

6.5.4.2　录像回放

（1）选择画面分割方式。软件支持 1/4/9/16 画面分割回放，如图 6.27 所示。

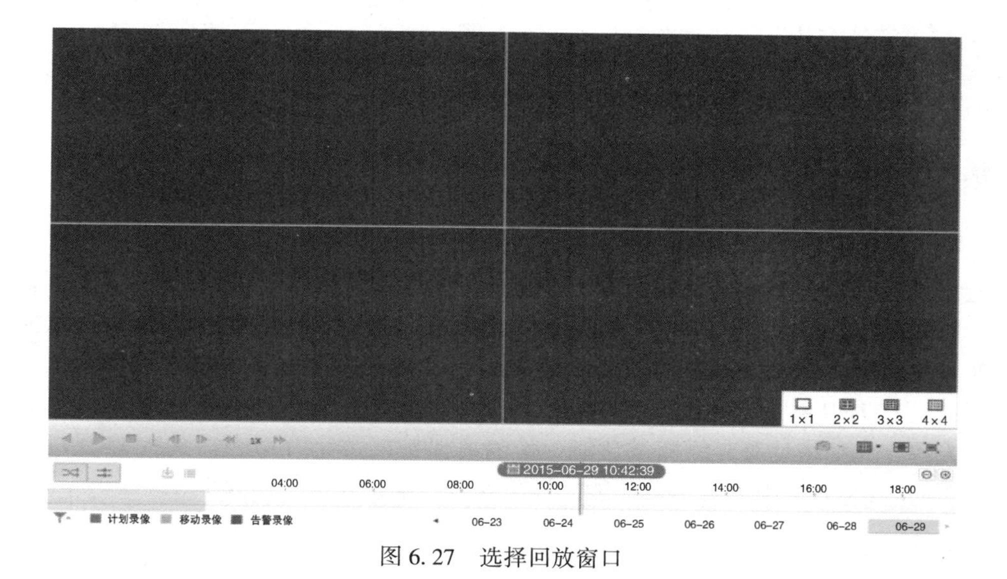

图 6.27　选择回放窗口

（2）设置回放监控点和回放窗口的对应关系，如图 6.28 所示。选中一个回放窗口，双击希望在该窗口回放的监控点，即可回放当天录像。

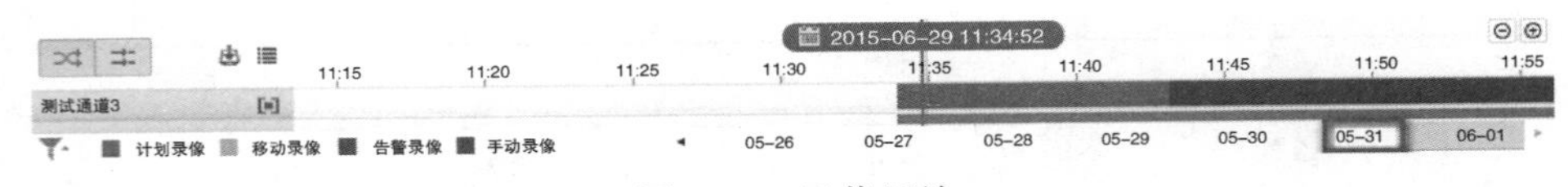

图 6.28　录像回放

（3）点击录像条下方的日期可搜索其他天的录像。

（4）录像文件下载。点击按钮，默认取最开始有录像的时间段，选择需要下载的录像段，点击“确定”，即开始下载该片段录像段，如图 6.29 所示。

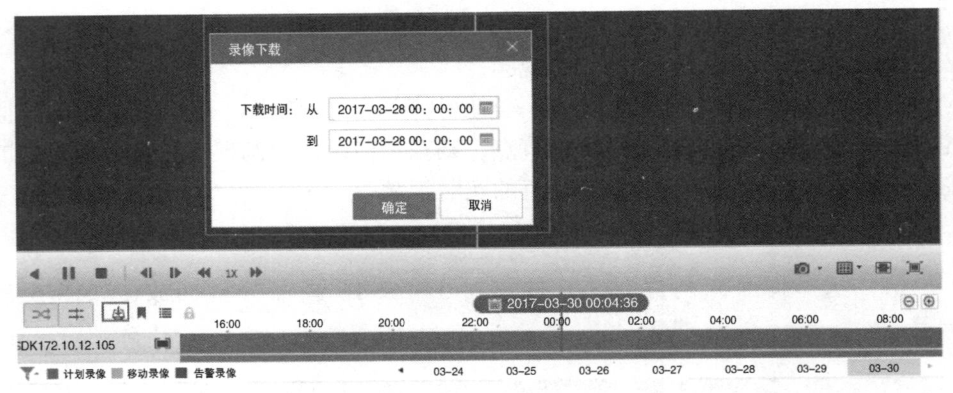

图 6.29　录像下载

6.6　工程宝使用说明

工程宝，即 IPC 网络视频监控测试仪，用于 IP 网络高清摄像机、模拟视频监控摄像机等安防监控设备的安装和维护。仪表使用 7 寸高清触摸显示屏，可显示网络高清摄像机和模拟摄像机的图像，以及云控制，可以触摸操作和按键操作，使用更简单。仪表内置 POE 供电测试、PING、IP 地址查找等以太网测试功能；具有 TDR 线缆断点和短路测量、网线测试、寻线器等线缆测试功能；具有红光源、光功率计等光纤测试功能；带隔离保护的数字万用表；具有 LED 灯夜晚照明、DC 12V 电源输出等功能，提高安装和维护人员工作效率。

6.6.1　仪表各部位名称和功能

工程宝各部位如图 6.30 所示，其功能见表 6.3。工程宝顶部和部接口如图 6.31 所示，其功能见表 6.4。

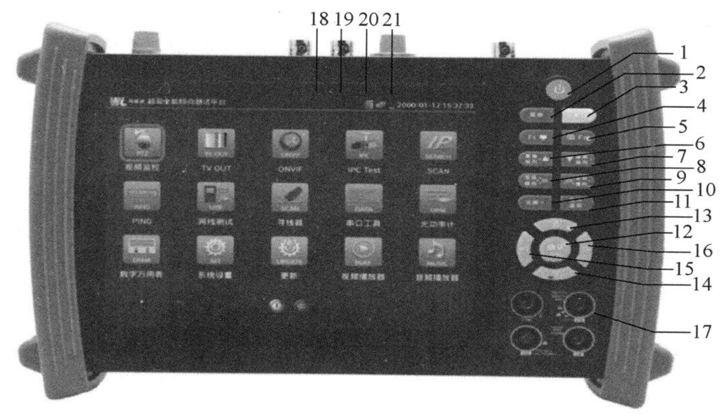

图 6.30　工程宝

表 6.3　工程宝各部位功能

编号	按键	功能
1	⏻	长按 2s 以上打开或关闭测试仪电源，短按为待机状态或唤醒待机
2	菜单	菜单按键
3	开始停止	图像放大按键、开始/停止按键，进入 OTDR 功能界面时，按动可操作测试
4	A-B标杆	录像功能键
5	事件	拍照功能键
6	聚焦纵向+▲	近焦（聚焦+），表示图像聚集到近处
7	▼聚焦纵向-	远焦（聚焦-），表示图像聚集到远处
8	变倍横向	变倍+，镜头拉近，控制镜头放大
9	变倍横向	变倍-，广角按钮，推远镜头，增大镜头广角
10	光圈+设置	确认/打开按钮；参数设置时的确定键；光圈打开或光圈增大命令

续表

编号	按键	功能
11	光圈-返回	取消/关闭按钮；菜单参数设置时的返回及取消键；光圈关闭或光圈减小命令
12	确认	确定键
13	△	向上方向键。向左改变设置参数/移动菜单项/转动球机，移动标尺等
14	▽	向下方向键。向左改变设置参数/移动菜单项/转动球机，移动标尺等
15	◁	向左方向键。向左改变设置参数/移动菜单项/转动球机，移动标尺等
16	▷	向右方向键。向右改变设置参数/移动菜单项/转动球机，移动标尺等
17	—	万用表接口
18	—	电池充电指示灯，充电时亮红色。电池充满时，指示灯灭
19	—	RS485/RS232 数据发送指示灯，红色
20	—	RS485/RS232 接收数据指示灯，红色
21	—	外接电源指示灯，绿色

表 6.4　工程宝顶部和底部接口功能

编号	功能
1	可见红光源发射接口
2	12V 最大 2A 直流应急电源输出，用于临时直流测试供电
3	视频图像信号输入（BNC 接口）
4	视频图像信号输出（BNC 接口）/寻线接口
5	光纤测试端口，测试输入光纤信号的功率值
6	RS485 通信端子，用于 PTZ 的 RS485 通信数据连接
7	RS232 串口通信端子，用于 PTZ 的 RS 232 通信数据连接
8	夜晚照明 LED 灯

续表

编号	功能
9	TDR 线缆故障测试接口
10	HDMI 输出端口
11	可更换 Micro SD 卡槽，默认出厂配置为 4G，最大扩容至 16G
12	网线连接线序测试接口，寻线测试接口
13	音频输出端口，耳机接口
14	音频输入端口
15	PSE 以太网供电输入测试接口
16	以太网供电输出/网络测试接口，PoE 供电输出接口
17	USB 5V 2A 输出接口，仅用于充电宝功能，不传输数据
18	DC 12V 2A 充电接口
19	12V 最大 2A 直流应急电源输出，用于临时直流测试供电

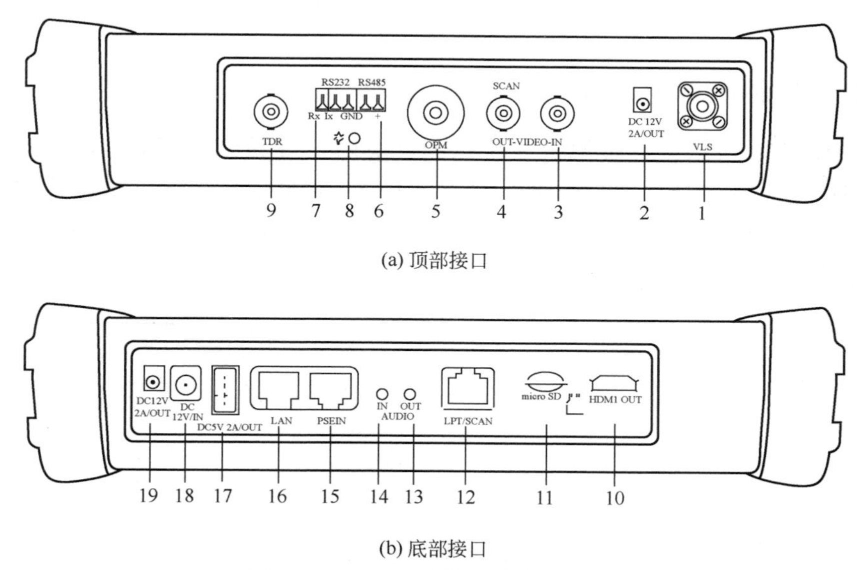

(a) 顶部接口

(b) 底部接口

图 6.31 工程宝顶部和底部接口图

6.6.2 网络摄像机连接

如图 6.32 所示，将网络摄像机连接到仪表的 LAN 端口，给网络摄像机接上电源，仪表 LAN 端口的 LINK 长亮，数据指示灯闪烁，表示仪表和 IP 网络摄像机正常连接和通信，仪表可测试该摄像的图像。如果仪表 LAN 端口两个指示灯不亮，需检查 IP 网络摄像机是否已上电或网线是否有问题。

图 6.32　网络摄像机连接

6.6.3　模拟摄像机连接

如图 6.33 所示，将摄像机或快球的视频输出连接到 CCTV TesterPro 视频监控测试仪的视频输入端“VIDEO IN”，仪表的 LCD 屏幕将显示摄像机的图像；将视频监控测试仪 CCTV TesterPro 的视频输出端口“VIDEO OUT”连接到监视器的视频输入端或视频光端机的输入端，测试仪显示摄像机的图像，同时

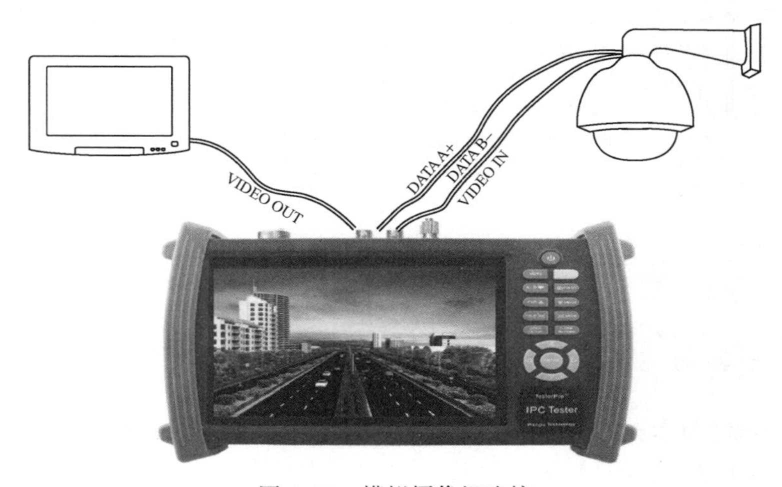

图 6.33　模拟摄像机连接

将图像送往监视器或视频光端机等。将快球或摄像机 PTZ 云台的 RS485 控制线缆，连接到视频监控测试仪 CCTV TesterPro 的 RS485 端口，注意连接线缆的正负极，正对正、负对负连接。本测试仪支持 RS232 通信控制，将 PTZ 云台的 RS232 线缆接到仪表的 RS232 端口，通过 RS232 通信总线控制 PTZ 云台动作。

第七章　数字化维护工具

7.1　光时域反射仪操作

光时域反射仪（OTDR）是通过对测量曲线的分析，了解光纤的均匀性、缺陷、断裂、接头耦合等若干性能的仪器。它根据光的后向散射与菲涅耳反向原理制作，利用光在光纤中传播时产生的后向散射光来获取衰减的信息，可用于测量光纤衰减、接头损耗、光纤故障点定位以及了解光纤沿长度的损耗分布情况等，是光缆施工、维护及监测中必不可少的工具。

7.1.1　光时域反射仪原理

OTDR 测试通过发射光脉冲到光纤内，然后在 OTDR 端口接收返回的信息。当光脉冲在光纤内传输时，会由于光纤本身的性质、连接器、接合点、弯曲或其他类似的事件而产生散射和反射。其中一部分的散射和反射就会返回到 OTDR 中，返回的有用信息由 OTDR 的探测器测量，它们就作为光纤内不同位置上的时间或曲线片段。根据从发射信号到返回信号所用的时间，确定光在玻璃物质中的速度，就可以计算出距离。

7.1.2　光时域反射仪功能

光时域反射仪的结构如图 7.1 所示。

7.1.2.1　功能键说明

MENU：返回主菜单。

软键（F1～F5）：选择显示在屏幕右边与 F1～F5 键对应的功能。

ESC 键：取消设置或关闭菜单。

FILE 键：显示文件菜单，用于保存、读取或打印波形。

旋钮：移动光标或改变测量条件，按该钮可以设置光标移动为粗调或微调。

SCALE 键：用于放大、缩小或者移动波形显示。

箭头与 ENTER 键：选择或设置条件，改变波形显示的刻度。

SETUP 键：设置测量条件与系统设置。

REAL TEME 键：开始或结束实时测量。

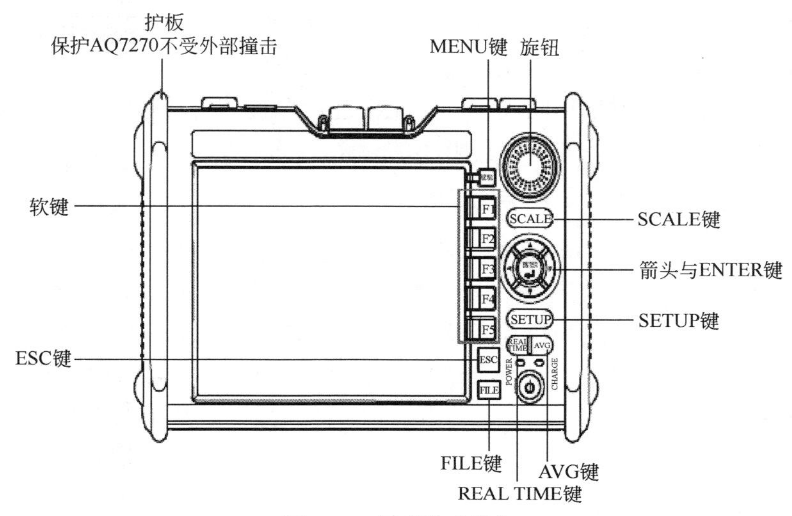

图 7.1　光时域反射仪

AVG 键：开始或停止平均测量。

POWER：绿色表示运行，红色表示低容量。

CHARGE：绿色表示正在充电，绿色闪烁表示没有开始充电。

电池容量（屏幕右上角）：绿色表示电池容量满，黄色表示电池容量还有大约一半，红色表示电池容量很低。

7.1.2.2　测试距离

由于光纤制造以后其折射率基本不变，光在光纤中的传播速度就不变，测试距离和时间就是一致的。实际上，测试距离就是光在光纤中的传播速度乘上传播时间，对测试距离的选取就是对测试采样起始和终止时间的选取。测量时选取适当的测试距离可以生成比较全面的轨迹图，对有效分析光纤的特性有很好的帮助，通常根据经验，选取整条光路长度的 1.5~2 倍之间最为合适。

7.1.2.3　脉冲宽度

脉冲宽度可以用时间表示，也可以用长度表示，在光功率大小恒定的情况下，脉冲宽度的大小直接影响着光的能量的大小，光脉冲越长光的能量就越大。同时，脉冲宽度的大小也直接影响着测试死区的大小，也就决定了两个可辨别事件之间的最短距离，即分辨率。显然，脉冲宽度越小，分辨率越高，脉冲宽度越大，测试距离越长。

7.1.2.4　折射率

折射率就是待测光纤实际的折射率，这个数值由待测光纤的生产厂家给出，单模石英光纤的折射率在 1.4~1.6 之间。越精确的折射率对提高测量距离的精度越有帮助。这个问题对配置光路由也有实际的指导意义，实际上，在配置光路由的时候应该选取折射率相同或相近的光纤进行配置，尽量减少不同折射率的光纤芯连接在一起形成一条非单一折射率的光路。

7.1.2.5 测试波长

测试波长就是指 OTDR 激光器发射的激光的波长，在长距离测试时，由于 1310nm 衰耗较大，激光器发出的激光脉冲在待测光纤的末端会变得很微弱，这样受噪声影响较大，形成的轨迹图就不理想，宜采用 1550nm 作为测试波长。所以在长距离测试的时候适合选取 1550nm 作为测试波长，而普通的短距离测试，选取 1310nm 也可以。

7.1.2.6 平均值

平均值是为了在 OTDR 形成良好的显示图样，根据用户需要，动态或非动态地显示光纤状况而设定的参数。由于测试中受噪声的影响，光纤中某一点的瑞利散射功率是一个随机过程，要确知该点的一般情况，减少接收器固有的随机噪声的影响，需要求其在某一段测试时间的平均值。根据需要设定该值，如果要求实时掌握光纤的情况，那么就需要设定时间为实时。

7.1.3 光时域反射仪使用步骤

7.1.3.1 连接测试尾纤

首先清洁测试侧尾纤，将尾纤垂直仪表测试插孔处插入，并将尾纤凸起 U 形部分与测试插口凹回 U 形部分充分连接，并适当拧固。在线路查修或割接时，被测光纤与 OTDR 连接之前，应通知该中继段对端局站维护人员取下 ODF 架上与之对应的连接尾纤，以免损坏光盘。各个参数选择如下：

（1）波长选择，选择测试所需波长，有 1310nm、1550nm 两种波长供选择。

（2）距离设置，首先用自动模式测试光纤，然后根据测试光纤长度设定测试距离，通常是实际距离的 1.5 倍，主要为了避免出现假反射峰，影响判断。

（3）脉宽设置，仪表可供选择的脉冲宽度一般有 10ns、30ns、100ns、300ns、1μs、10μs 等参数，脉冲宽度越小，取样距离越短，测试越精确，反之则测试距离越长，精度相对要小。根据经验，一般 10km 以下选用 100ns 及以下参数，10km 以上选用 100ns 及以上参数。

（4）取样时间，仪表取样时间越长，曲线越平滑，测试越精确。

（5）折射率设置，根据每条传输线路要求不同而定。

（6）事件阈值设置，指在测试中对光纤的接续点或损耗点的衰耗进行预先设置，当遇有超过阈值的事件时，仪表会自动分析定位。

7.1.3.2　示意图分析

1）曲线毛糙（无平滑曲线）

（1）测试仪表插口损坏——换插口；

（2）测试尾纤连接不当——重新连接；

（3）测试尾纤问题——更换尾纤；

（4）线路终端问题——重新接续，在进行终端损耗测量时可介入假纤进行测试。

2）曲线平滑

信号曲线横轴为距离，纵轴为损耗，前端为起始反射区（盲区），约为0.1km，中间为信号曲线，呈阶跃下降曲线，末端为终端反射区，超出信号曲线后，为毛糙部分（即光纤截止电点）。普通接头或弯折处为一个下降台阶，活动连接处为反射峰，断裂处为较大台阶的反射峰，而尾纤终端为结束反射峰。

当测试曲线中有活动连接或测试量程较大时，会出现2个以上假反射峰，可根据反射峰距离判断是否为假反射峰。假反射峰的形成原因是：由于光在较短的光纤中，到达光纤末端B产生反射，反射光功率仍然很强，在回程中遇到第一个活动接头A，一部分光重新反射回B，这部分光到达B点以后，在B点再次反射回OTDR，这样在OTDR形成的轨迹图中会发现在噪声区域出现了一个反射现象。

当测试曲线终端为正常反射峰时说明对端是尾纤连接（机房站）；当测试曲线终端没有反射峰，而是毛糙直接向下的曲线，说明对端是没有处理过的终端（即为断点），也就是故障点。

3）接头损耗分析

（1）自动分析：通过事件阈值设置，超过阈值事件自动列表读数。

（2）手动分析：采用5点法（或4点法），即将前2点设置于接头前向曲线平滑端，第3点设置于接头点台阶上，第4点设置于台阶下方起始处，第5点设置在接头后向曲线平滑端，从仪表读数，即为接头损耗。

（3）接头损耗采用双向平均法，即两端测试接头损耗之和除以2。

4）环回接头损耗分析

在工程施工过程中，为及时监测接头损耗，节省工时，常需要在光缆接续对端进行光纤环接，即按光纤顺序1号光纤接2号光纤，3号光纤接4号光纤，依此类推，在本端即能监测中间接头双向损耗。

以1号光纤、2号光纤为例，在本端测试的接续点损耗为1号光纤正向接头损耗，经过环回点接续点损耗则为2号光纤正向接头损耗，注意判断正反向接续点距环回点距离相等。

5）光纤全程衰减分析

将A标设置于曲线起始端平滑处，B标设置于曲线末端平滑处，读出AB标之间的衰耗值，即为光纤全程传输衰减（实际操作中光源光功率计对测更为准确）。

6）曲线存储

OTDR均有存储功能，其操作与计算机操作功能相似，最大可存储1000余条曲线，便于维护分析。

7.1.4 光时域反射仪使用注意事项

（1）光输出端口必须保持清洁，光输出端口需要定期使用无水乙醇进行清洁。

（2）仪器使用完后将防尘帽盖上，同时必须保持防尘帽的清洁。

（3）定期清洁光输出端口的法兰盘连接器，如果发现法兰盘内的陶瓷芯出现裂纹和碎裂现象，必须及时更换。

（4）适当设置发光时间，延长激光源使用寿命。

（5）清洁光纤接头和光输出端口的作用是：

① 由于光纤纤芯非常小，附着在光纤接头和光输出端口的灰尘和颗粒可能会覆盖一部分输出光纤的纤芯，导致仪器的性能下降；

② 灰尘和颗粒可能会导致输出端光纤接头端面的磨损，这样将降低仪器测试的准确性重复性。

7.2 光纤熔接机和光功率计

光纤熔接机主要用于光通信中光缆的施工和维护，所以又称为光缆熔接机。一般工作原理是利用高压电弧将两光纤断面熔化的同时用高精度运动机构平缓推进让两根光纤融合成一根，以实现光纤模场的耦合。光功率计是指用于测量绝对光功率或通过一段光纤功率相对损耗的仪器，能够评价光端设备的性能。

7.2.1 光纤熔接机分类

普通光纤熔接机一般是指单芯光纤熔接机，除此之外，还有专门用来熔接带状光纤的带状光纤熔接机、熔接皮线光缆和跳线的皮线熔接机、熔接保偏光纤的保偏光纤熔接机等。

按照对准方式不同，光纤熔接机还可分为两大类：包层对准式和纤芯对准式。包层对准式光纤熔接机主要适用于要求不高的光纤入户等场合，所以价格相对较低；纤芯对准式光纤熔接机配备精密六马达对芯机构、特殊设计的光学镜头及软件算法，能够准确识别光纤类型并自动选用与之相匹配的熔接模式来保证熔接质量，技术含量较高，因此价格相对也会较高。

7.2.2 光纤熔接机熔接原理

如图 7.2 所示，光纤熔接机的熔接原理比较简单，首先熔接机要正确地找到光纤的纤芯并将它准确地对准，然后通过电极间的高压放电电弧将光纤熔化再推进熔接。

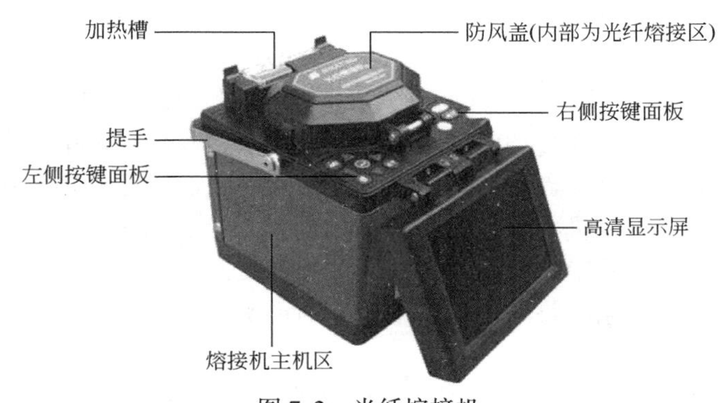

图 7.2 光纤熔接机

PAS 制原理是：主要通过物镜和反光镜进行成像，然后通过控制电路来驱动电动机进行光纤的推进、聚焦、对准，同时通过显示系统把图像显示在屏幕上。目前市场上的光纤熔接机全部采用该原理。

7.2.3 光纤熔接机熔接步骤

操作工具有光纤热缩管、剥皮钳、光纤切割器、无尘纸、酒精。操作步骤如下：

（1）开启熔接机，为了得到好的熔接质量，在开始熔接操作前，要进行清洁和检查仪器。

（2）开剥光缆，并将光缆固定到盘纤架上。常见的光缆有层绞式、骨架式和中心束管式光缆，不同的光缆要采取不同的开剥方法，剥好后要将光缆固定到盘纤架。

（3）将剥开后的光纤分别穿过热缩管。不同束管、不同颜色的光纤要分开，分别穿过热缩管。

（4）打开熔接机电源，选择合适的熔接方式。光纤常见类型规格有：SM 色散非位移单模光纤（ITU-TG.652）、MM 多模光纤（ITU-TG.651）、DS 色散位移单模光纤（ITU-TG.653）、NZ 非零色散位移光纤（ITU-TG.655）、BI 耐弯光纤（ITU-TG.657）等，要根据不同的光纤类型来选择合适的熔接方式，而最新的光纤熔接机有自动识别光纤的功能，可自动识别各种类型的光纤。

（5）制备光纤端面。光纤端面制作的好坏将直接影响熔接质量，所以在熔接前必须制备合格的端面。用专用的剥线工具剥去涂覆层，再用沾有酒精的清洁麻布或棉花在裸纤上擦拭几次，使用精密光纤切割刀切割光纤。对于 0.25mm（外涂层）光纤，切割长度为 8~16mm；对于 0.9mm（外涂层）光纤，切割长度只能是 16mm。

（6）放置光纤。将光纤放在熔接机的 V 形槽中，小心压上光纤压板和光纤夹具，要根据光纤切割长度设置光纤在压板中的位置，并正确地放入防风罩中。

（7）接续光纤。按下接续键后，光纤相向移动，移动过程中产生一个短的放电清洁光纤表面；当光纤端面之间的间隙合适后熔接机停止相向移动，设定初始间隙，熔接机测量，并显示切割角度。在初始间隙设定完成后，开始执行纤芯或包层对准，然后熔接机减小间隙（最后的间隙设定），高压放电产生的电弧将左边光纤熔到右边光纤中，最后微处理器计算损耗并将数值显示在显示器上。如果估算的损耗值比预期的要高，可以按放电键再次放电，放电后熔接机仍将计算损耗。

（8）取出光纤并用加热器加固光纤熔接点。打开防风罩，将光纤从熔接机上取出，再将热缩管移动到熔接点的位置，放到加热器中加热，加热完毕后从加热器中取出光纤。操作时，由于温度很高，不要触摸热缩管和加热器的陶瓷部分。

（9）盘纤并固定。将接续好的光纤盘到光纤收容盘上，固定好光纤、收容盘、接头盒、终端盒等，操作完成。

7.2.4 光纤熔接机维护保养

光纤熔接机的易损耗材为放电的电极，基本放电 4000 次左右就需要更换新电极。

7.2.4.1 更换电极方法

（1）取下电极室的保护盖，松开固定上电极的螺栓，取出上电极。

（2）松开固定下电极的螺栓，取出下电极。

（3）新电极的安装顺序与拆卸动作相反，要求两电极尖间隙为（2.6±0.2）mm，并与光纤对称。通常情况下电极是不需调整的。

（4）在更换的过程中不可触摸电极尖端，以防损坏，并应避免电极掉在机器内部。

7.2.4.2 注意事项

（1）更换电极后须进行电弧位置的校准或是自己做一下处理，重新打磨，但是长度会发生变化，相应的熔接参数也需做出修改。

（2）熔接机中的机械部件很多，构造精密，除了电极外，其他部分严禁用户拆卸和变动。因为这些机械零件是经过精密的加工和校准的，一旦改动，很难恢复到原位。用户可以自己动手更换的只有电极。

（3）熔接机的反光镜、物镜镜头、V形槽、光纤放置平台、监视器屏幕等都要保持清洁。清洁时只能用纯酒精，不能用其他化学药剂。

（4）熔接机是昂贵而精密的仪表，在使用时要注意保护和保养。例如放置光纤、按操作键时，动作要轻一些，以免引起不必要的损坏。一旦机器有了故障，不要自行拆卸和修理。熔接机的维修需要有专门的工具和受过专业培训的技术人员来进行。

7.2.5　常见问题处理

（1）问题：开启光纤熔接机开关后屏幕无光亮，且打开防风罩后发现电极座上的水平照明不亮。解决方法：

① 检查电源插头座是否插好，若不好则重新插好；

② 检查电源熔断丝是否断开，若断则更换备用熔断丝。

（2）问题：光纤能进行正常复位，进行间隙设置时屏幕变暗，没有光纤图像，且屏幕显示停止在“设置间隙”。解决方法：检查并确认防风罩是否压到位或簧片是否接触良好。

（3）问题：开启光纤熔接机后屏幕下方出现“电池耗尽”且蜂鸣器鸣叫不停。解决方法：

① 本现象一般出现在使用电池供电的情况下，只需更换供电电源即可；

② 检查并确认电源熔断丝盒是否拧紧。

（4）问题：光纤能进行正常复位，进行间隙设置时光纤出现在屏幕上但停止不动，且屏幕显示停止在“设置间隙”。解决方法：

① 按压“复位”键，使系统复位；

② 打开防风罩，分别打开左、右压板，顺序进行下列检查；

③ 检查是否存在断纤；

④ 检查光纤切割长度是否太短；

⑤ 检查载纤槽与光纤是否匹配，并进行相应的处理。

（5）问题：光纤能进行正常复位，进行间隙设置时光纤持续向后运动，屏幕显示“设置间隙”及“重装光纤”。解决方法：可能是光学系统中显微镜的目镜上灰尘沉积过多所致，用棉签棒擦拭水平及垂直两路显微镜的目镜，用眼观察无明显灰尘，即可再试。

（6）问题：光纤能进行正常复位，进行间隙设置时开始显示“设置间隙”，一段时间后屏幕显示“重装光纤”。解决方法：

① 按压“复位”键，使系统复位；

② 打开防风罩，分别打开左、右压板，顺序进行下列检查；

③ 检查是否存在断纤；

④ 检查光纤切割长度是否太短；

⑤ 检查载纤槽与光纤是否匹配，并进行相应的处理。

（7）问题：自动工作方式下，按压“自动”键后可进行自动设置间隙、粗/精校准，但肉眼可在监视屏幕上观察到明显错位时，开始进行接续。解决方法：检查待接光纤图像上是否存在缺陷或灰尘，可根据实际情况用沾酒精棉球重擦光纤或重新制作光纤端面。

（8）问题：按压“加热”键，加热指示灯闪亮后很快熄灭，同时蜂鸣器鸣叫。解决方法：

① 光纤熔接机会自动检查加热器插头是否有效插入，如果未插或未插好，插好即可；

② 长时间持续加热时加热器会出现热保护而自动切断加热，可稍等一些时间再进行加热。

（9）问题：光纤进行自动校准时，一根光纤在上下方向上运动不停，屏幕显示停止再“校准”。解决方法：

① 按压“复位”键使系统复位；

② 检查 Y/Z 两方向的光纤端面位置偏差是否小于 0.5mm，如果小于则进行下面操作，否则返厂修理；

③ 检查裸纤是否干净，若不干净则进行处理；

④ 清洁 V 形槽内沉积的灰尘；

⑤ 用手指轻敲压板，确定压板是否压实光纤，若未压实则处理后再试。

（10）问题：光纤能进行正常复位，进行间隙设置时开始显示“设置间隙”，一段时间后屏幕显示“左光纤端面不合格”。解决方法：

① 肉眼观察屏幕中光纤图像，若左光纤端面质量确实不良，则可重新制作光纤端面后再试；

② 肉眼观察屏幕中光纤图像，若左光纤端面质量尚可，可能是“端面角度”项的值设的较小之故，若想强行接续时，可将“端面角度”项的值设大即可；

③ 若幕显示“左光纤端面不合格”时屏幕变暗，且显示字符为白色，检查确认光纤熔接机的防风罩是否有效按下，否则处理之；打开防风罩，检查防风罩上顶灯的两接触簧片是否变形，若有变形则处理之。

（11）问题：光纤能进行正常复位，进行自动接续时放电时间过长。解决方法：进入放电参数菜单，检查是否进行有效放电参数设置，此现象是由于没对放电参数进行有效设置所致。

（12）问题：进行放电实验时，光纤间隙的位置越来越偏向屏幕的一边。这是由于光纤熔接机进行放电实验时，同时进行电流及电弧位置的调整。当电极表面沉积的附着物使电弧在电极表面不对称时，会造成电弧位置的偏移。如果不是过分偏向一边，可不予理会。如果使用者认为需要处理，可采用以下办法处理：

① 进入维护菜单，进行数次“清洁电极”操作；

② 在不损坏电极尖的前提下，用单面刮胡刀片顺电极头部方向轻轻刮拭，然后进行数次“清洁电极”操作。

（13）问题：进行放电接续时，使用工厂设置的（1）~（5）放电程序均不可用，整体偏大或偏小。这是由于电极老化，光纤与电弧相对位置发生变化或操作环境发生了较大变化所致，分别处理如下：

① 电极老化的情况。检查电极尖部是否有损伤，若无则进行“清洁电极”操作，若有则更换电极。

② 光纤与电弧相对位置发生变化的情况。进入“维护方式”菜单，按压“电弧位置”，打开防风罩可以观察光纤与电弧相对位置。若光纤不在中部则可进行数次“清洁电极”操作，再观察光纤与电弧相对位置是否变化，若不变则为稳定位置。

③ 操作环境发生了很大变化。处理过程如下：

（a）进行放电实验，直到连续出现三到五次“放电电流适中”；

（b）进入放电参数菜单，检查放电电流值；

（c）整体平移电流（预熔电流、熔接电流、修复电流），使“熔接电流”值为“138（0.1mA）”；

（d）按压“参数”键，返回一级菜单状态；

（e）取（c）中电流平移量，反方向修改“电流偏差”项的值；

（f）确认无误后可按压“确认”键存储；

（g）按压“参数”键退出菜单状态。

（14）问题：进行多模光纤接续时，放电过程中总是有气泡出现。这主要是由于多模光纤的纤芯折射率较大所致，具体处理过程如下：

① 以工厂设置多模放电程序为模板，将“放电程序”项的值设定为小于“5”，并确认。

② 进行放电实验，直到出现三次“放电电流适中”。

③ 进行多模光纤接续，若仍然出现气泡则修改放电参数，修改过程如下：

（a）进入放电参数菜单；

（b）将“预熔时间”值以 0.1s 步距试探地增加；

（c）接续光纤，若仍起气泡则继续增加“预熔时间”值，直到接续时不起泡为止（前提是光纤端面质量符合要求）；

（d）若接续过程不起泡而光纤变细，则需减小“预熔电流”。

7.2.6 光功率计使用教程

光功率计如图 7.3 所示，光功率计接口如图 7.4 所示。

图 7.3　光功率计

图 7.4　光功率计接口

7.2.6.1　按键说明

DEL 键：删除测量过的数据。

dBm/W REL 键：测量结果的单位转换，每按一次此键，显示方式在“W”和“dBm”之间切换。

λ_{LD} 键：作为光源模式时，在 1310mm 和 1550mm 波长转换，常用为 1310mm。

λ/+键：6 个基准校准点切换，有 6 个基本波长校准点，即 850nm、1300nm、1310nm、1490nm、1550nm、1625nm。

SAVE/-键：储存测量数据。

LD 键：光功率计与光源模式转换。

⏻键：电源开关。

光功率计的“IN”口代表输入口，在光功率计的接受模式下使用此口；光功率计的“OUT”口代表输出口，在光功率计的光源模式下使用此口。注意：此接口使用FC接口的尾纤。

光功率计1设置：使用LD键设置为光源模式，波长为1310mm，使用“OUT”口。

光功率计2设置：使用LD键设置为接受模式（光功率模式），用dBm/W REL键切换单位查看结果，并用SAVE/-键储存测量结果。光纤具体能够允许衰耗多少要看实际情形，一般来说允许的衰耗为15~30dB。

如果两端为信息网络设备，测量结果为-15~28dB，是可使用的光通道，测量距离在30km以内，准确度高。

7.2.6.2 注意事项

（1）任何情况下不要眼睛直视光功率计的激光输出口，对端接入光传输设备同样不要用眼睛直视光源。这样做会造成永久性视觉烧伤。

（2）装电池的光功率计长期不用取出电池，可充电的光功率计每个月必须充放电一次。

（3）使用时保护好陶瓷头，每三个月用酒精棉清洁陶瓷头一次。

7.3 FLUKE 744过程认证校准器使用简介

7.3.1 概述

FLUKE 744过程认证校准器（以下称“校准器”）是一种由电池供电的便携式仪器，它可以对电气和物理参数进行测量和输出，并在与HART变送器一起使用时提供基本的HART通信功能。标准配置如图7.5所示，各符号定义见表7.1。

表7.1 校准器符号定义

符号	定义	符号	定义
～	AC，交流电	⚠	CAUTION，请参见手册中的解释
⎓	DC，直流电	⏚	公共（LO）输入等电位
⏛	熔断器	⧈	通过双重绝缘或增强绝缘保护的设备
（压力符号）	压力	CE	符合有关的欧盟条令
⏼	开关	SA	符合有关的加拿大标准协会条令
♻ Ni-Cd	回收	CAT Ⅱ	过电压（装置）类别Ⅱ、污染等级2，指提供的脉冲耐压防护程度。典型位置包括墙壁电源插座、固定设备或便携式设备

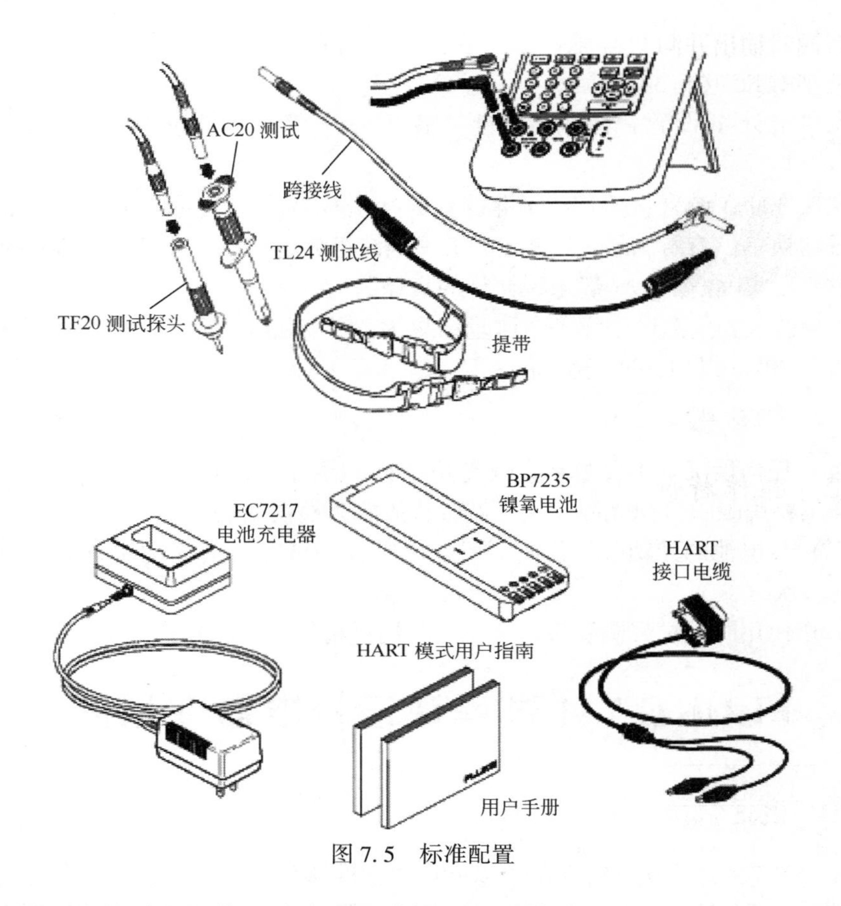

图 7.5　标准配置

下面介绍一个简单的操作。跨接线连接如图 7.6 所示。

（1）当第一次打开校准器包装时，需要为电池充电 2h。

（2）将电池重新装入校准器。

（3）将校准器的电压输出连接到其电压输入，将最左侧的一对插孔（V Ω RTD SOURCE）连接到最右侧的一对插孔（V MEAS）。

（4）按⏻开启校准器。按△键和▽键调节显示屏对比度以获得最佳显示。校准器开启后处于直流电压测量模式，并在“V MEAS”（电压测量）输入插孔上获取数据。

（5）按SETUP切换到 SOURCE（输出）屏幕。校准器仍然测量直流电压，可以在显示屏顶部看到活动测量值。

（6）按V=选择直流电压输出功能。在键盘上输入“5”并按ENTER开始输出 5.0000V 直流。

（7）此时，按MEAS SOURCE进入分屏幕的 MEASURE/SOURCE（测量/输出）模式。

校准器同时输出并测量直流电压。可以在顶部窗口中看到测量读数，并在底部窗口中看到有效源值，如图 7.7 所示。

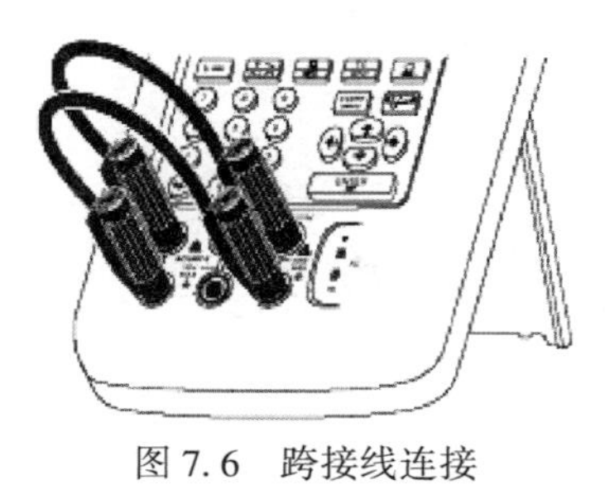

图 7.6 跨接线连接

MEASURE
4.9999 V=
SOURCE
5.0000 V=
As Found | Slep | Save | More Choices

图 7.7 Measure/Source 示例

7.3.2 操作特性

校准器输入/输出插孔和连接器如图 7.8 所示，其用途见表 7.2。

表 7.2 输入/输出插孔和连接器的用途

编号	名称	说明
1	交流电源插孔	交流电源适配器可在具备交流电源的工作台应用中使用，此输入不会对电池充电
2	⚠串行端口	将校准器连接于个人计算机上的 RS232 串行端口
3	压力模块连接口	将校准器连接到压力模块
4	热电偶输入/输出	用于测量或模拟热电偶的插孔。可以在此插孔中插入一个插脚中心间距为 7.9mm（0.312in）的扁平、直插式小型极性插头
5，6	⚠MEAS V 插孔	用于测量电压、频率或三线制/四线制 RTD（电阻温度检测器）的插孔
7，8	⚠SOURCE mA、MEAS mA Ω、RTD 插孔	用于输出或测量电流、测量电阻、RTD 以及提供回路电源的插口
9，10	⚠SOURCE V Ω RTD 插孔	用于输出电压、电阻、频率以及用于模拟 RTD 的输出插孔

注：编号对应图 7.8 中的编号。

校准器的按键如图 7.9 所示，按键功能见表 7.3。软键是显示屏下面未做标记的蓝色键，软键功能由操作过程中出现在软键上方的标签决定。本书软键标签及其显示文字用黑体字。

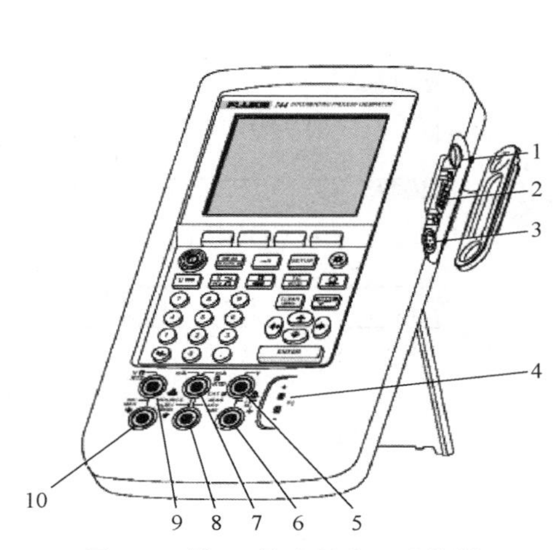

图 7.8　输入/输出插孔和连接器

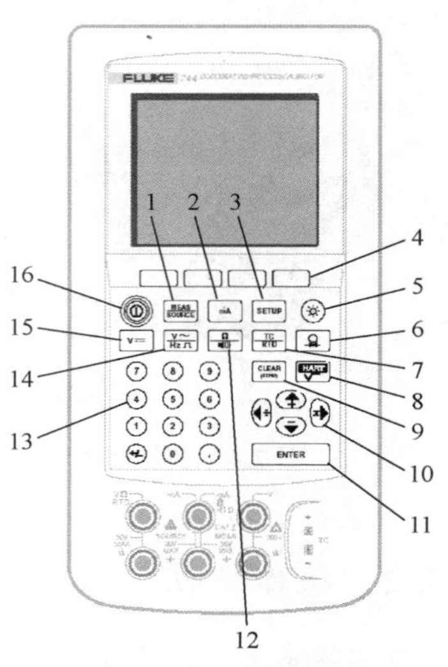

图 7.9　校准器的按键

表 7.3　校准器按键的功能

编号	名称	说明
1	MEAS SOURCE 键	将校准器在 MEASURE（测量）、SOURCE（输出）和 MEASURE/SOURCE（测量/输出）模式间循环切换
2	mA 键	选择 mA（电流）测量或输出功能，要开启/关闭回路电源，需进入 Setup（设置）模式
3	SETUP 键	进入或退出 Setup 模式以修改操作参数
4	软键	执行由显示屏上每个键上方的标签定义的功能
5	☼键	开启和关闭背光照明
6	Ω 键	选择压力测量或输出功能
7	TC RTD 键	选择 TC（热电偶）或 RTD（电阻温度检测器）测量或输出功能
8	HART √ 键	在 HART 通信模式和模拟操作模式间切换；在计算器模式下，此键具有平方根功能
9	CLEAR (ZERO) 键	清除部分输入的数据，或在 SOURCE 模式下将输出归零；使用压力模块时，将压力模块读数归零
10	▲、▼、◀和▶键	调节显示屏对比度； 从显示屏上的列表中进行选择； 使用步进功能时，增加或降低源电平； 在计算器模式下，提供“+、-、÷、×”算术功能
11	ENTER 键	设置一个源值时结束一项数字输入，或确认在列表中进行的一个选择。在计算器模式下，提供“=”算术运算符
12	Ω 键	在 MEASURE 模式下在电阻和连续性功能间切换，或在 SOURCE 模式下选择电阻功能

续表

编号	名称	说明
13	数字键盘	需要输入数字时使用
14	V~ Hz Ω键	在 MEASURE 模式下交流电压和频率功能间切换，或在 SOURCE 模式下选择频率输出
15	V═键	在 MEASURE 模式下选择直流电压功能，或在 SOURCE 模式下选择电压
16	⏻键	开启和关闭电源

注：编号对应图 7.9 中的编号。

7.3.3 时间校准

按下列步骤设置时间和日期显示：

（1）按SETUP。

（2）按 Next Page（下一页）软键。

（3）使用▲和▼键将光标移动到要更改的参数，然后按ENTER或 Choices（选择）软键，为该参数选择一个设置。

（4）按▲或▼键将光标移动到需要的日期格式。

（5）按ENTER返回到SETUP显示。

（6）进行其他选择，或按 Done（完成）软键或SETUP保存设置并退出 Setup 模式。

7.3.4 使用 Measure 模式

操作模式（MEASURE 模式、SOURCE 模式）在显示屏上以一个反黑显示条显示。如果校准器没有在 MEASURE（测量）模式下，按MEAS SOURCE，直到显示 MEASURE。要更改 MEASURE 参数，必须要在 MEASURE 模式下。

7.3.4.1 量程

该校准器通常会自动转换到合适的测量量程。根据量程的状态，显示屏的右下方显示“Range”（量程）或“Auto Range”（自动改变量程）。

按 Range 软键时，量程即被锁定。再次按该软键，进入并锁定在下一个较高的量程上。当选择另外一个测量功能时，Auto Range 被再次激活。

如果量程已被锁定，则超过量程的输入，显示屏将显示“------”；在 Auto Range 状态下，超出量程的输入将显示“!!!!!”。

7.3.4.2 测量电气参数

电气参数测量连接如图 7.10 所示。

开启校准器时，首先进入直流电压测量功能。要在 SOURCE 或 MEASURE/

SOURCE 模式下选择一个电气测量功能，首先按[MEAS SOURCE]进入 MEASURE 模式，然后按[mA]测量电流，按[V⎓]测量直流电压，按[V~ Hz Ω]一次测量交流电压或按两次测量频率，或者按[Ω]测量电阻。

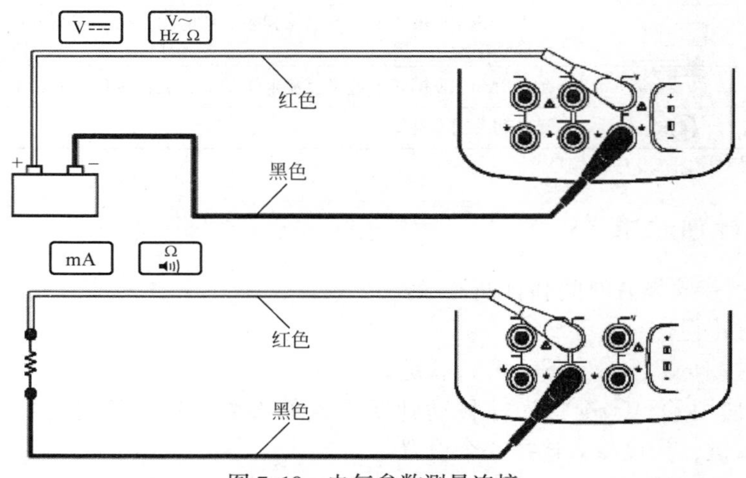

图 7.10　电气参数测量连接

7.3.4.3　测量压力

测量压力的连接如图 7.11 所示。Fluke 有多种压力模块可供选择。使用压力模块前，应先阅读其说明书。压力模块因使用方式、调零方法、允许的过程压力介质的类型以及准确度参数而异，图中显示的是表压模块和差压模块。通过将差压模块的较低接头与大气相通而使其以表压模式工作。测量压力时，按照压力模块说明书中的说明连接用于被测过程压力的适宜压力模块。

测量压力步骤如下：

（1）将压力模块连接到校准器。压力模块上的螺纹允许连接标准的 1/4 NPT 管接头。如果必要，应使用提供的 1/4 NPT 至 1/4 ISO 接头。

（2）按[MEAS SOURCE]进入 MEASURE 模式。

（3）按[压力键]，校准器将自动检测连接了何种压力模块，并相应设置其量程。

（4）按照模块说明书中的说明将压力模块调零。根据模块的类型，模块调零步骤有所不同。必须在执行一个输出或测量压力的任务之前执行此步骤。

（5）根据需要，可以将压力显示单位更改为 psi、mHg、inHg、mH_2O、inH_2O@、inH_2O@ 60℉、ftH_2O、bar、g/cm^2 或 Pa。公制单位（kPa、mmHg 等）在 Setup 模式下以其基本单位（Pa、mHg 等）显示。按照下列操作更改单位：

① 按[SETUP]；

② 按 Next Page（下一页）两次；

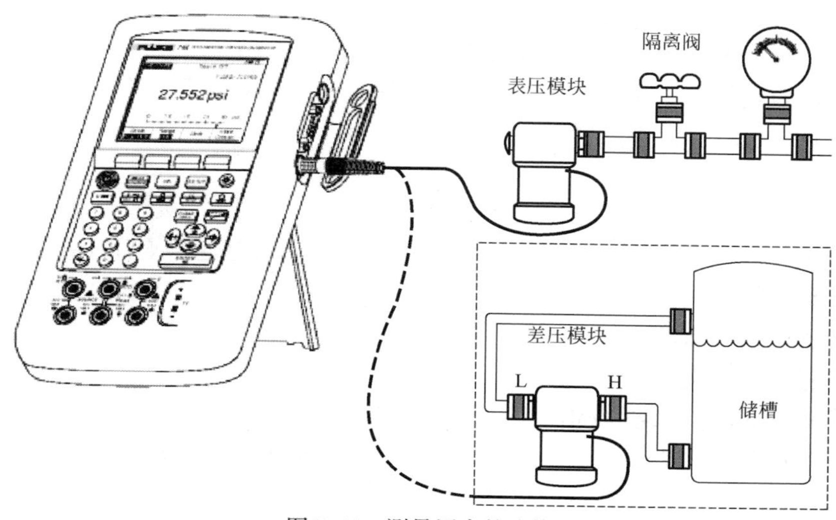

图 7.11　测量压力的连接

③ 光标位于 Pressure Units（压力单位）上时，按 ENTER 或 Choices（选择）软键；

④ 用▲或▼选择压力单位；

⑤ 按 ENTER；

⑥ 按 Done（完成）。

7.3.4.4　测量温度

1）使用热电偶

该校准器支持 11 种标准热电偶，每种热电偶用一个字母表示，即 E、N、J、K、T、B、R、S、C、L、U。使用热电偶测量温度的步骤如下：

（1）将热电偶导线连接至合适的热电偶微型插头，然后再连接至热电偶输入/输出，如图 7.12 所示。其中的一个插针要比另一个宽。不要尝试以错误的极性将微型插头强行插入。

（2）如果需要，按 MEAS SOURCE 进入 MEASURE 模式。

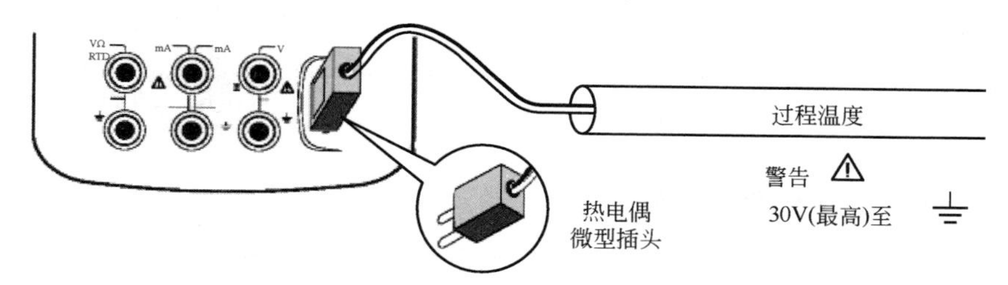

图 7.12　使用热电偶测量温度

（3）按[TC/RTD]，选择“TC”，随后显示屏上会出现选择热电偶类型的提示。

（4）使用⊙或⊙、[ENTER]键选择所需的热电偶类型。

（5）如果需要，可以按下列步骤在“Temperature Units”（温度单位）中切换℃或℉：

① 按[SETUP]。

② 按 Next Page（下一页）软键两次。

③ 使用⊙和⊙键将光标移动到所需参数，然后按[ENTER]或 Choices 软键为该参数选择一个设置。

④ 按⊙和⊙键将光标移动到所需设置。

⑤ 按[ENTER]返回到[SETUP]显示。

⑥ 按 Done 软键或[SETUP]退出 Setup 模式。

如果需要，可以在 Setup 中在 ITS-90 或 IPTS-68 Temperature Scale（IPTS-68 温度刻度）间切换，步骤与步骤①~⑥相同。

2）使用电阻温度检测器（RTD）

使用 RTD 输入来测量温度的步骤如下：

（1）如果需要，按[MEAS/SOURCE]进入 MEASURE 模式。

（2）按[TC/RTD]，选择“RTD”，随后显示屏上会出现选择 RTD 类型的提示。

（3）按⊙或⊙选择所需 RTD 类型。

（4）按[ENTER]。

（5）按⊙或⊙选择 2 线制、3 线制或 4 线制连接。

（6）按屏幕上或将 RTD 连接到输入插孔。如果使用 3 线制连接，则在 mA Ω RTD MEAS 低插孔和 V MEAS 低插孔之间连接一条跨接线。

（7）如果需要，可以在 Setup 模式中在 ITS-90 或 IPTS-68 Temperature Scale（IPTS-68 温度刻度）间切换，步骤与步骤①~⑥相同。

3）阻尼测量结果

校准器通常使用一个软件过滤器对连续性以外的所有测量功能的测量值进行阻尼。技术参数中假设阻尼功能已开启，阻尼是对最后若干个测量结果取平均值。FLUKE 建议打开阻尼功能。当测量值响应比准确度或噪声降低更为重要时，将阻尼关闭可能会很有用处。如果想关闭阻尼功能，按 More Choices（更多选择）软键两次，然后按 Dampen（阻尼）软键以显示 Off（关闭）；再次按 Dampen 可将阻尼重新开启。默认状态为 On（开启）。

7.3.5 使用 Source 模式

操作模式在显示屏上以一个反转显示条显示。如果校准器没有在 SOURCE 模式下，需按[MEAS/SOURCE]，直到显示 SOURCE。要更改 SOURCE 参数，必须要在

SOURCE 模式下。

7.3.5.1 输出电气参数

（1）根据输出功能连接测试线，如图 7.13 所示。

（2）按[mA]用于电流，按[V⎓]用于直流电压，按[V~ Hz Ω]用于频率，或按[Ω ◄))]用于电阻。

（3）输入所需的输出值，然后按[ENTER]。例如，要输出 5.0V 直流，依次按[V⎓]⑤⊙⓪[ENTER]。

（4）要更改输出值，输入一个新值，然后按[ENTER]。

（5）要在当前输出功能中将输出值设置为 0，按[CLEAR (ZERO)]。

（6）要完全关闭输出功能，按[CLEAR (ZERO)]两次。

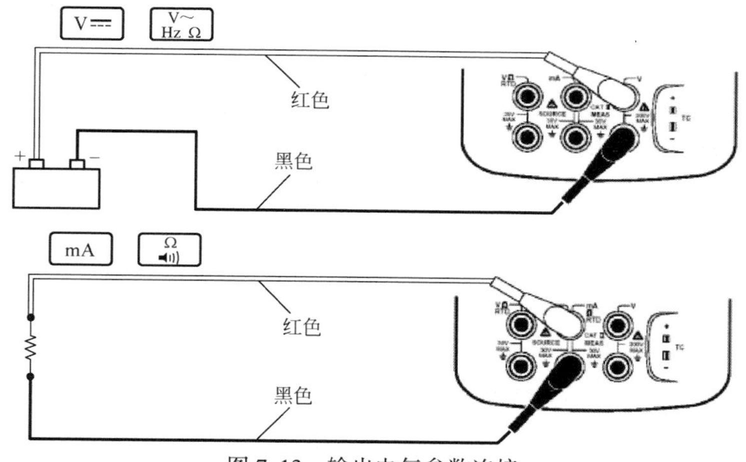

图 7.13 输出电气参数连接

7.3.5.2 模拟一个 4~20mA 变送器

可以通过 SOURCE mA 功能将校准器配置为一个电流回路的负载。当在 SOURCE 模式中按[MEAS SOURCE]键时，屏幕上将提示您选择 Source mA 或 Simulate Transmitter（模拟变送器）。当选择 Source mA 时，校准器将输出电流；当选择 Simulate Transmitter 时，校准器将输出一个可变电阻以将电流调整到指定值。

7.3.5.3 提供回路电源

校准器可以通过一个 250Ω 的内部串联电阻提供 28V 或 24V（直流）的回路电源（图 7.14）。除 2 线制变送器外，28V 设置还可为回路中的两个或三个 4~20mA 设备提供足够的电流，但耗用的电池电量也较多。如果除 2 线制变送器外回路中还有两个或一个设备，则使用 24V 设置。一个典型 4~20mA 回路中的每个设备都具有 250Ω 的电阻，因此在 20mA 下的电压降为 5V。要使一个典型变送器在其上端正常工作，它必须应具有 11V（最小）的电压。

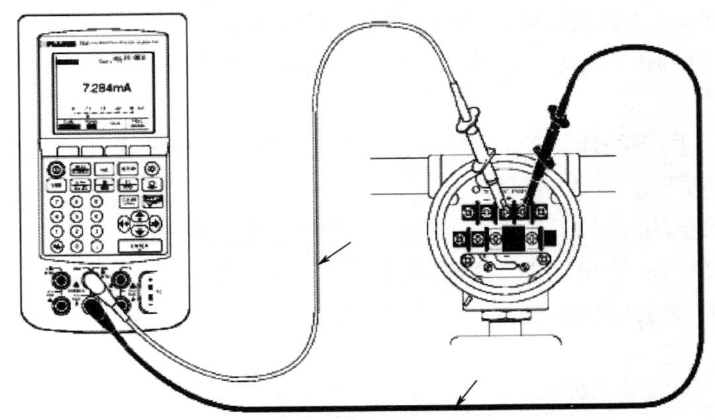

图 7.14　回路电源

启用了回路电源后，mA 插孔（中间一列）专门用来输出和测量电流回路。这意味着，SOURCE mA、测量 RTD 和测量 Ω 功能无法使用。将校准器与仪表电流回路串联连接，按照以下操作输出回路电源：

（1）按[ENTER]进入 Setup 模式。

（2）随后将突出显示 Loop Power（回路电源）、Disabled（禁用），按[ENTER]。

（3）使用▲或▼箭头选择 Enabled 24V（启用 24V）或 Enabled 28V（启用 28V）。

（4）按[ENTER]。

（5）按 Done 软键。

7.3.5.4　输出压力

该校准器提供了一个输出压力显示功能，它需要使用一个外部手动泵。使用此功能可以对需要一个压力源或差压测量的仪表进行校准。

使用输出压力显示功能操作如下：

（1）将压力模块和压力源连接到校准器如图 7.15 所示。压力模块上的螺纹允许连接 1/4 NPT 接头。如果必要，应使用提供的 1/4 NPT 至 1/4 ISO 接头。

（2）如果需要，按[MEAS SOURCE]进入 SOURCE 模式。

（3）按[清零键]，校准器将自动检测连接了何种压力模块，并相应设置其量程。

（4）将压力模块调零。根据模块的类型，模块调零步骤有所不同。必须在执行一个输出或测量压力的任务之前执行此步骤。

（5）用压力源将压力管线加压到所需压力，如图 7.15 中的屏幕所示。

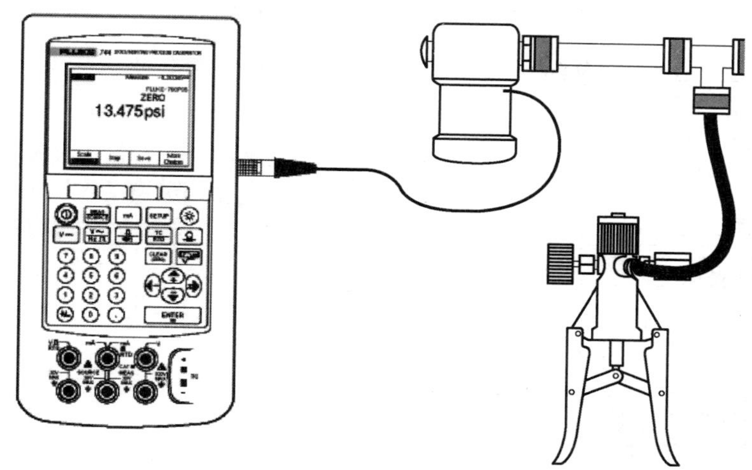

图 7.15　电压测试

（6）根据需要，可以将压力显示单位更改为 psi、mHg、inHg、mH_2O、inH_2O@、inH_2O@ 60℉、ftH_2O、bar、g/cm^2 或 Pa。公制单位（kPa、mmHg 等）在 Setup 模式下以其基本单位（Pa、mHg 等）显示。按照以下操作更改单位：

①按SETUP。

②按 Next Page（下一页）两次。

③光标位于 Pressure Units（压力单位）上时，按ENTER。

④用▲或▼键选择压力单位。

⑤按ENTER。

⑥按 Done 软键。

7.3.5.5　模拟热电偶

将校准器的热电偶输入/输出连接到带有热电偶导线和合适的热电偶微型接头（区分极性的热电偶插头，带有中心间距为 7.9mm 的扁平插针）的被测试仪表，其中一个插针的宽度大于另外一个，如图 7.16 所示。模拟热电偶操作如下：

（1）将热电偶导线连接到合适的热电偶微型插头，然后再连接到热电偶的输入/输出。

（2）如果需要，按MEAS SOURCE进入 SOURCE 模式。

（3）按TC RTD，进入提示输入热电偶类型的屏幕。

（4）按▲或▼键，选择所需热电偶类型。

（5）按▲或▼键，然后按ENTER选择 Linear T（线性 T，默认）或 Linear mV（线性 mV），用于校准一个对 mV 输入有线性响应的温度变送器。

（6）按照屏幕提示输入想要模拟的温度，然后按ENTER。

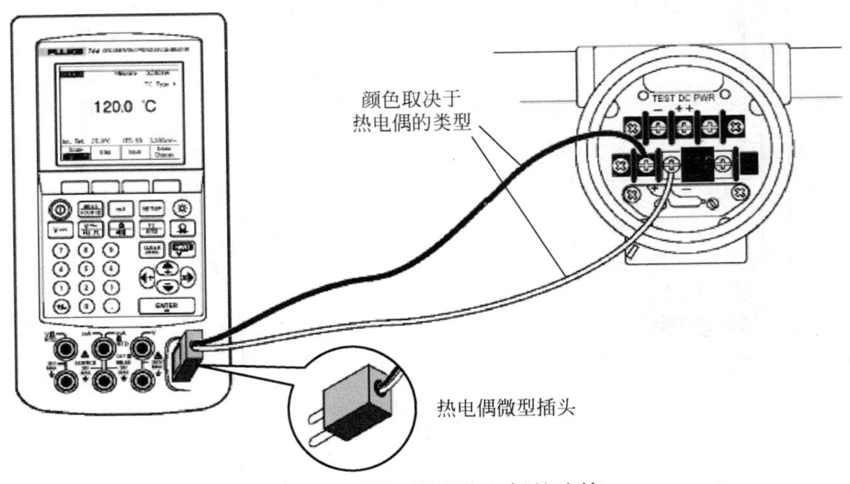

图 7.16　用于模拟热电偶的连接

7.3.5.6　模拟 RTD

图 7.17 是用于模拟热电偶的连接，将校准器连接到被测试仪表。该图显示了 2 线制、3 线制或 4 线制变送器的连接，对于 3 线制或 4 线制变送器，需使用 4in 长的跨接电缆在输出 V Ω RTD 插孔上连接第 3 条和第 4 条导线。

按照以下步骤模拟一个 RTD（电阻温度检测器）：

（1）如果需要，按MEAS SOURCE进入 SOURCE 模式。

（2）按TC RTD，从菜单中选择“RTD”。

（3）按▲或▼键，选择所需 RTD 类型。

（4）按照屏幕提示输入想要模拟的温度，然后按ENTER。

7.3.5.7　使用 Hart Scientific 干井式温度校准炉输出（仅适用于 FLUKE 744）

FLUKE 744 可以使用 Hart Scientific 干井式温度校准炉来输出。支持以下型号：9009（双炉）、9100S、9102S、9103、9140、9141。

FLUKE 744 内置干井式校准炉驱动程序能够与 Hart Scientific 的其他干井式校准炉进行通信，前提是它们能够响应 Hart Scientific 标准串行接口命令。

通过将干井式校准炉接口电缆插入压力模块连接器，将 FLUKE 744 与干井式校准炉连接。如果干井式校准炉具有一个 DB9 连接器，则使用 DB9 零调制解调器适配器，将干井式校准炉的接口电缆直接插入干井式校准炉。具有 3.5mm 插孔接口的干井式校准炉需要除了使用 FLUKE 744 干井式校准炉接口电缆外，还要使用干井式校准炉随附的串行电缆。连接两条电缆的 DB9 连接器，并将

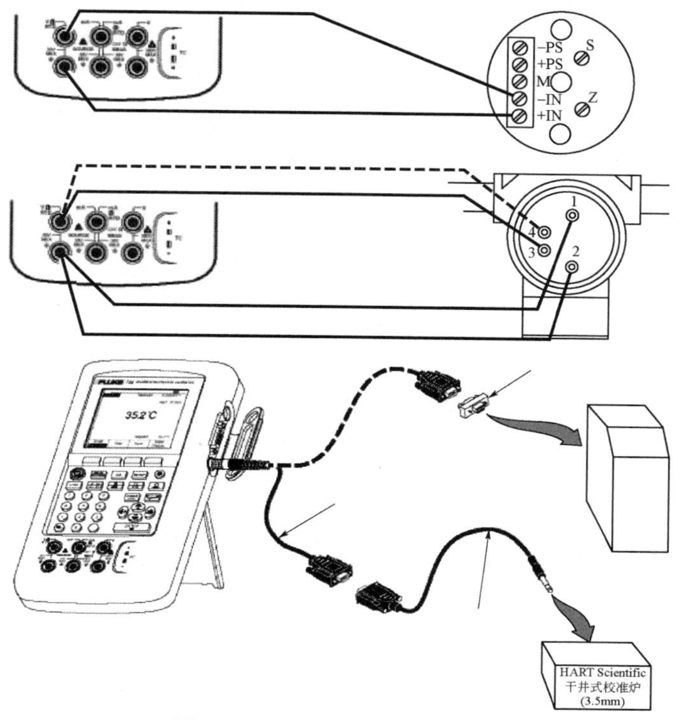

图 7.17　用于模拟 RTD 的连接

3.5mm 插孔连接到干井式校准炉。

确保将干井式校准炉配置为以 2400bps、4800bps 或 9600bps 的速率进行串行通信。FLUKE 744 不支持其他通信速率。

使用干井式校准炉输出的步骤如下：

（1）如有必要，按[MEAS SOURCE]进入“SOURCE”模式。

（2）按[TC RTD]按钮显示温度模式菜单。

（3）从选项列表中选择“Drywell”，然后按[ENTER]。

（4）校准器将开始搜寻干井式校准炉。如果显示“Attempting connection”（正在尝试连接）的时间超过 10s，则检查电缆连接及干井式校准炉配置。

（5）如果识别出双炉，则会弹出一个菜单，可用它来选择双干井式校准炉的“热”或“冷”侧。一次只可以控制干井式校准炉的一侧。对两侧进行切换需要重新连接干井式校准炉，方法是断开串行电缆或离开干井式校准炉的源模式并重新选择该模式。

（6）连接好干井式校准炉后，主显示屏幕将显示从干井式校准炉内部测量到的实际温度。主屏幕读数的上面将显示干井式校准炉的型号。干井式校准炉的设定点在辅助显示屏幕上显示，位于显示屏的底部。最初，设定点将被设置为已经存储在干井式校准炉中的数值。

（7）输入想要寻找的温度，然后按 ENTER 。

当实际温度处于设定点的1℃范围内且不快速改变时，已稳定下来的指示器将被清零。温度上限受到存储在干井式校准炉中的“High Limit（高限值）”设置的限制。如果 FLUKE 744 没有将干井式校准炉的温度设置在干井式校准炉的技术参数范围之内，需要检查“高限值”设置。

7.3.6 同时测量/输出

使用 MEASURE/SOURCE 模式可以校准或模拟一个过程仪表。

表 7.4 列出了禁用回路电源（Loop Power）时，同时 MEASURE/SOURCE 功能可以同时使用的功能。表 7.5 列出了启用回路电源时同时 MEASURE/SOURCE 功能可以同时使用的功能。

表 7.4 同时 MEASURE/SOURCE 功能（禁用回路电源）

测量功能	输出功能						
	直流电压	mA	频率	Ω	热电偶	RTD	压力
直流电压	•	•	•	•	•	•	•
mA	•		•	•	•	•	•
交流电压	•	•	•	•	•	•	•
频率（≥20Hz）	•	•	•	•	•	•	•
低频（<20Hz）							
Ω	•		•	•	•	•	•
连续性	•		•	•	•	•	•
热电偶	•	•	•	•		•	•
RTD	•		•	•	•	•	•
3 线制 RTD	•		•	•	•	•	•
4 线制 RTD	•		•	•	•	•	•
压力	•	•	•	•	•	•	

表 7.5 同时 MEASURE/SOURCE 功能（启用回路电源）

测量功能	输出功能						
	直流电压	mA	频率	Ω	热电偶	RTD	压力
直流电压	•		•	•	•	•	•
mA	•		•	•	•	•	•
交流电压	•		•	•	•	•	•
频率（≥20Hz）	•		•	•	•	•	•

续表

测量功能	输出功能						
	直流电压	mA	频率	Ω	热电偶	RTD	压力
热电偶	•		•	•		•	•
压力	•		•	•	•	•	

可以使用 Step（步进）或 Auto Step（自动步进）功能在 MEASURE/SOURCE 模式下调节输出，或者可以使用按下 As Found（校准前）软键时提供的校准例程。As Found，可建立一个校准例程以获取和记录校准前数据；Auto Step，可设置校准器进行自动步进。

7.3.7 校准调节变送器

按照以下步骤对变送器进行校准调节：

（1）查看结果摘要时按 Done 软键。

（2）按 Adjust（调节）软键。校准器输出 0%跨度（此例中为 100℃），并显示以下软键：

① Go to 100%/Go to 0%（转到 100%/转到 0%）；

② Go to 50%（转到 50%）；

③ As Left（校准后）；

④ Exit Cal（退出校准）。

（3）调节变送器输出得到 4mA，按 Go to 100%（转到 100%）软键。

（4）调节变送器输出得到 20mA。

（5）如果在步骤（4）种对跨度进行了调节，则必须返回并重复步骤（3）和（4），直到不再需要进一步调节。此时在 50%处检查变送器，如果符合技术参数，则调节工作已完成；如果不符合，则调节线性度，并再次从步骤（3）开始执行此过程。

测试备注：校准器可执行使用一台主计算机和兼容应用软件开发的任务（自定义步骤）。一项任务在执行过程中可显示一个备注列表。在显示备注列表时，可通过按⊙、⊙和 ENTER 键选择一条要随测试结果一起保存的备注。

7.3.8 校准差压流量仪表

校准差压流量仪表的步骤与上面刚刚介绍的校准其他仪表的步骤大致相同，但有以下差别：

（1）在 As Found 校准模板完成后，将自动启用源平方根功能。

（2）Measure/Source 显示的单位为工程单位。

（3）测量百分数针对变送器的平方根响应被自动校正，并用于计算仪表误差。

在按 As Found 软键之后，可以在一个菜单中选择校准差压流量仪表步骤。

7.3.9 变送器模式

可以对校准器进行设置，使其像变送器那样，用变化的输入（MEASURE）对输出（SOURCE）进行控制，称为“变送器模式”。在变送器模式下，校准器可被临时用于替代有故障或怀疑有问题的变送器。

将校准器设置为一个模拟变送器的操作如下：

（1）从变送器输出（回路电流或直流电压控制信号）断开控制总线接线。

（2）将测试线从合适的校准器 SOURCE 插孔连接到控制线，取代变送器输出。

（3）断开变送器的过程输入（如热电偶）。

（4）将过程输入连接到合适的校准器 MEASURE 插孔或输入连接器。

（5）如果需要，按[MEAS SOURCE]进入 MEASURE 模式。

（6）按[MEAS SOURCE]进入 SOURCE 模式。

（7）按合适的功能键获得控制输出（如[V=]或[mA]。如果变送器已连接到具有电源的电流回路，则选择 Simulate Transmitter（模拟变送器）获得电流输出选项。

（8）选择一个源值，如 4mA。

（9）按[MEAS SOURCE]进入 MEASURE/SOURCE 模式。

（10）按 More Choices（更多选择），直到出现 Transmitter Mode（变送器模式）软键。

（11）按 Transmitter Mode 软键。

（12）在屏幕上为 MEASURE 和 SOURCE 设置 0%和 100%值，可以为转移函数选择“Linear（线性）”或“√”。

（13）按 Done 软键。

（14）此时校准器已处于变送器模式。它正在测量过程输入，并输出与输入成正比的控制信号输出。

（15）要更改变送器模式参数，按 Change Setup（更改设置），然后重复步骤（12）。

（16）要退出变送器模式，按 Abort（终止）软键。

7.3.10　应用快速指南

图 7.18 显示了测试时的各种连接，以及针对不同的应用应该使用的校准器功能。

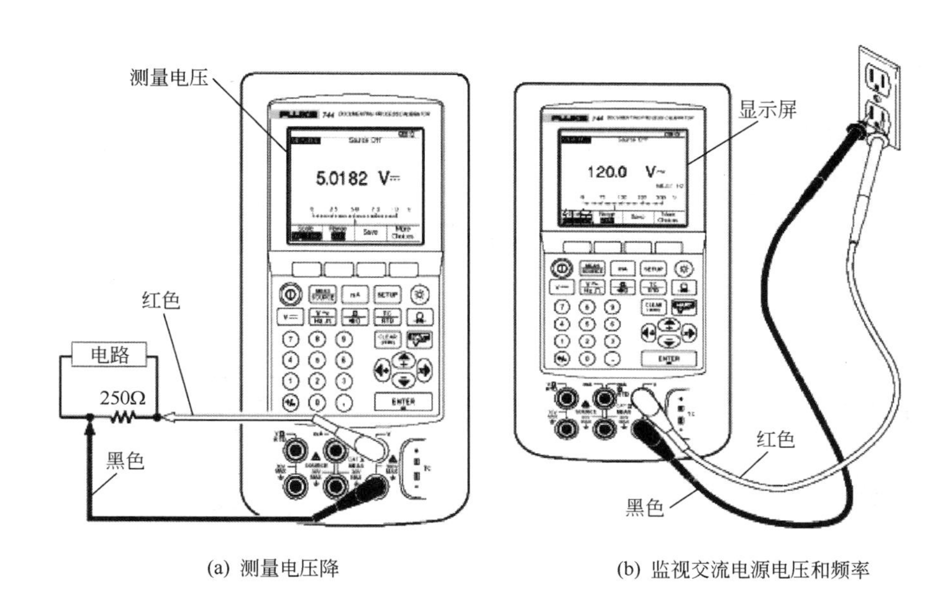

(a) 测量电压降　　(b) 监视交流电源电压和频率

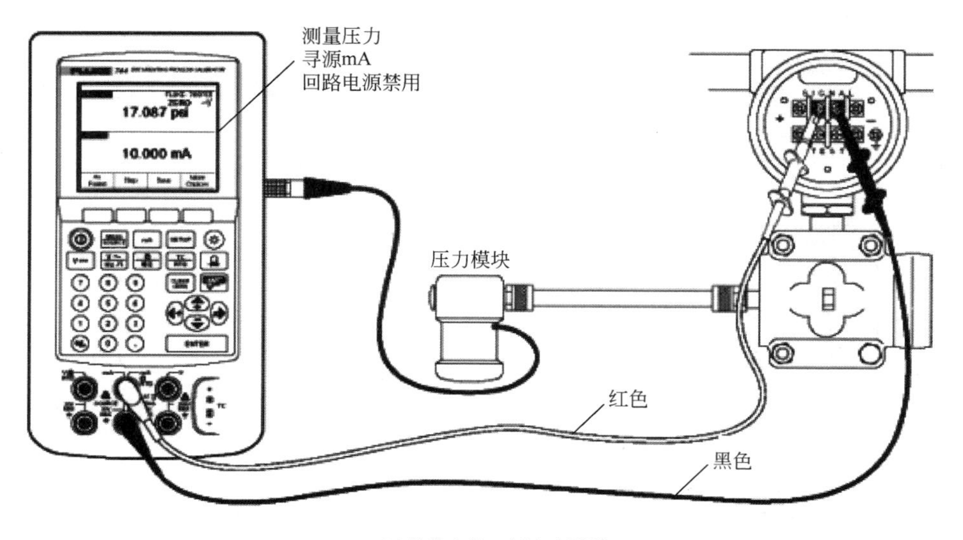

(c) 校准电流—压力变送器

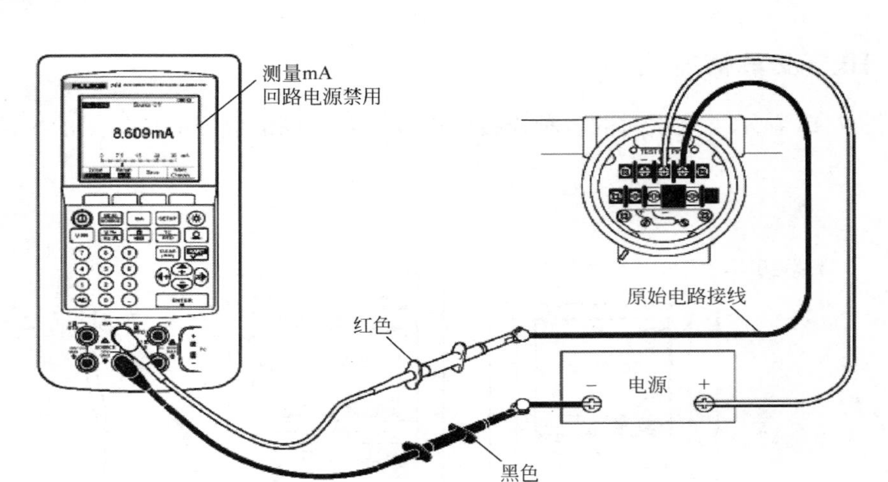

(d) 测量变送器的输出电流

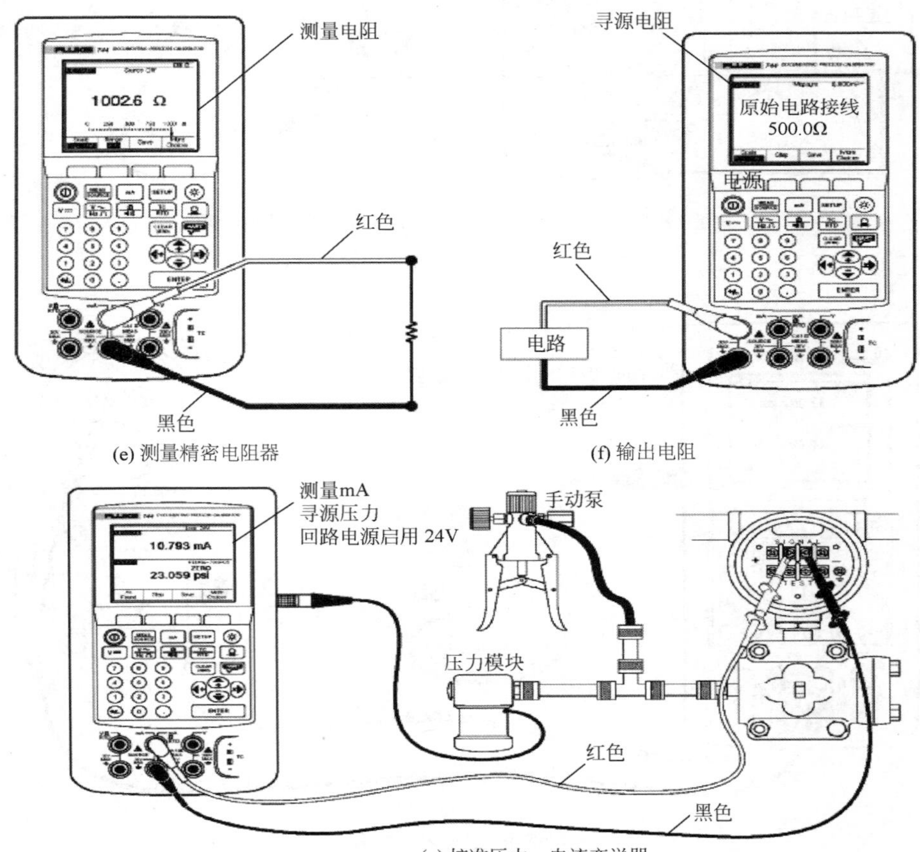

(e) 测量精密电阻器

(f) 输出电阻

(g) 校准压力—电流变送器

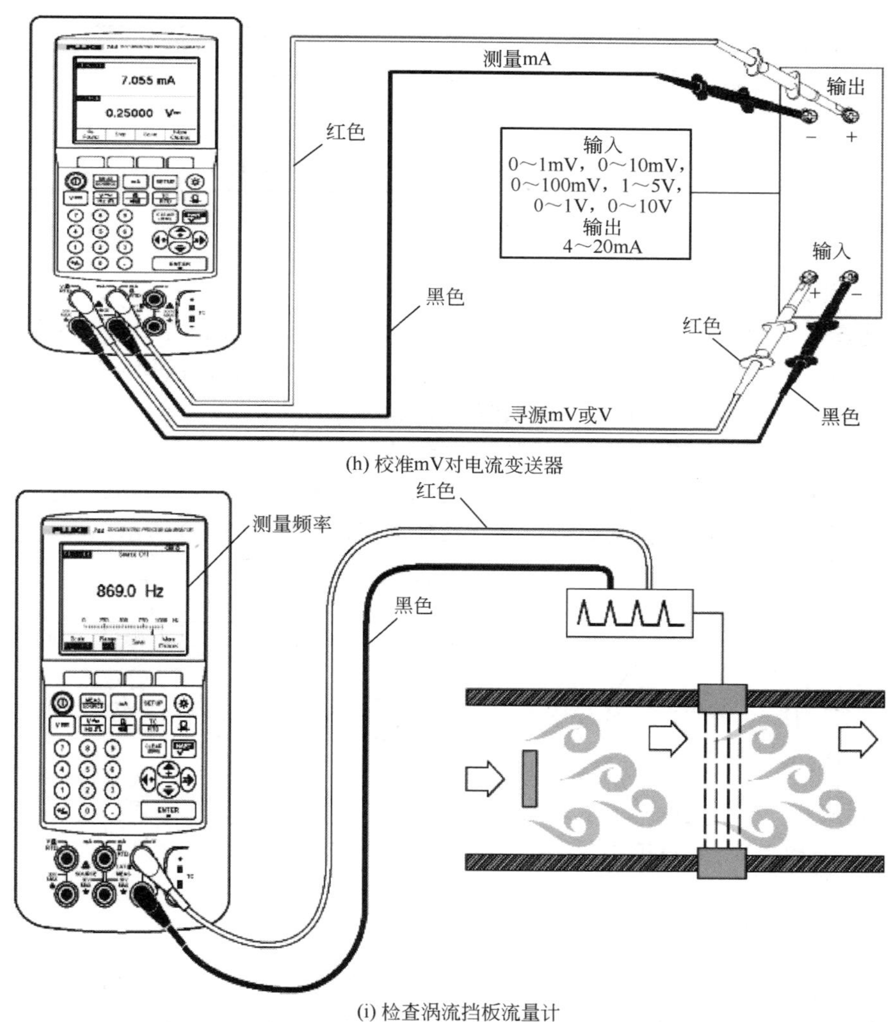

(h) 校准mV对电流变送器

(i) 检查涡流挡板流量计

图 7.18　测试时连接示意图

7.3.11　FLUKE 绝缘测试仪使用方法

FLUKE 1508 型仪表是一种由电池供电的绝缘测试仪（以下简称“测试仪”）。该测试仪符合第四类（CAT Ⅳ）IEC 61010 标准。IEC 61010 标准根据瞬态脉冲的危险程度定义了四种测量类别（CAT Ⅰ至 CAT Ⅳ）。CAT Ⅳ仪符号定义见表 7.6。测试仪设计成可防护来自供电母线（如高空或地下公用事业线路设施）的瞬态损害。

表 7.6　测试仪符号定义

B	AC（交流）	J	接地点
F	DC（直流）	I	熔断丝
X	警告：有造成触电的危险	T	双重绝缘
b	电池（在显示屏上出现时表示电池低电量）	W	重要信息，请参阅手册

7.3.11.1　按钮功能

1）旋转开关位置

选择任意测量功能挡即可启动测试仪。测试仪为该功能挡提供了一个标准显示屏（量程、测量单位、组合键等），用蓝色按钮可选择其他任何旋转开关功能挡（用蓝色字母标记）。旋转开关如图 7.19 所示。

2）按钮和指示灯

使用按钮来激活可扩充旋转开关所选功能的特性。测试仪的前侧还有两个指示灯，当使用此功能时，它们会点亮。按钮和指示灯图如 7.20 所示。

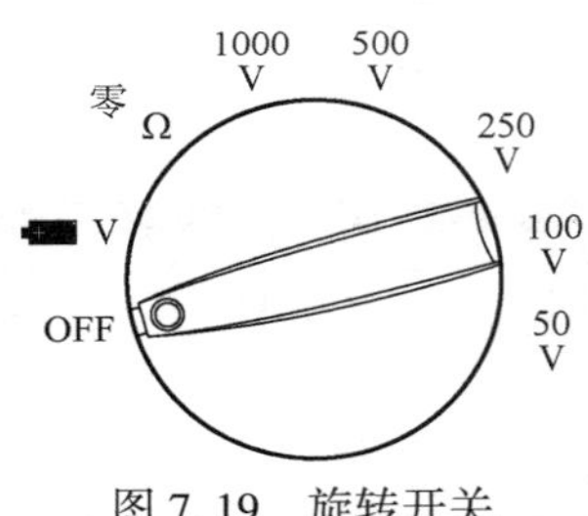

图 7.19　旋转开关

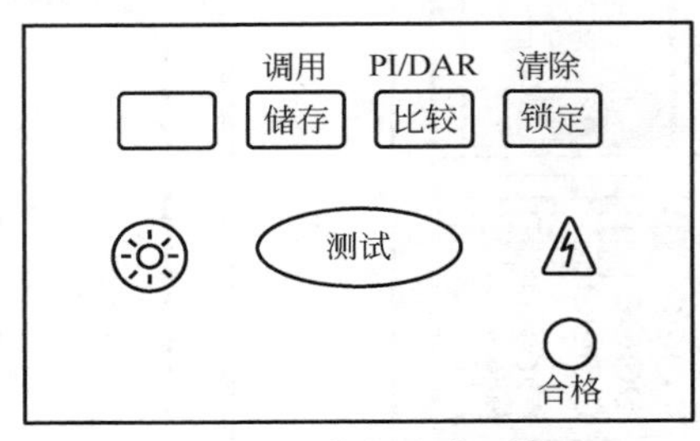

图 7.20　按钮和指示灯

7.3.11.2　测量操作

在将测试导线与电路或设备连接时，在连接带电导线之前先连接公共（COM）测试导线；当拆下测试导线时，要先断开带电的测试导线，再断开公共测试导线。

1）测量电压

测量电压如图 7.21 所示。

2）测量接地耦合电阻

电阻测试只能在不通电的电路上进行。测试之前，先检查熔断丝。如在测试状态下连接到通电电路，则会烧坏熔断丝。

测量接地耦合电阻操作如下（图 7.22）：

（1）将测试探头插入 Ω 和 COM（公共）输入端子。

（2）将旋转开关转至零挡位置。

（3）将探头的端部短接并按住蓝色按钮等到显示屏出现短划线符号。测试仪测量探头的电阻，将读数保存在内存中，并将其从读数中减去。当测试仪在关闭状态时，仍会保存探头的电阻读数。如果探头电阻大于2Ω，则不会被保存。

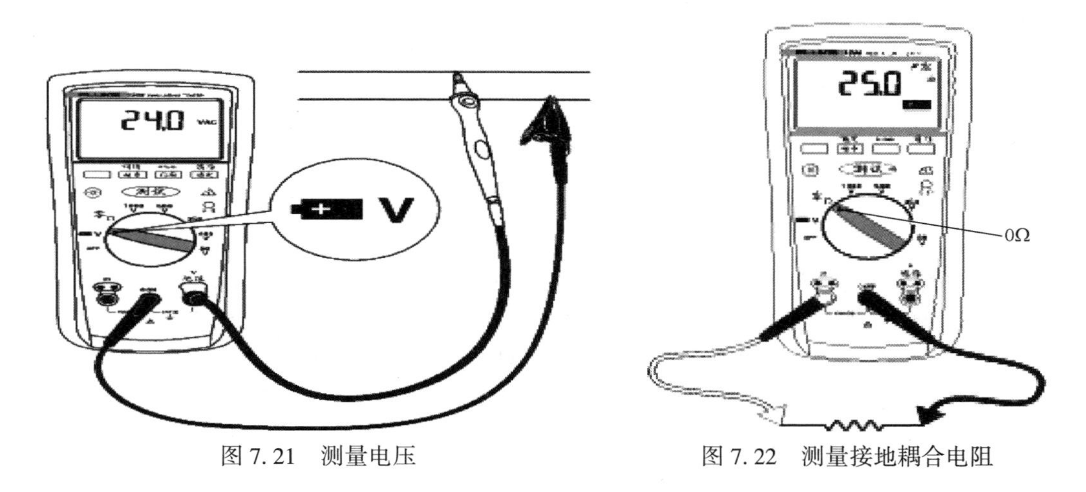

图 7.21　测量电压　　　　图 7.22　测量接地耦合电阻

（4）将探头与待测电路连接。测试会自动检测电路是否通电。主显示位置显示“----”直到按下测试T按钮，此时将获得一个有效的电阻读数。如果电路中的电压超过2V（交流或直流），在主显示位置显示电压超过2V以上警告的同时，还会显示高压符号（Y）。在这种情况下，测试被禁止。在继续操作之前，先断开测试仪的连接并关闭电源。如果在按下测试T按钮时，测试仪发出哔声，则测试将由于探头上存在电压而被禁止。

（5）按住T测试按钮开始测试。显示屏的下端位置将出现“t”图标，直到释放测试T按钮。主显示位置显示电阻读数，直到开始新的测试或者选择了不同功能或量程。当电阻超过最大显示量程时，测试仪显示“>”符号以及当前量程的最大电阻。

3）测量绝缘电阻

绝缘测试只能在不通电的电路上进行。要测量绝缘电阻，先设定测试仪并遵照以下步骤操作：

（1）将测试探头插入V和COM（公共）输入端子。

（2）将旋转开关转至所需要的测试电压。

（3）将探头与待测电路连接。测试仪会自动检测电路是否通电。

（4）主显示位置显示“- - - -”，直到按测试T按钮，此时将获得一个有效的绝缘电阻读数。如果电路中的电压超过30V（交流或直流）以上，在主显示位置显示电压超过30V以上警告的同时，还会显示高压符号（Z）。在这种情况下，测试被禁止。在继续操作之前，先断开测试仪的连接并关闭电源。

（5）按住 T 测试按钮开始测试。辅显示位置上显示被测电路上所施加的测试电压，主显示位置上显示高压符号（Z）并以“MΩ”或“GΩ”为单位显示电阻。显示屏的下端出现“t”图标，直到释放测试 T 按钮。当电阻超过最大显示量程时，测试仪显示 Q 符号以及当前量程的最大电阻。

（6）继续将探头留在测试点上，然后释放测试 T 按钮。被测电路即开始通过测试仪放电。主显示位置显示电阻读数，直到开始新的测试或者选择了不同功能或量程，或者检测到了 30V 以上的电压。

7.3.11.3 测量极化指数和介电吸收比

极化指数（*PI*）是测量开始 10min 后的绝缘电阻与 1min 后的绝缘电阻之间的比率。介电吸收比（*DAR*）是测量开始 1min 后的绝缘电阻与 30s 后的绝缘电阻之间的比率。绝缘测试只能在不通电的电路上进行。测量极化指数或介电吸收比的步骤如下：

（1）将测试探头插入 V 和 COM（公共）输入端子。将旋转开关转至所需要的测试电压位置。

（2）按 AC 按钮选择极化指数或介电吸收比。

（3）将探头与待测电路连接。测试仪会自动检测电路是否通电。主显示位置显示“----”，直到您按测试 T 按钮，此时将获得一个有效的电阻读数。如果电路中的电压超过 30V（交流或直流），在主显示位置显示电压超过 30V 以上警告的同时，还会显示高压符号（Z）。如果电路中存在高电压，测试将被禁止。

（4）按下然后释放测试 T 按钮开始测试。测试过程中，辅显示位置上显示被测电路上所施加的测试电压。主显示位置上显示高压符号（Z）并以“MΩ”或“GΩ”为单位显示电阻。显示屏的下端出现“t”图标，直到测试结束在测试完成时，主显示位置显示 *PI* 或 *DAR* 值。被测电路将自动通过测试仪放电。如果用于计算 *PI* 或 *DAR* 的值中任何一个大于最大显示量程，或者 1min 值大于 5000MΩ，主显示位置将显示“Err”。当电阻超过最大显示量程时，测试仪显示“>”符号以及当前量程的最大电阻。若想在 PI 或 DAR 测试完成之前中断测试，需按住测试 T 按钮片刻。当释放测试 T 按钮时，被测电路将自动通过测试仪放电。

7.3.12 维护与保养

定期用湿布和温和的清洁剂清洁测试仪的外壳，不要使用腐蚀剂或溶剂。端子若弄脏或潮湿可能会影响读数。在使用测试仪之前，先等待一段时间，待测试仪干燥后方可使用。

更换电池和熔断丝如图 7.23 所示。

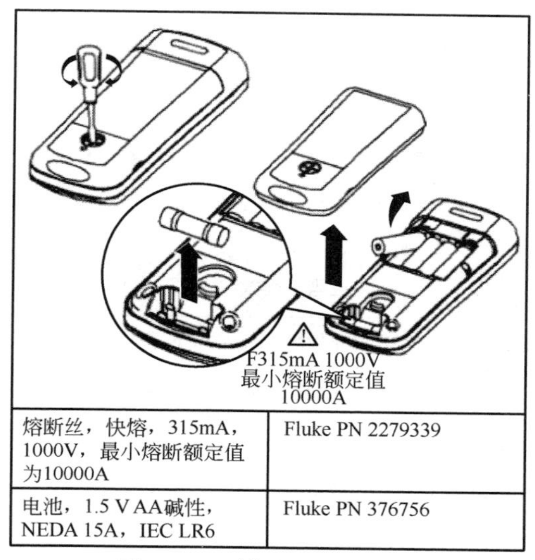

熔断丝，快熔，315mA，1000V，最小熔断额定值为10000A	Fluke PN 2279339
电池，1.5 V AA碱性，NEDA 15A，IEC LR6	Fluke PN 376756

图 7.23　更换电池和熔断丝

7.4　万用表使用说明

7.4.1　概述

万用表具有多种功能，可测量电压、电流、电阻、电容、频率等物理量，同时可检测二极管和电路通断性，是设备安装、调试、维护的必备工具。本书所用为美国 FLUKE 公司生产的 F117C 型万用表。F117C 型是由电池供电的、具有 6000 个字显示屏和模拟指针显示的真有效值万用表。仪表符合 IEC 61010-1 标准 CAT Ⅲ的要求。CAT Ⅲ仪表的设计能使仪表承受配电级固定安装设备内的瞬态高压。下面以 F117C 型万用表介绍其使用方法和一些应该注意的问题。

7.4.2　按键说明

F117C 型万用表显示屏如图 7.24 所示，其符号含义见表 7.7。

表 7.7　显示屏符号含义

编列	符号	含义
1	Volt Alert	仪表处于 Volt AlertTM 非接触电压检测模式
2	•)))	把仪表设置到通断性测试功能

续表

编列	符号	含义
3	▶⊢	把仪表设置到二极管测试功能
4	▬	输入为负值
5	ϟ	危险电压；测得的输入电压≥30V 或电压过载（OL）
6	HOLD	显示保持（Display hold）功能已启用；显示屏冻结当前读数
7	MIN MAX/MAX MIN AVG	最小最大平均（MIN MAX AVG）功能已启用，显示最大、最小、平均或当前读数
8	红色 LED	通过非接触 Volt Alert 传感器检测是否存在电压
9	LoZ	仪表在低输入阻抗条件下测量电压或电容
10	n μF/mV μA/MkΩ/kHz	测量单位
11	DC/AC	直流或交流电
12	🔋	电池电量不足告警
13	610000mV	指示仪表的量程选择
14	模拟指针显示	模拟显示
15	Auto Volts（自动电压）/Auto（自动）/Manual（手动）	模拟显示
16	+	仪表处于 Auto Volts 功能。自动量程是仪表能自动选择可获得最高分辨率的量程，手动量程是用户自行设置量程
17	OL	输入值太大，超出所选量程
18	LEAd	测试导线警示（当仪表的功能开关转到或转离 A 挡位时）

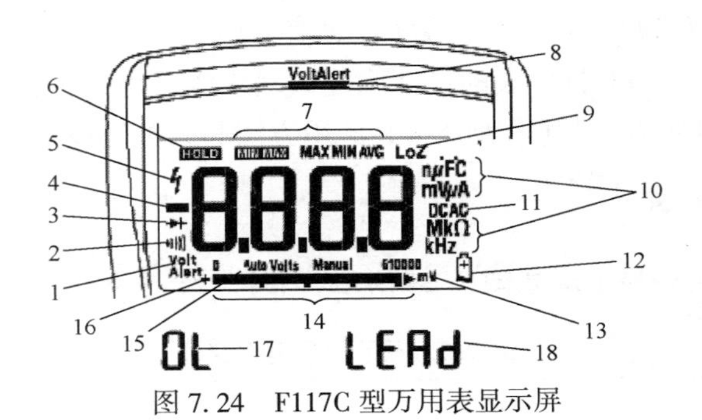

图 7.24　F117C 型万用表显示屏

接线端测试说明见表 7.8。测量电压、电阻、通断性及电流：电容的接线端如图 7.25 和图 7.26 所示。

表 7.8　接线端测试说明

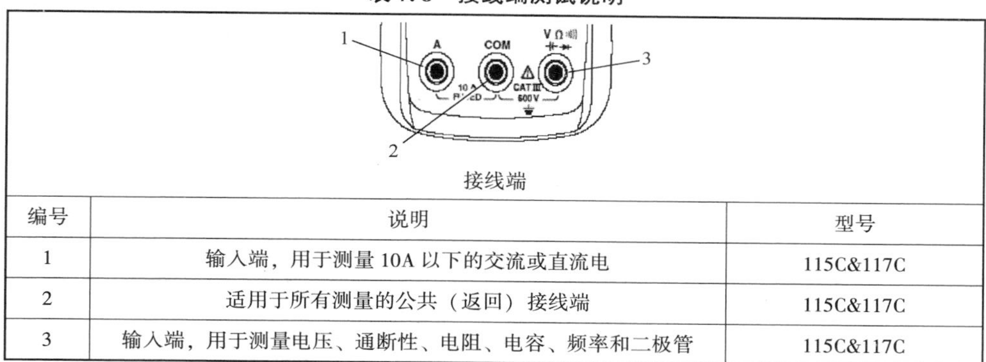

接线端

编号	说明	型号
1	输入端，用于测量 10A 以下的交流或直流电	115C&117C
2	适用于所有测量的公共（返回）接线端	115C&117C
3	输入端，用于测量电压、通断性、电阻、电容、频率和二极管	115C&117C

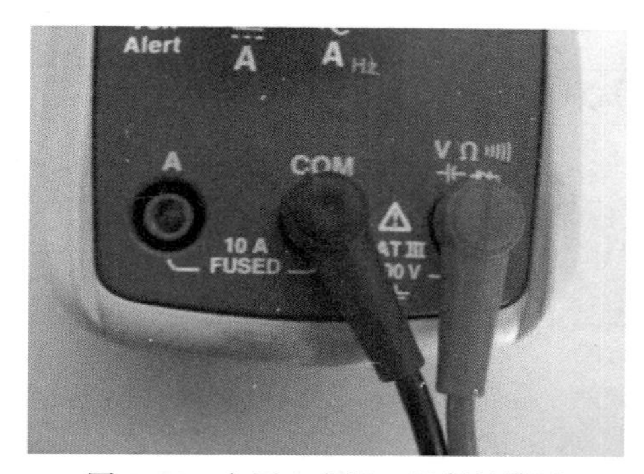

图 7.25　电压、电阻、通断性测试

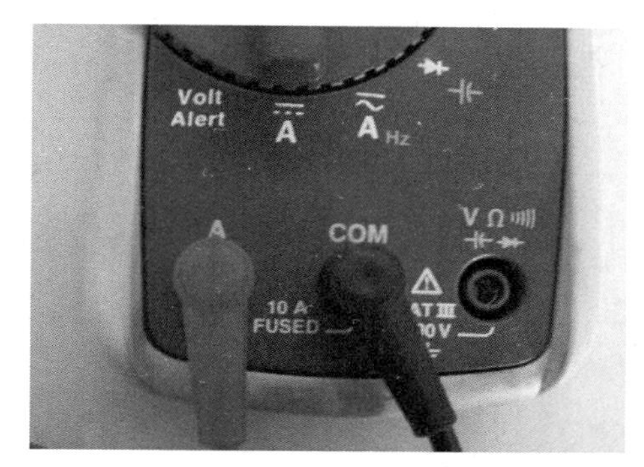

图 7.26　电流、电容测试

开关挡位符号及其功能见表 7.9。按钮及开机选项见表 7.10。

表 7.9　开关挡位符号及功能

开关挡位	测量功能
AUTO-V LoZ	根据所感测到的低阻抗输入情况自动选择交流或直流电压
~Hz V Hz（按键）	交流电压量程：0.06~600V。频率量程：5Hz~50kHz
⎓ V	直流电压量程：0.001~600V
m$\widetilde{\text{V}}$⎓	交流电压量程：6~600mV，直流耦合。直流电压量程：0.1~600 mV
Ω	电阻量程：0.1Ω~40MΩ
•)))	电阻小于 20Ω 时，蜂鸣器打开；电阻大于 250Ω 时，蜂鸣器关闭
▶|	二极管测试。电压超过 2V 时，显示过载符号（OL）
⊣⊢	电容量程（法拉）：1nF~9999μF

续表

开关挡位	测量功能
$\widetilde{\mathrm{A}}$ Hz Hz（按钮）	交流电流量程：0.1～10A（>10～20A，30s开，10min关） >10.00A显示屏闪烁，>20A显示OL（过载） 直流耦合。频率量程：45Hz～5kHz
$\overline{\overline{\mathrm{A}}}$	直流电流量程：0.001～10A（>10～20A，30s开，10min关） >10.00A显示屏闪烁，>20A显示过载
Volt Alert	非接触式感测交流电压

表7.10 按钮及开机选项

按钮	开机选项
HOLD	打开显示屏的所有显示段
MIN MAX	禁用蜂鸣器。当启用时，显示“bEEP”
RANGE	启用低阻抗电容测量。当启用时，显示“LCAP”
	禁用自动关机（睡眠模式）。当启用时，显示“PoFF”
	禁用背照灯自动关闭功能。当启用时，显示“LoFF”

7.4.3 现场应用

7.4.3.1 电阻测量

下面以测量检品机电动机电阻为例，介绍测量电阻的操作方法。其操作步骤如下（图7.27）：

（1）关断电源。为避免触电，应将电源关断。

（2）选择接线端。将红色表笔接入电压端，黑色表笔接入公共端。

（3）选择挡位。调节挡位，将开关旋钮旋至欧姆挡。

（4）断开电路。为确保测量值正确，一定要保证电阻两端没有并入电气件，一般应将电阻接线端从端子台上拆下来，将电动机线从端子台上拆下。

（5）测量。将表笔接至电阻两端，测量电阻。

需要特别注意的是，测量电阻时一定要确保电阻两端没有并入其他电气件。

7.4.3.2 通断性测试

通断性测试功能是检验是否存在开路、短路的一种方便而迅捷的方法。下面以测量叠袋机测试台变压器输入输出侧的通断性为例，介绍如何测量电路的通断性。其操作步骤如下（图 7.28）：

（1）关断电源。在测试通断性时，一定要先将电源关闭。

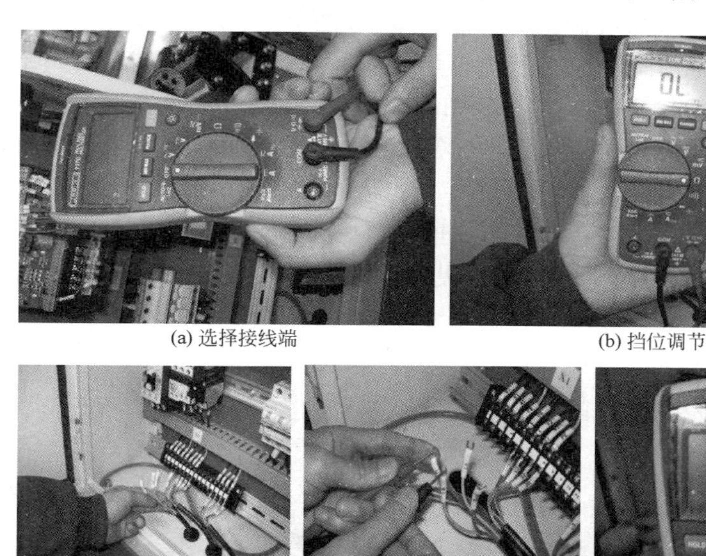

(a) 选择接线端　(b) 挡位调节　(c) 断开电路　(d) 测量　(e) 测量显示

图 7.27　电阻测量操作步骤

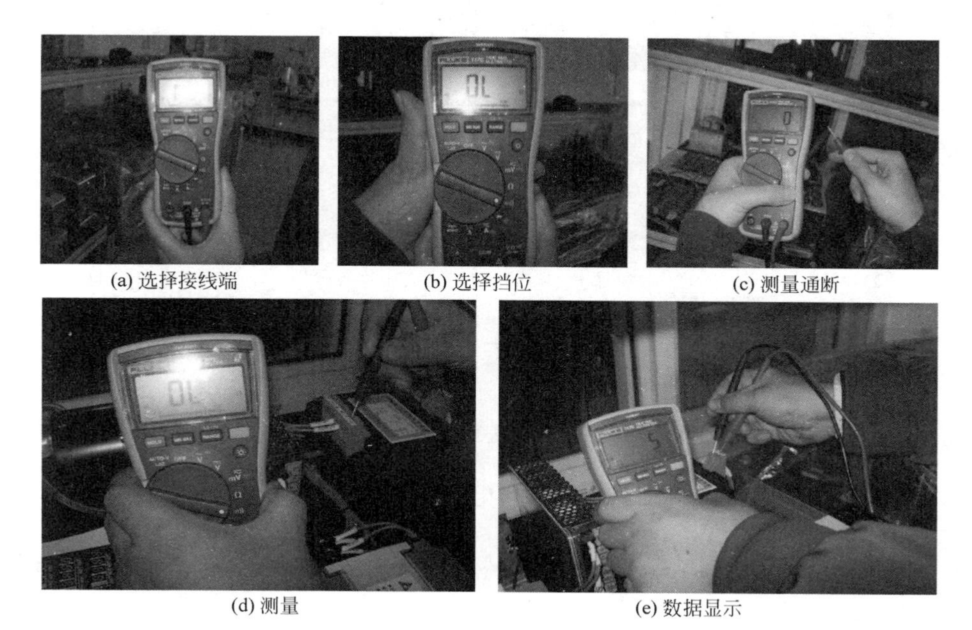

(a) 选择接线端　(b) 选择挡位　(c) 测量通断　(d) 测量　(e) 数据显示

图 7.28　通断性测试操作步骤

（2）选择接线端。将红色表笔接入电压端，将黑色表笔接入公共端，如图 7.28(a) 所示。

（3）选择挡位。将开关旋钮旋至通断挡，如图 7.28(b) 所示。

（4）测量。在测量前，应先检测万用表两个表笔之间的内阻是否正常，如图 7.28(d) 所示，当示数为零时，表明通断挡状态完好。将两只表笔接至接线端，当蜂鸣器发出长鸣声时，两点为短路状态，否则为断路状态。将两只表笔接至变压器输出侧的两个端子台上，显示电阻为 5Ω，并发出蜂鸣声。如图 7.28(e) 所示，将两只表笔分别接至变压器输入侧和输出侧，万用表显示 OL，表明电路为断路，变压器输入、输出侧隔离正常。

注意：当开关旋钮旋处于通断挡时，切勿在未断电时进行测量。

7.4.3.3　电压测量

下面以测量检品机变压器输出电压为例，介绍电压的测量。其操作步骤如下（图 7.29）。

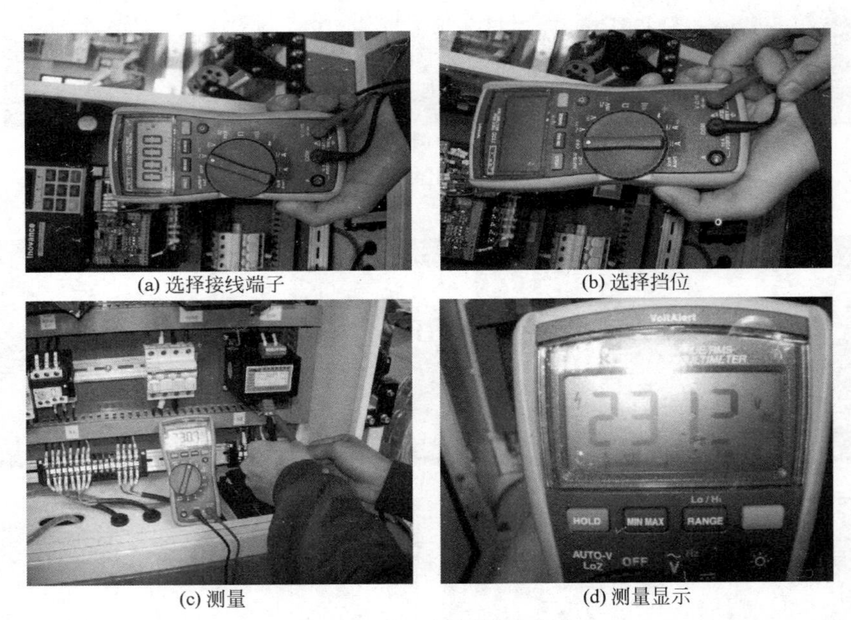

(a) 选择接线端子　(b) 选择挡位　(c) 测量　(d) 测量显示

图 7.29　电压测量操作步骤

（1）选择接线端。将红色表笔接入电压端，将黑色表笔接至公共端。

（2）选择挡位。

（3）当确定电路为交流或直流时。选择交流电压挡或直流电压挡，将开关旋钮旋至相应挡位。

（4）当不能确定电路是直流还是交流时，可选择 AUTO-V LOZ，仪表根据

V 和 COM 之间施加的输入电压自动选择直流或交流测量。

（5）当需要测量毫伏电压时，应选择毫伏电压挡，即可测量直流毫伏，又可测量交流毫伏，当按下按钮，可切换至直流毫伏。在检品机控制柜中，变压器输出为交流，测量时选择交流电压挡，如图 7. 29(b) 所示。

（6）测量。将两只表笔接至接线端，进行测量，如图 7. 29(c) 所示。测量结果如图 7. 29(d) 所示，为 231. 2V，表明变压器输出正常。

7. 4. 3. 4　电流测量

下面以测量叠袋机测试台台达 PLC 输入点 X1 的输入电流为例，介绍如何用万用表测量电流。其操作步骤如下（图 7. 30）。

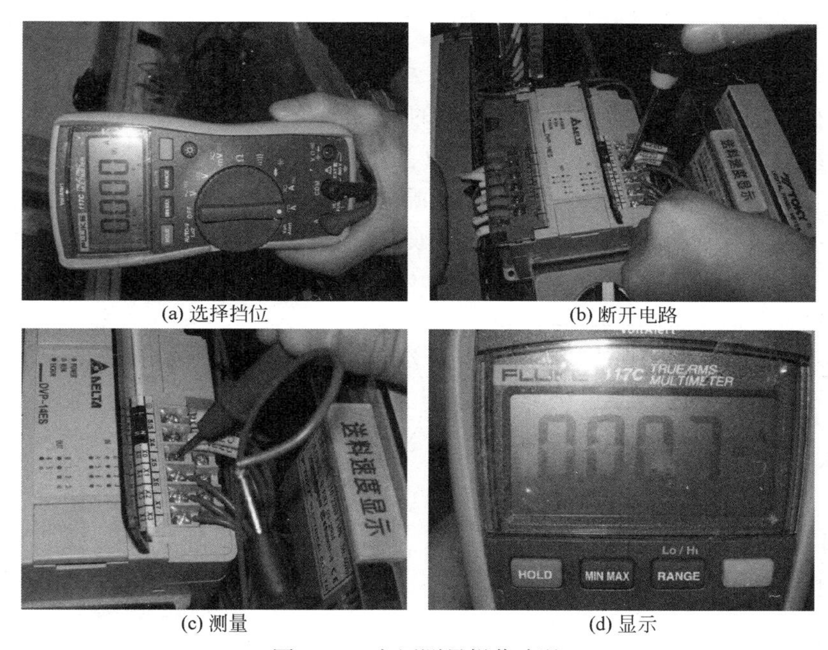

(a) 选择挡位　(b) 断开电路　(c) 测量　(d) 显示

图 7. 30　电压测量操作步骤

（1）选择接线端。将红色表笔接入电流端，黑色表笔接至公共端。

（2）选择挡位。当待测电路为直流电路时，选择直流挡，当待测电路为交流电路时，选择交流挡。在测试台中，输入 X1 为直流 24V 信号，因此选择直流电流挡进行测量。

（3）接线测量。关断电源，切断电路；将仪表串联接入，然后通电测量。

（4）注意：

① 对 600V 以上电路，不能用本万用表测量电流；

② 选择合适的接线端，开关挡位和量程；

③ 当探头处于电流端时，切勿将探头或组件并联；

④ 测量结束后，应及时将探头和电路断开，以防探头损坏。

7.4.3.5　熔断丝测试

可测试万用表内部熔断丝是否熔断。当示数小于 0.5Ω 时，熔断丝正常；当显示 OL 时，熔断丝熔断，需更换熔断丝。

7.4.3.6　频率测量

可使用交流电压挡测量交流电压频率，用按钮切换测量交流电压和测量交流电压频率，如图 7.31 所示。可使用交流电流挡测量交流电流频率，用按钮切换测量交流电流和测量交流电流频率。

7.4.3.7　检测是否存在交流电压

要检测是否存在交流电压，将仪表的上端靠近导体，当检测到电压时，仪表会发出声响并提供视觉指示。如图 7.32 所示，Lo 可用于齐平安装的壁式插座、配电盘、齐平安装的工业插座及各种电源线。Hi 可用于检测其他类型的隐藏式电源接线器及插座上的交流电压。在高敏设置下，可以检测 24V 以下的裸线。

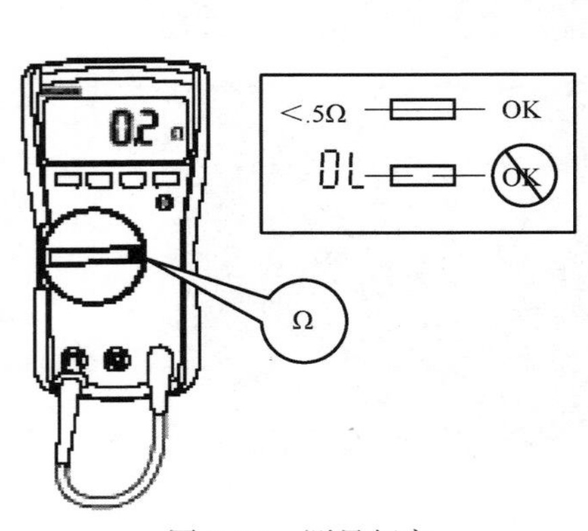

图 7.31　测量频率

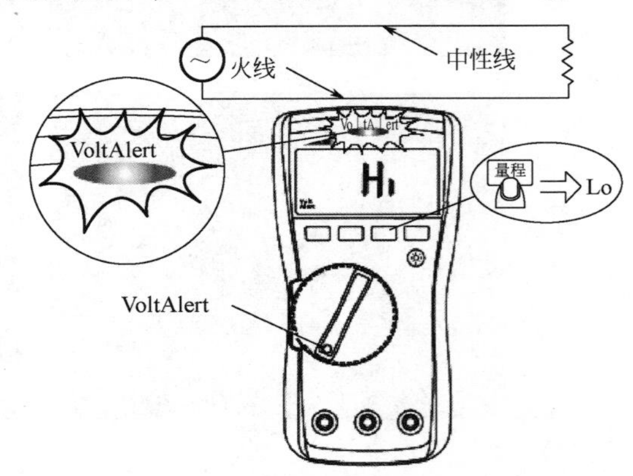

图 7.32　测量是否存在交流电压

7.5　USB 转串口调试工具

以天顺 TS-8561 为例。

7.5.1　功能特点

（1）支持同一台 PC 上使用多个 TS-8561 设备；

（2）集成 USB 转 RS232/RS485/RS422 于一体，使用更方便灵活；

（3）内置 600W/ms 抗雷击保护、15kV 抗静电保护和独有的串口保护电路，具有抗静电、抗雷击、突波抑制功能；

（4）内置智能模块，自动识别 RS485/RS422 信号流向，采用零延时自动转发技术，通信波特率为 0~12Mbps，自适应；

（5）工业级设计，工作温度范围为-45~85℃，优选进口元器件，全部表面贴装工艺；

（6）无需修改现有的软件和硬件就可以通过 USB 口访问 RS232/RS485/RS422 设备；

（7）完全符合 USB2.0 规范，支持热插拔；

（8）支持 Win98/2000/XP 多操作系统。

7.5.2　使用方法

7.5.2.1　接口说明

TS-8561 为 USB 口的一体化接线端子，使用时用 USB 连接线直接插在计算机的 USB 接口上并正确安装驱动程序即可。其接线端子的定义见表 7.11。

表 7.11　端子定义

端子	1	2	3	4	5	6	7	8	9	10
引脚定义	A+	B−	GND	TX+	TX−	RX+	RX−	GND	TX	RX
	RS485			RS422				RS232		

用户在使用的过程中，要么当作 RS232 使用，要么当作 RS485 使用，要么当作 RS422 使用，三者只能选其一。

7.5.2.2　接线方法

1）与 RS485 设备连接使用

如图 7.33 所示，将 TS8561/TS8560 用作 RS485 时，只需将 TS-8561/TS-8560 信号的 A+端与其他 RS485 的 A+端相连，B−端与 B−端相连。地线可单独接

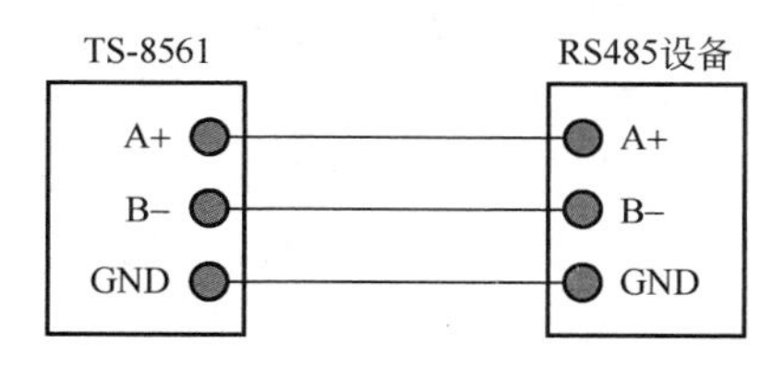

图 7.33　与 RS485 设备连接

地，也可相互连接，在用屏蔽线时，屏蔽层 GND 接线柱相连。当 RS485 通信距离超过 500m 或线路有干扰时，应该在 A+、B−接入 120Ω 终端匹配电阻。

2）与 RS422 设备连接使用

如图 7.34 所示，当作为 RS422 设备使用时，只需将 TS−8561/TS−8560 信号的 TX+端与其他 RS422 的 RX+端相连，TX−端与其他 RS422 设备的 RX−端相连，RX+端与其他 RS422 设备的 TX+端相连，RX−端与其他 RS422 设备的 TX−端相连。

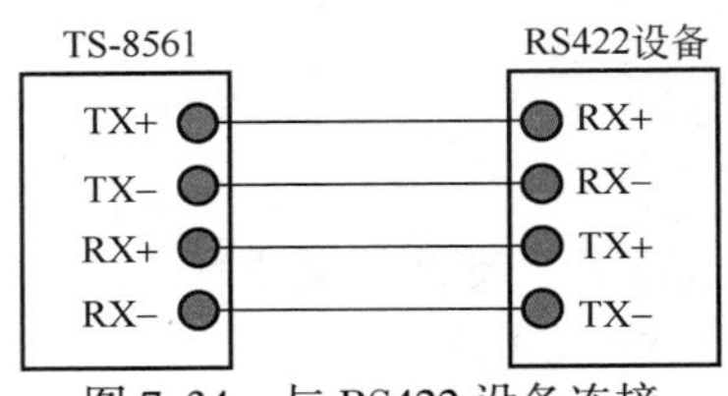

图 7.34　与 RS422 设备连接

3）与 RS232 设备连接使用

如图 7.35 所示，将 TS−8561/TS−8560 用作三线制的 RS232 时，只需将 TS−8561/TS−8560 信号的 TX 端与其他 RS−232 的 RX 端相连，RX 端与 TX 端相连，GND 端与 GND 端相连即可。

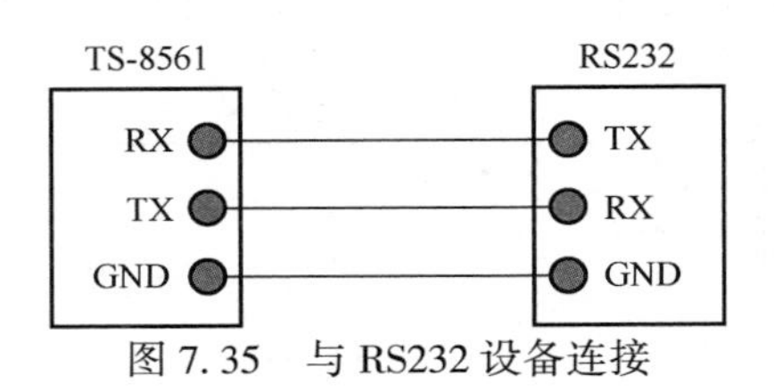

图 7.35　与 RS232 设备连接

7.5.3　驱动程序安装说明

TS−8561/TS−8560 驱动程序安装成功后，会在用户的客户机上生成一个串口，生成的这个串口可以当作普通的串口（RS232/RS485/RS422）使用，驱动程序的具体安装步骤如下：

（1）如图 7.36(a) 所示，当用户通过 USB 连接线把转换器连接到计算机的 USB 接口上时，计算机会检测出新硬件；

（2）点击“下一步”，选择驱动所在目录；

（3）在驱动安装过程中可能会出现如图 7.36(b) 所示的提示，选择“仍然继续”；

（4）当驱动程序安装成功以后，会出现如图 7.36(c) 所示的提示；

（5）当驱动程序安装成功以后，可以在设备管理器中看到新添加的串口设备，如图 7.36(d) 所示，至此，就可以把转换器当作普通的串口（RS232/RS485/RS422）来使用了。

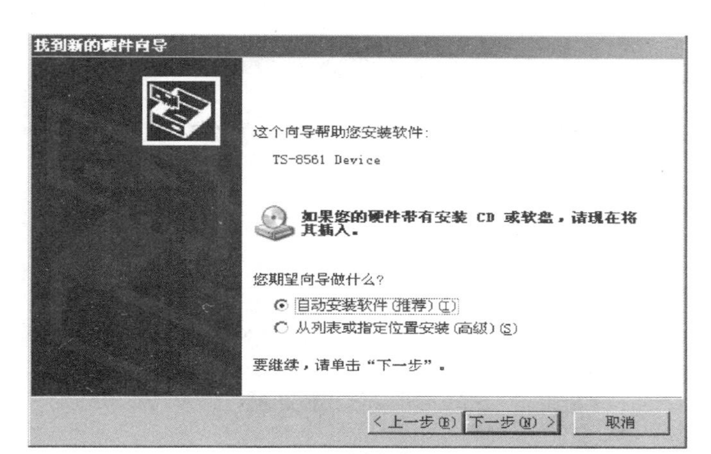

(a) 驱动安装

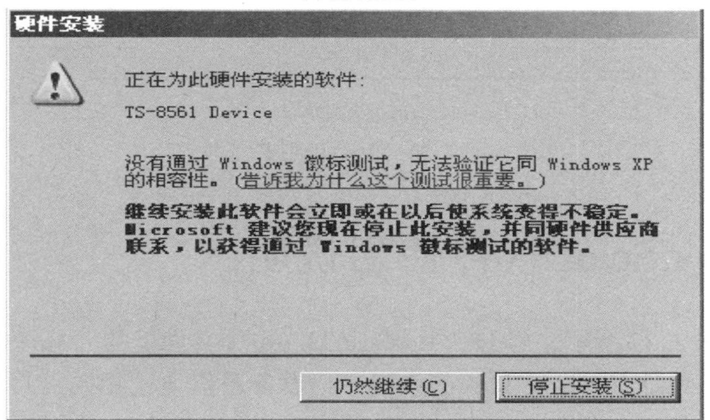

(b) 硬件安装

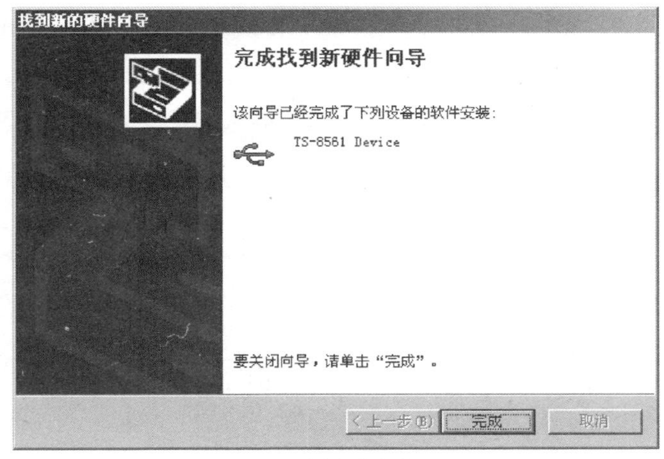

(c) 驱动安装完成

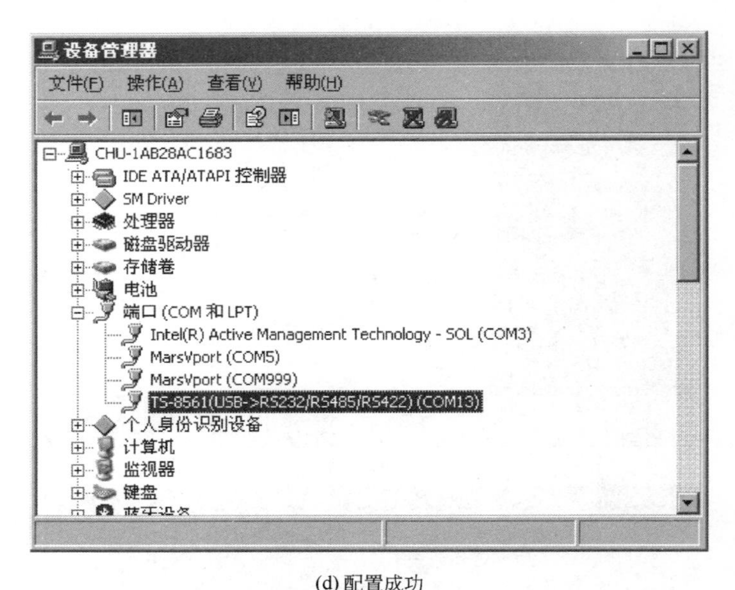

(d) 配置成功

图 7.36　驱动程序安装

7.6　ModScan 软件使用说明

（1）如图 7.37 所示，打开 “ModScan32.exe” 文件里的 “ModScan32”。

（2）通信地址（Device Id）的设置：与设备通信地址相同，将 “Device Id” 改为设备地址即可。

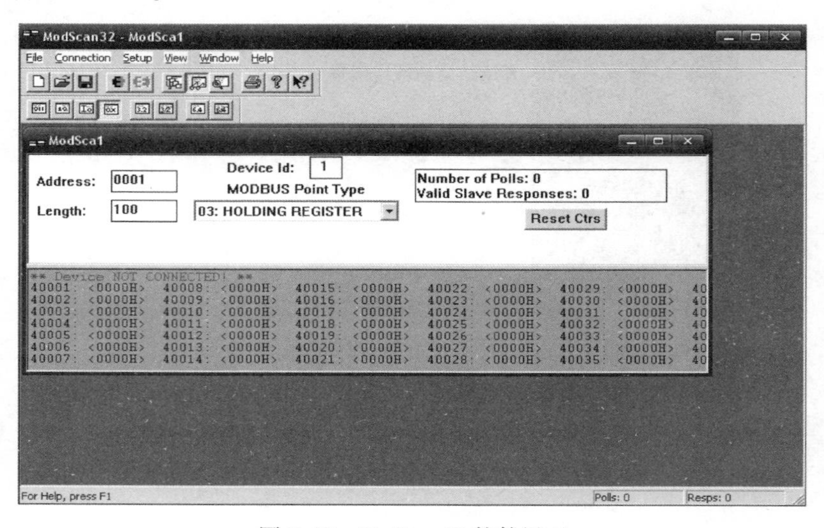

图 7.37　ModScan32 软件界面

（3）通信连接：点击菜单中 Connection 项下拉菜单的“Connect”，之后弹出对话框，如图 7.38 所示。

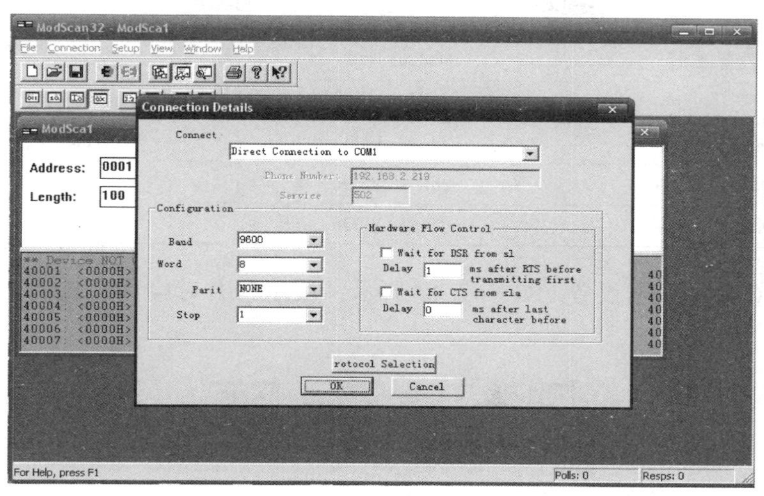

图 7.38　第三方调试设备参数配置

（4）弹出对话框后具体通信参数设置：

① 通信类型选择。选择设备通信端口 COM1，下拉选项设置为所在端口。

② 波特率设置。如果仪表的波特率设置为 48，就将此下拉选项设置为 4800；如果仪表的波特率设置为 96，就将此下拉选项设置为 9600 即可（查看设备通信协议）。

③ 点击“protocol selection”（协议选择），如图 7.39 所示。选择标准 RTU 信号，点击“OK”即可。

④ Length 为所要读取的数据长度，假如读取 100 个数就输入 100。

⑤ Modbus 点类型选择。点击“Modbus Point Type”下的下拉菜单，依次出现的是继电器状态、输入状态、锁存器、输入寄存器。

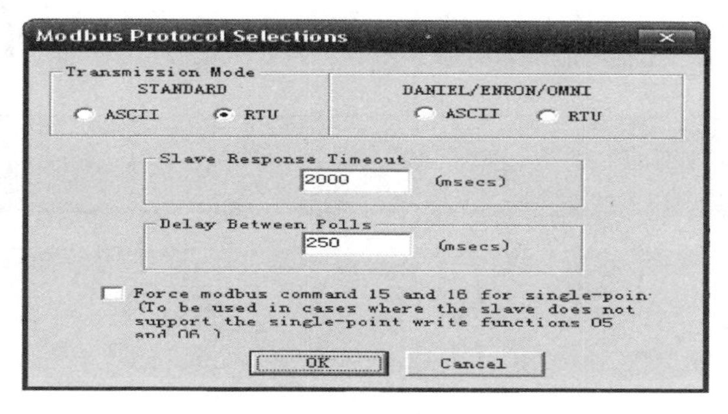

图 7.39　选择协议

⑥ 对应 Modbus 地址位分别见表 7.12，正常选择“Holding Register”（锁存器）。

表 7.12　点的地址定义

设备地址	Modbus 地址	描述
1...10000 *	address-1	Coils (outputs)
10001...20000 *	address-10001	Inputs
40001...50000 *	address-40001	Holding Registers
30001...40000	address-30001	Inputs Registers

⑦ PC 显示数据设置。如图 7.40 所示，从左到右对应着二进制、八进制、十进制、十六进制。

图 7.40　选择进制

⑧ 其他功能菜单键。如图 7.41 所示，从左到右依次是新建、打开、保存、连接、断开、数据定义等。

图 7.41　功能菜单

⑨ 如图 7.42 所示，所有参数配置好然后点击“OK”，此时查看数据是否正常。

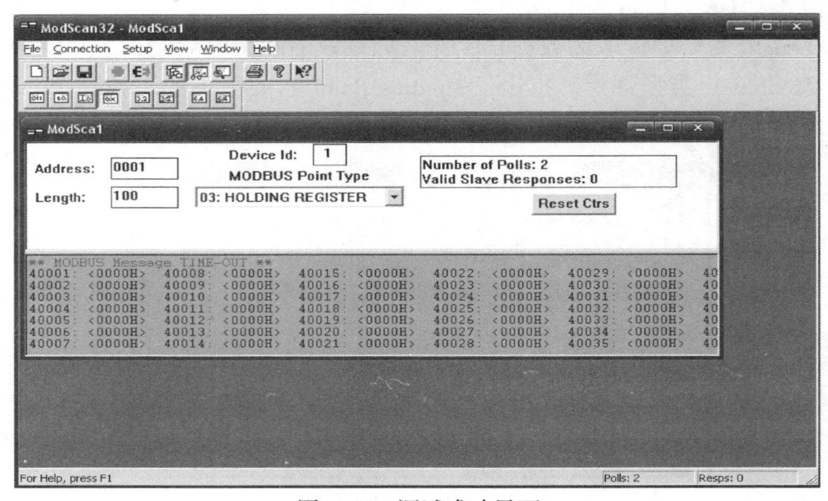

图 7.42　调试成功界面

参考文献

［1］ 丑世龙，陈万林. 长庆油田数字化管理的建立与实践. 现代企业教育，2010（20）：67-68.

［2］ 王弘杰，王浩，何玉英，等. SCADA 系统在高含硫化氢气田的应用. 中国石油和化工标准与质量，2012，32（7）：48.

［3］ 余训兵. ZigBee 与无线网桥在数字化油田的应用. 石油工业计算机应用，2017（4）：31-32.

［4］ 吴伟. 霍尼韦尔 PKS 系统的组成与维护. 科技创新导报，2018（3）：150-152.